零点起飞 电脑培训学校

畅销品牌

导向工作室 编著

五笔打字
培训教程

人民邮电出版社
北京

图书在版编目（CIP）数据

五笔打字培训教程 / 导向工作室编著. -- 北京：
人民邮电出版社，2014.2
（零点起飞电脑培训学校）
ISBN 978-7-115-33908-9

Ⅰ．①五… Ⅱ．①导… Ⅲ．①五笔字型输入法－教材
Ⅳ．①TP391.14

中国版本图书馆CIP数据核字(2013)第284123号

内 容 提 要

本书以王码五笔字型输入法为主线讲解学习五笔打字的方法和经验，让读者体会到五笔打字的轻松与乐趣。在学习本书时，读者只需按照每章节的内容有计划地学习，就可以快速掌握五笔字型输入法。本书内容主要包括五笔打字必备、学五笔先练指法、熟记五笔字根、汉字的拆分与输入、快速输入简码与词组、五笔字型输入实用技巧，以及其他五笔输入法与练习软件等。

本书内容翔实，结构清晰，图文并茂，每一课均以课前导读、课堂讲解、上机实战、常见疑难解析及课后练习的结构进行讲述。通过大量的练习，读者可快速有效地掌握实用技能。

本书不仅可作为各类大中专院校或社会培训学校的五笔打字教材，还可作为五笔打字初学者和相关工作人员学习和参考书。

◆ 编　著　导向工作室
　　责任编辑　李　莎
　　责任印制　程彦红　杨林杰

◆ 人民邮电出版社出版发行　　北京市丰台区成寿寺路 11 号
　　邮编　100164　电子邮件　315@ptpress.com.cn
　　网址　http://www.ptpress.com.cn
　　北京九州迅驰传媒文化有限公司印刷

◆ 开本：787×1092　1/16
　　印张：10　　　　　　　　　2014 年 2 月第 1 版
　　字数：382 千字　　　　　　2025 年 3 月北京第 43 次印刷

定价：19.80 元

读者服务热线：**(010)81055410**　印装质量热线：**(010)81055316**
反盗版热线：**(010)81055315**

前　言

"零点起飞电脑培训学校"丛书自2002年推出以来，在10年里先后被上千所学校选为教材。随着电脑软硬件的快速升级，以及电脑教学方式的不断发展，原来图书的软件版本、硬件型号，以及教学内容、教学结构等很多方面已不太适应目前的教学和学习需要。鉴于此，我们认真总结教材编写经验，用了3～4年的时间深入调研各地、各类学校的教材需求，组织优秀的、具有丰富的教学经验和实践经验的作者团队对本丛书进行了升级改版，以帮助各类学校或培训班快速培养优秀的技能型人才。

本着"学用结合"的原则，我们在教学方法、教学内容以及教学资源上都做出了自己的特色。

教学方法

本书采用"课前导读→课堂讲解→上机实战→常见疑难解析→课后练习"五段教学法，激发学生的学习兴趣，细致而巧妙地讲解理论知识，重点训练动手能力，有针对性地解答常见问题，并通过课后练习帮助学生强化巩固所学的知识和技能。

◎ **课前导读**：以情景对话的方式引入本课主题，介绍本课相关知识点会应用于哪些实际情况，以及与前后知识点之间的联系，以帮助学生了解本课知识点在五笔打字当中的作用，及学习这些知识点的必要性和重要性。

◎ **课堂讲解**：深入浅出地讲解理论知识，着重实际训练，理论内容的设计以"必需、够用"为度，强调"应用"，配合经典实例介绍如何在实际工作当中灵活应用这些知识点。

◎ **上机实战**：紧密结合课堂讲解的内容给出操作要求，并提供适当的操作思路以及专业背景知识供学生参考，要求学生独立完成操作，以充分训练学生的动手能力，并提高其独立完成任务的能力。

◎ **常见疑难解析**：我们根据10多年的教学经验，精选出学生在知识学习和实际操作中经常会遇到的问题并进行答疑解惑，以帮助学生彻底吃透理论知识和完全掌握其应用方法。

◎ **课后练习**：结合每课内容给出大量难度适中的上机操作题，学生可通过练习，强化巩固每课所学知识，达到温故而知新。

教学内容

本书教学目标是循序渐进地帮助学生快速掌握五笔打字方法，以达到提高打字速度的目的。全书共有7课，具体内容如下。

◎ **第1课**：主要讲解五笔打字的准备工作，包括为什么选择五笔字型输入法、初次使用五笔字型输入法、选择练习打字的场所等。

◎ **第2课**：主要讲解学习五笔打字的第一步——先练指法，包括了解键盘的键位分布、遵循键盘操作规则、指法练习实现盲打等。

◎ **第3课**：主要讲解学习五笔打字的关键——熟记五笔字根，包括汉字的基本结构、认识字根与字根分布、五笔字根分区详解等。

◎ **第4课**：主要讲解汉字的拆分原则和单字的输入方法，包括字根之间的4种关系、汉字拆分的5个原则、汉字拆分练习、输入键面字和输入键外字等。

◎ 第5课：主要讲解如何快速提高打字速度，包括输入简码和输入词组等。

◎ 第6课：主要讲解五笔字型输入的一些实用技巧，包括设置五笔字型输入法、输入特殊字符，以及用造字程序造字等。

◎ 第7课：主要讲解其他五笔输入法与练习软件，包括98版五笔字型输入法、其他五笔输入法，以及常见五笔打字练习软件等。

配套资源

本书提供立体化教学资源，不仅有书中的素材、源文件，而且提供了多媒体课件、演示动画，此外还有模拟试题和供学生做拓展练习使用的素材等，具体如下。

◎ 多媒体课件：精心制作的PowerPoint格式的多媒体课件，方便教师教学。

◎ 演示动画：提供本书"上机实战"部分的详细的操作演示动画，供教师教学或学生反复观看。

◎ 模拟试题：汇集大量五笔打字的相关练习及模拟试题，包括选择、填空、判断、上机操作等题型，并为本书专门提供两套模拟试题，既方便教师的教学活动，也可供学生自测使用。

特别提醒：以上配套资源请到链接地址https://box.lenovo.com/l/u1Fm9i（提取码：08cc）下载，或者发电子邮件至lisha@ptpress.com.cn索取。

本书由导向工作室组织编写，参与资料收集、编写、校对及排版的人员有高志清、肖庆、李秋菊、黄晓宇、李凤、熊春、蔡长兵、牟春花、蔡飓、张倩、耿跃鹰、张红玲、刘洋、丘青云、谢理洋、曾全等，在此一并致谢！虽然编者在编写本书的过程中倾注了大量心血，精益求精，但恐百密之中仍有疏漏，恳请广大读者及专家不吝赐教。

编者

目　　录

第 1 课
五笔打字必备

学生：老师，看到朋友们用电脑打字都是运指如飞，我也想又快又准地打字，该怎么办？

老师：要想提高打字速度，减少差错率，可以选择五笔输入法。

学生：可是五笔又该从何学起呢？

老师：要使用五笔打字，首先需要做好相应的准备工作，如明白选择五笔字型输入法的
　　　好处，同时要了解五笔字型输入法的基本情况，并懂得如何选择练习打字的场所等。

学生：原来五笔还有这么多知识需要掌握，那您赶快教教我吧！

学习目标

▶ 为什么选择五笔字型输入法

▶ 初次使用五笔字型输入法

▶ 选择练习打字的场所

1.1 课堂讲解

本课堂主要讲述为什么选择五笔字型输入法、初次使用五笔字型输入法，以及选择练习打字的场所等知识。通过相关知识点的学习和案例的练习，为学习五笔打字做好准备工作。

1.1.1 为什么选择五笔字型输入法

在电脑中进行汉字输入是人与电脑交流的重要手段，因此打字是熟练操作电脑的基本技能。要在电脑中输入汉字，首先应根据自己的喜好和职业选择相应的输入法。电脑中的中文输入法种类繁多，且各具优越性，如果对汉语拼音比较熟悉，可选择拼音输入法，如智能ABC、全拼输入法或双拼输入法等。但是如果想提高打字速度，减少错别字，即打得又快又准，则最好选择五笔字型输入法。

1. 什么是中文输入法

中国汉字不仅数量众多，且形态各异。要将这些汉字输入到电脑中，就需要使用中文输入法。

中文输入法（又称为汉字输入法）是按一定编码将汉字通过键盘、手写或语言输入到电脑等电子设备中的方法，它是中文信息处理的重要技术。常用的中文输入法有全拼输入法、智能ABC输入法、五笔字型输入法和搜狗拼音输入法等。这些中文输入法按编码不同可以分为以下3类。

◎ **音码**：利用汉字的读音进行编码，如全拼输入法、搜狗拼音输入法等。

◎ **形码**：利用汉字的字形进行编码，如五笔字型输入法等。

◎ **音形结合码**：同时利用汉字的读音和字形进行编码，如智能ABC输入法、自然码输入法等。

2. 什么是五笔字型输入法

五笔字型输入法是一个遵循五笔编码规则的中文输入法，与众多输入法相比，五笔字型输入法具有以下优点。

不受方言的限制

拼音输入法是用读音输入汉字，因此用户必须认识要输入的汉字且掌握其标准读音，但这对于普通话不标准或不认识某些汉字的用户来说是件难事。而使用五笔字型输入法输入汉字时，用户即使不认识该汉字，也能根据它的字形准确输入。

击键次数少

用拼音输入法输入汉字或词组的拼音编码后，必须按下空格键或数字键确认，无形中增加了按键次数，降低了打字速度。而用五笔字型输入法输入一组编码时最多只需击键4次，而且编码为4码的汉字不需要按空格键确认，从而大大地提高了打字速度。如表1-1所示为使用五笔字型输入法与拼音输入法输入相同汉字所需的编码与击键次数。

表1-1　比较五笔字型输入法与拼音输入法的击键次数

输入法	输入"学以致用"文本	击键次数
拼音输入法	xueyizhiyong+ 空格	13
五笔输入法	inge	4

重码少

用全拼输入法和智能ABC输入法等输入汉字时，由于同音的字和词较多，经常出现重码，需要用户按键盘的数字键来选择。如果需选择的汉字未在当前选择框中显示，还须按【＋】键或【－】键翻页选择，这样就加大了汉字输入的难度，且降低了打字速度。而采用五笔字型输入法则重码少，如果无重码或所要结果排在当前选字框中的第1位，可继续输入下一组编码，结果将自动显示在屏幕中，这样就

大大提高了打字速度。如图1-1所示为使用全拼输入法和五笔字型输入法在记事本中输入汉字"殊"时的重码情况。

采用全拼输入法　　　　采用五笔字型输入法

图1-1　比较全拼输入法与五笔字型输入法的重码情况

3. 如何快速学会五笔字型输入法

很多人认为五笔难学难记，其实不然，要想学会五笔不仅要有熟练的操作，还要有良好的学习方法。下面结合多位五笔高手学习五笔字型输入法的经验和技巧，介绍如何快速学会五笔字型输入法。

要想成为五笔打字高手，读者可根据如图1-2所示的学习流程，结合实际情况参考学习，并勤加练习，必能事半功倍。

培养兴趣，做好学习五笔的准备	既然选择了五笔字型输入法，就要做好相应的准备工作，同时要培养学习兴趣，要有足够的耐心和信心，否则毅力不足，你就放弃了。
指法练习，实现盲打	在学习五笔字型输入法之前，必须熟悉各个键位的基本位置，并进行指法练习，尽量做到盲打。刚开始练习指法时，可以看着键盘熟悉指法，当熟练到一定程度后就可以试着不看键盘认得相应的字母和数字等。
熟记字根，掌握拆分原则	五笔字根是学习五笔的重点和难点，也是学会五笔的必经之路，它并没有想象中的那么难记，只要我们熟记字根口诀和字根分布规律，掌握拆分原则，然后用标准的打字指法反复练习，这样你的手指就会自然而然地敲打出相应汉字的字根键位。
记住特殊结构，举一反三	对于一些不常用的字根和较难拆的汉字，如"凹"、"凸"、"寒"等，用户可对这些汉字单独进行练习，记住特殊结构。若遇到字形相似的汉字，如"赛"、"寨"、"塞"的上半部分都是相同的，则只需记住一个汉字的拆分，其他汉字就可举一反三了。
查询五笔编码	如果遇到不会拆的汉字可以借助其他五笔字型输入法来查询该字的五笔编码，如搜狗五笔和万能五笔等都具有该项功能。
借助练习软件，强化训练	为了在较短时间内快速熟悉指法，并提高五笔打字速度，可借助五笔练习软件强化训练指法练习、汉字拆分和汉字输入，同时这些五笔练习软件还设计了各种各样有趣的小游戏，如打地鼠、接苹果和警察抓小偷等，用户在游戏的同时坚持练习，不仅可培养用户的学习兴趣，还可帮助用户提高打字能力。

图1-2　快速学会五笔字型输入法的学习流程

1.1.2　初次使用五笔字型输入法

对于初次使用五笔字型输入法的用户来说，必须先选择一种合适的五笔字型输入法，然后安装该版本，再切换到该输入法，并认识五笔字型输入法状态条。此外，使用帮助功能，可以更好地了解并使用五笔字型输入法。

1. 了解五笔字型输入法的版本

五笔字型输入法包括王码公司推出的86版和98版五笔字型输入法，以及其他种类的五笔字型输入法，如万能五笔、极品五笔、搜狗五笔等。其中以王码公司推出的王码五笔字型输入法最为常用，它主要经历了86版和98版两个阶段。下面主要介绍86版和98版两种编码方案。

◎　86版（又称4.5版）：可以处理国标简体中的6763个标准汉字，其普及率最高，但它不能处理繁体汉字，对于部分规范字根不能做到整字取码，如"夫"、"末"等，对有些汉字的分解和笔画顺序不能完全符合语言文字规范，如"我"字规定最后一笔画为"撇"而不是"点"。另外，86版五笔字型编码时需要对汉字进行拆分，但有些汉字是不能随意拆分的。

◎　98版（即改进型的方案）：它不仅可以处理国标简体中的6763个标准汉字，还可以处理BIG 5码中的13053个繁体字及大字符集中的21003个字符。另外，98版五笔字型码元更规范、编码规则简单明了，它利用独创的"无拆分编码法"，将总体形似的笔画结构归结为同一码元，一律用码元来描述汉字笔画结构的特征，因此，在对汉字进行编码时，无需对整字进行拆分，而是直接用原码取码。

由于其他五笔字型输入法的编码规则大都是按照王码86版五笔字型输入法来开发的，因此，86版五笔字型奠定了五笔的字根基础，只要学会了86版五笔输入法，其他五笔输入法也

就轻而易举了。本书将主要讲解86版五笔字型输入法。

2. 安装五笔字型输入法

一般情况下，Windows操作系统默认安装的汉字输入法只有微软拼音输入法、智能ABC输入法和全拼输入法等。因此，要使用五笔字型输入法，必须先找到其安装程序（可在网站上下载或从软件销售商处购得），然后在电脑中双击其安装图标，根据安装提示进行安装。

例如，安装86版五笔字型输入法，可在网站上下载其安装程序，然后双击其安装图标，该程序自动解压，并打开"王码五笔型输入法安装程序"对话框，在其中选中86版复选框，然后单击确定(0)按钮开始安装，如图1-3所示。完成后将在对话框中提示安装完毕，单击确定(0)按钮关闭该对话框，在桌面任务栏右侧单击输入法图标，在弹出的菜单中可查看安装的五笔字型输入法，如图1-4所示。

图1-3 选择五笔输入法　　图1-4 安装的五笔输入法

3. 切换到五笔字型输入法

要使用五笔字型输入法输入汉字，必须在桌面任务栏右边单击输入法图标，在弹出的菜单中选择相应的五笔字型输入法，将其切换为当前输入状态。如选择"王码五笔型输入法86版"命令将切换到86版五笔字型输入法，其输入法图标将由 变为 ，且屏幕上将出现一个浮动的输入法状态条，如图1-5所示。

图1-5 五笔字型输入法状态条

> ⚠ 技巧：直接按【Shift+Ctrl】键可以快速在不同的输入法之间进行切换。

4. 认识五笔字型输入法状态条

五笔字型输入法状态条由5个图标组成，其中 五笔型 图标表示当前输入法名称，另外，单击输入法状态条中的其他几个图标可在不同的状态之间进行切换，输入法状态条中各图标切换后的效果与图标的作用如表1-2所示。

表1-2 切换输入法状态条中各个图标的作用

切换图标	说明
单击 → A	图标表示中文输入状态 A图标表示英文输入状态
单击 → ●	图标表示半角状态，即输入的字符占半个汉字的位置 ●图标表示全角状态，即输入的字符占一个汉字的位置
单击 → ，；	图标表示中文标点输入，即输入的标点符号，占一个汉字位置 图标表示英文标点输入，即输入的标点符号，占半个汉字位置
右击 单击	单击图标，在出现的软键盘中单击任意按钮可输入相应的字符 右键单击图标，在弹出的快捷菜单中选择任意选项可切换到相应的软键盘

5. 使用"帮助"功能

通常在使用电脑时，当遇到不懂的问题都可按【F1】键寻求帮助。但在使用五笔字型输入法时，按【F1】键并不能调出其帮助文件，此时可用鼠标右键单击输入法状态条，在弹出的快捷菜单中选择【帮助】→【输入法入门】命令，如图1-6所示。在打开的对话框中双击想查看的帮助主题，如双击"怎样学好'五笔字型'"帮助主题，如图1-7所示，在展开的标题列中双击想查看的帮助文件，在打开的窗口中即可查看帮助内容。

图1-6 选择命令　　图1-7 双击帮助主题

6. 案例——安装并切换到万能五笔输入法

本例将先安装万能五笔输入法，然后切换到万能五笔输入法。通过该案例的学习，掌握五笔输入法的安装与切换。

❶ 在网站上下载万能五笔输入法，然后在电脑中找到其安装程序，并双击其安装图标，如图1-8所示。

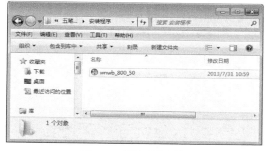

图1-8 双击安装图标

❷ 在打开的"万能软件安装程序"对话框中单击 下一步(N) > 按钮，如图1-9所示。

图1-9 根据安装向导开始安装

❸ 在打开的"许可证协议"对话框中单击 我同意(I) 按钮，如图1-10所示。

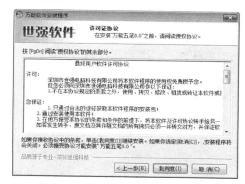

图1-10 同意许可证协议继续安装

❹ 在打开的"选择组件"对话框中确认需安装的组件，这里保持默认设置，然后单击 下一步(N) > 按钮，如图1-11所示。

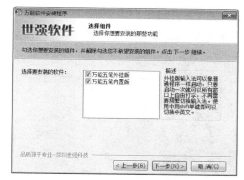

图1-11 选择需安装的组件

❺ 依次在打开的提示对话框中单击 下一步(N) > 按钮，当打开"选择是否全新安装"对话框时确认是否全新安装，这里保持默认设置，单击 下一步(N) > 按钮，如图1-12所示。

图 1-12　确认是否全新安装

❻ 在打开的"选择安装文件夹"对话框中确认安装位置，这里将安装位置修改到 D 盘，然后单击 安装(I) 按钮，如图 1-13 所示。

图 1-13　确认安装位置继续安装

❼ 稍等片刻后，在打开的完成安装向导对话框中单击 完成(F) 按钮，完成万能五笔输入法的安装，如图 1-14 所示。

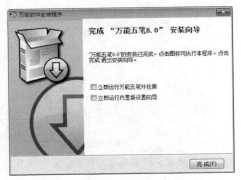

图 1-14　完成万能五笔输入法的安装

❽ 单击任务栏右边的输入法图标，在弹出的菜单中选择"万能五笔输入法"命令，如图 1-15 所示，将万能五笔输入法切换为

当前输入状态，切换后的万能五笔输入法状态条效果如图 1-16 所示。

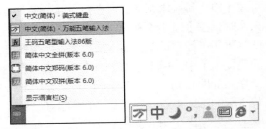

图 1-15　选择万能五笔　　图 1-16　切换到万能五笔

1.1.3　选择练习打字的场所

要练习打字，首先应选择合适的打字练习软件。在 Windows 操作系统中，用户可选择系统自带的写字板和记事本等。另外，用户也可选择专门针对打字而开发的打字练习软件，如金山打字通 2013。

1. 使用写字板练习打字

写字板是一个使用简单，但功能强大的文字处理程序，用户可以使用它进行文档编辑。

要使用写字板练习打字，可单击 按钮，然后选择【所有程序】→【附件】→【写字板】命令启动写字板，在其中练习打字，然后在标题栏左侧单击"保存"按钮，如图 1-17 所示。在打开的"保存为"对话框的列表框中选择文件要保存的位置，在"文件名"下拉列表框中输入文件名，完成后单击 保存(S) 按钮保存练习结果，并返回写字板窗口中。单击"关闭"按钮 关闭写字板窗口。

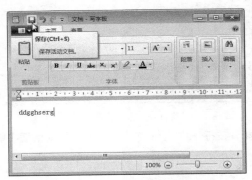

图 1-17　使用写字板练习打字

2. 使用金山打字通练习打字

金山打字通是一款功能齐全、数据丰富、界面友好、集打字练习和测试于一体的打字软件。使用它提供的英文打字、拼音打字、五笔打字三种主流输入法可进行针对性学习，同时，它提供的打字游戏不仅可培养用户学习打字的兴趣，还可轻松快速提高键位熟悉程度。

要使用金山打字通2013练习打字，首先应在网站上下载金山打字通2013安装程序，再在电脑中双击其安装图标，根据安装向导安装进行，然后在桌面上双击"金山打字通2013"快捷图标█，启动金山打字通2013。在打开的窗口右上角单击█ 登录 ▼█按钮，如图1-18所示，在打开的"登录"对话框中根据提示创建昵称，并绑定QQ账号进行登录。完成后在金山打字通2013界面中可选择所需的练习方式开始练习，如打字初学者可选择"英文打字"进行练习，如图1-19所示。

图1-18 启动并登录金山打字通 2013

图1-19 选择练习方式进行练习

3. 案例——使用记事本练习打字

本例将使用记事本练习打字，然后保存打字结果。通过该案例的学习，熟练掌握选择练习打字的场所进行打字练习的方法。

具体操作如下。

❶ 单击█按钮，选择【所有程序】→【附件】→【记事本】命令，如图1-20所示，启动"记事本"。

图1-20 启动记事本

❷ 在打开的记事本窗口的文本编辑区有一个闪烁的光标，即输入光标，它表示可在此处输入文字。然后在键盘上依次按【E】、【S】、【K】、【I】、【C】和【N】键，将在记事本中依次输入字母"eskicn"，如图1-21所示。

图1-21 练习打字

❸ 在记事本窗口中选择【文件】→【保存】命令，如图1-22所示。

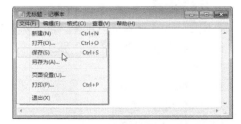

图1-22 选择"保存"命令

❹ 在打开的"另存为"对话框的左侧选择相应的选项，这里选择"计算机"选项。在右侧的列表框中依次选择文件的保存位置，然后在"文件名"下拉列表框中输入文件名，这里输入"练习打字1"。完成后单击 保存(S) 按钮将文件保存在电脑中，如图1-23所示。

图1-24 关闭记事本窗口

❻ 在电脑中找到该文件的保存位置，可以看到其中出现了一个"练习打字1.txt"文件，如图1-25所示，双击该文件可以再次启动记事本程序并打开该文件。

图1-23 保存练习结果

❺ 返回记事本窗口，单击"关闭"按钮 关闭窗口，如图1-24所示。

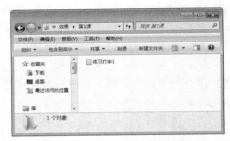

图1-25 查看保存结果

1.2 上机实战

本课上机实战将练习五笔输入法的安装与使用，以及在金山打字通中查看打字教程。通过对这两个上机实战的练习，读者能做好使用五笔打字的准备工作。

上机目标：

◎ 掌握并练习五笔输入法的安装与使用。

◎ 掌握打字练习场所的启动与使用。

◎ 了解并查看金山打字通的打字教程。

建议上机学时：1学时。

1.2.1 安装并使用搜狗五笔输入法

1. 操作要求

本例要求先安装搜狗五笔输入法，然后在写字板中切换并使用搜狗五笔输入法。

具体操作要求如下。

◎ 安装搜狗五笔输入法。

◎ 启动并使用写字板。

◎ 切换并使用搜狗五笔输入法。

2. 操作思路

根据上面的操作要求，本例的主要操作步骤如下。

❶ 在网站上下载搜狗五笔输入法的安装程序，然后在电脑中找到并双击其安装图标 ，在打开的安装向导对话框中根据提示安装搜狗五笔输入法，如图1-26所示。

图 1-26　下载并安装搜狗五笔输入法

❷ 单击按钮，然后选择【所有程序】→【附件】→【写字板】命令，启动写字板，如图1-27 所示。

图 1-27　启动写字板

❸ 单击输入法图标，在弹出的菜单中选择"搜狗五笔输入法"命令，将搜狗五笔输入法切换为当前输入状态。然后在写字板窗口中使用搜狗五笔输入法输入相应的汉字，如按【D】键将法显示相应的词条，如图 1-28 所示。在其中按相应的选择键可输入相应的汉字。完成后在写字板窗口中单击"关闭"按钮关闭窗口。

图 1-28　切换并使用搜狗五笔输入法

1.2.2　在金山打字通中查看打字教程

1. 操作要求

本例要求在金山打字通2013中查看打字教程，这样可快速掌握金山打字通的使用方法，并通过打字练习达到提高打字速度的目的。

具体操作要求如下。

◎ 查看金山打字通 2013 中的打字教程。

◎ 快速掌握金山打字通的使用方法。

2. 操作思路

根据上面的操作要求，本例的主要操作步骤如下。

❶ 启动并登录金山打字通 2013，在打开的主界面窗口的右下角单击 打字教程 按钮，如图 1-29 所示。

图 1-29　在金山打字通 2013 界面中单击按钮

> 提示：若初次使用金山打字通 2013，可在其主界面中单击"新手入门"按钮，进入"新手入门"界面，根据提示单击相应的选项卡进入相应的界面进行学习。

❷ 进入"打字教程"界面，在左侧分篇介绍了从打字新手到打字高手不同阶段的练习教程，用户可根据需要选择相应的教程进行学习，如图 1-30 所示。在界面右下角依次单击 按钮逐步进行学习，完成打字教程的学习后，单击界面右上角的"关闭"按钮 关闭该界面。

图 1-30　进入"打字教程"界面查看打字教程

1.3　常见疑难解析

问：有没有输入法既可以使用拼音输入，也可以使用五笔输入呢？

答：如果你经常使用的是拼音输入法，但又很想学习五笔输入法，那最好安装可以用拼音输入、且能显示字根表还能反查五笔编码的五笔输入法。如在安装搜狗或极点等五笔输入法时，一般会提示选择当前输入模式（有五笔拼音混输、纯五笔和纯拼音），此时若选择五笔拼音混输模式，即一个汉字用五笔打不出来时可用拼音打出来并查五笔编码，再用五笔去打，并想想为什么这样打，这样，你就会慢慢习惯用五笔打字。

问：能否在启动电脑后，将系统默认的输入法设置为五笔字型输入法？

答：启动电脑后，系统默认使用的是英文输入法。若经常使用五笔字型输入法，则可将其设置为系统默认输入法。其方法为：在输入法图标■上单击鼠标右键，在弹出的快捷菜单中选择"设置"命令，打开"文本服务和输入语言"对话框，在"常规"选项卡的"默认输入语言"栏的下拉列表框中选择"中文（简体，中国）-王码五笔型输入法86版"选项，完成后单击 确定 按钮。

问：在多种输入法中，如何快速切换到五笔字型输入法？

答：要快速切换到五笔字型输入法，可设置快捷键。其方法为：在输入法图标■上单击鼠标右键，在弹出的快捷菜单中选择"设置"命令，在打开的"文本服务和输入语言"对话框中单击"高级键设置"选项卡，在"操作"列表框中选择"切换到中文（简体，中国）-王码五笔型输入法86版"选项后单击 更改按键顺序(C) 按钮，在打开的"更改按键顺序"对话框中选中 ☑启用按键顺序(E) 复选框，然后在其下的下拉列表框中选择相应的选项。若在左侧选中"Ctrl"单选项，在右侧的下拉列表框中选择"~"选项，即可将快捷键设置为【Ctrl+~】键，完成后单击 确定 按钮。以后直接按【Ctrl+~】键就可快速切换到五笔字型输入法。

问：记事本与写字板在功能上有什么区别？在练习打字时最好用哪个文字编辑软件？

答：记事本用于纯文本文档的编辑，只支持TXT格式。写字板的文字编辑功能比记事本稍强，它不仅可以进行中英文文档的编辑，而且还可以图文混排，插入图片、声音、视频剪辑等多媒体资料，它支持RTF格式。在进行打字练习时，使用记事本就足够了。

1.4 课后练习

（1）下载并安装极品五笔输入法，然后在记事本中切换并使用极品五笔输入法，效果如图1-31所示。

　　具体的操作要求如下。

◎　下载并安装极品五笔输入法。

◎　切换并使用极品五笔输入法。

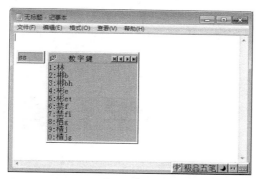

图1-31　安装并使用极品五笔输入法

（2）下载并安装其他五笔打字练习软件，如"86五笔打字练习 3.0"，然后查看该软件的功能，如图1-32所示。

　　具体的操作要求如下。

◎　下载并安装 86 五笔打字练习 3.0 软件。

◎　查看 86 五笔打字练习 3.0 软件的功能。

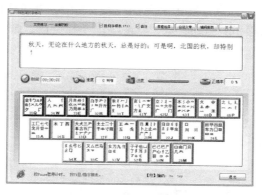

图1-32　安装并使用 86 五笔打字练习 3.0

第 2 课
学五笔先练指法

学生：老师，我已经做好了学习五笔字型输入法的准备，现在是不是可以开始学习如何使用它输入汉字了？

老师：要使用该输入法输入汉字，还有非常关键的一步，那就是练习指法。要做到"运指如飞"，就必须对键盘了如指掌，否则即使学会了五笔，也只能边看键盘边打字，那样不仅不能提高打字速度，还将浪费更多的时间。

学生：是，进行指法练习需要掌握什么知识呢？

老师：练习指法非常简单，只需要了解键盘的键位分布，并遵循键盘操作规则，即熟悉相应键位的距离感和击键的感觉，就能渐渐不看键盘，做到"盲打"。

学习目标

▶ **了解键盘的键位分布**

▶ **遵循键盘操作规则**

▶ **指法练习实现盲打**

2.1 课堂讲解

本课堂主要讲述键盘的键位分布、操作键盘的规则，以及指法练习实现盲打等知识。通过相关知识点的学习和案例的练习，使读者熟悉键盘上各键的分布，并通过指法练习实现"盲打"，为后面学习五笔字型输入法打下坚实基础。

2.1.1 了解键盘的键位分布

键盘是常见的电脑输入设备。电脑操作者可以通过键盘向电脑输入各种指令和数据指挥电脑工作，如通过键盘输入汉字。了解它的键位分布可以帮助用户快速并熟练地操作键盘。

通常，键盘按各键的功能可以分为5个键位区：主键盘区、功能键区、编辑键区、状态指示灯区和小键盘区，如图2-1所示。

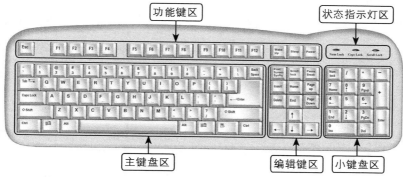

图 2-1　键盘分区示意图

1．主键盘区

主键盘区（又称打字键区）是键盘中最关键的区域，主要用来输入英文、数字和符号，它由字母键、数字键、符号键和控制键组成，如图2-2所示。

图 2-2　主键盘区

✎ 字母键

键盘上共有26个（A－Z）字母键，用来输入26个英文字母，如图2-3所示。每个字母键的键面左上方都有一个大写字母，默认状态下按某个字母键就会输入相应的小写字母。

图 2-3　字母键

✎ 数字键

键盘上共有10个（0～9）数字键，用来输入数字和符号，如图2-4所示。

图 2-4　数字键

每个数字键位上显示了上下两种字符，这些键位又称为双字符键，上部分字符称为上挡符号，下部分字符称为下挡符号。要输入下挡符号，即数字，可直接按相应的键；要输入上挡符号，即特殊符号，则需按住【Shift】键不放，再按相应的键，如图2-5所示。

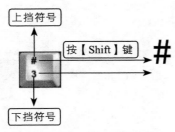

图2-5 输入数字和符号

图2-7 比较【Shift】键的使用效果

符号键

符号键与数字键一样，都是双字符键，其按键方法与数字键相同。在主键盘区中除了数字键上的上挡符号外，还有11个符号键，如图2-6所示。键盘上共包含了32个符号，如@、\、{、[、(、$、%和&等。

图2-6 符号键

控制键

控制键分散在主键盘区的两侧，主要用于辅助输入文字。它包括【Tab】键、【Caps Lock】键、【Shift】键和【空格】键等。下面分别认识各控制键的功能。

◎ 【Tab】键（制表定位键）：每按一次该键，光标定位点将向右移动8个字符，该键常用于文字处理中的格式对齐操作。

◎ 【Caps Lock】键（大写字母锁定键）：默认状态下输入的英文字母为小写，按一下该键，键盘右上角的"Caps Lock"指示灯亮，此时输入的字母为大写字母。再次按【Caps Lock】键，指示灯熄灭，切换回小写字母状态，此时输入的为小写字母。

◎ 【Shift】键（又称上挡选择键）：该键在键盘上有两个，分别位于主键盘区的左右两侧，作用完全相同，用于切换英文字母的大小写和输入上挡字符，如图2-7所示。

◎ 【Ctrl】键与【Alt】键：这两个键各有两个，分别在主键盘区左右下角。常与其他键组合使用，如表2-1所示为【Ctrl】键、【Alt】键与其他键组合使用的情况。

表2-1 【Ctrl】键、【Alt】键与其他键组合使用

组合键	功能
【Ctrl+C】键	复制被选定的文本到剪贴板上
【Ctrl+X】键	剪切被选定的文本
【Ctrl+V】键	粘贴剪贴板上的文本
【Ctrl+Home】键	将光标移至文档开头
【Ctrl+End】键	将光标移至文档末尾
【Ctrl+A】键	选定当前文档的所有内容
【Alt+Enter】键	选择某个图标后按该组合键可快速打开其"属性"对话框
【Alt+F4】键	快速关闭应用程序
【Alt+ 空格键】键	在应用程序中按该组合键可打开系统控制菜单

◎ 【空格】键：是键盘中最长的键，上面无标记符号。输入文字时，在插入状态下按该键可插入一个空格，在改写状态下可删除该光标后的字符。

◎ 【Enter】键（又称回车键）：该键是使用频率最高的键。它具有两个作用：一是确认并执行输入的命令，二是在输入文字时按该键，光标移至下一行行首（换行），同时光标后的文字随之移至下一行。

◎ 【Back Space】键（又称退格键）：一般位于主键盘区的右上角，每按一次该键，将删除光标位置前的字符或空格，同时使光标向左移动一个位置。

◎ Windows 功能键（包括 ⊞ 键和 ▤ 键）：⊞ 键又称开始菜单键，在 Windows 操作系统中按该键后将弹出"开始"菜单；▤ 键又称快捷菜单键，在 Windows 操作系统中按该键后将弹出相应的快捷菜单，其功能与单击鼠标右键相同。

> 提示：控制键在不同的情况下有不同的状态和功能，和不同的键组合又有不同的作用，初学者在使用键盘的过程中应不断总结和积累经验。

2. 功能键区

功能键区位于键盘的最上方，它由【Esc】键、【F1】～【F12】键和3个特殊功能键组成，如图2-8所示。

图 2-8　功能键区

下面分别认识功能键区各键的功能，如表2-2所示。

表2-2　功能键区各键的功能

键位	功能
【Esc】键	按该键可退出某个程序或放弃某个操作
【F1】～【F12】键	各键在不同软件中有不同的作用，如按【F1】键可启动帮助系统，按【F2】键可对选中图标重命名；与其他控制键组合使用，如按【Alt+F4】键可退出程序
【Wake Up】键	可使电脑从睡眠状态恢复到初始状态
【Sleep】键	可使电脑处于睡眠状态
【Power】键	关闭电脑电源

3. 编辑键区

编辑键区位于主键盘区和小键盘区之间，如图2-9所示，按该区中的各键可控制光标（光标是指文字编辑区中一根闪烁的短竖线，即文本插入点）所在位置。

图 2-9　编辑键区

下面分别认识编辑键区各键的功能，如表2-3所示。

表2-3　编辑键区各键的功能

键位	功能
【Print Screen SysRq】键	按此键可将当前屏幕中的内容复制到剪贴板
【Scroll Lock】键	在 DOS 状态下按此键使屏幕停止滚动，直到再次按下该键为止
【Pause Break】键	在 DOS 状态下按此键使屏幕显示暂停，直到按【Enter】键为止
【Insert】键	按此键可在插入和改写状态之间进行切换
【Home】键	按此键可使光标返回到本行最左边的字符前
【Page Up】键	按此键可使屏幕上的内容翻回到前一页
【Delete】键	按此键可删除紧跟光标后的一个字符
【End】键	按此键可使光标移到本行最右边的字符后
【Page Down】键	按此键可使屏幕上的内容翻到后一页
【↑】、【←】、【↓】和【→】键（光标移动键）	按相应的键，光标将按箭头所指方向移动，且只移动光标，不移动文字

4. 状态指示灯区

状态指示灯区用来提示键盘工作状态，并无按键功能。它由3个指示灯组成，如图2-10所示。

图 2-10　状态指示灯区

不同的灯（亮或熄）代表不同的状态，如表2-4所示。

表2-4　各状态指示灯的说明

状态指示灯	说明
"Num Lock"灯	该指示灯亮，表示可以用小键盘区输入数字，否则只能使用下挡键
"Caps Lock"灯	该指示灯亮，表示按字母键时输入的是大写字母，否则输入的是小写字母
"Scroll Lock"灯	该指示灯亮，表示在 DOS 状态下不能滚动显示屏幕，反之则可以

5. 小键盘区

小键盘区（又称数字键区）主要用于快速输入数字，它由10个双字符键、【Num Lock】键、【Enter】键和符号键组成，如图2-11所示。其中双字符键的上挡键用来输入数字，下挡键具有编辑和光标控制功能，上下挡的切换由【Num Lock】键来实现。"Num Lock"灯亮时只能使用上挡键，即可在小键盘区中输入数字；否则，只能使用下挡键。

图 2-11　小键盘区

2.1.2　遵循键盘操作规则

在操作键盘的过程中，除了需要把键盘上的键位分布记得一清二楚，还需掌握正确的指法和击键要领等，这样不但能减轻疲劳，而且可以提高击键速度，差错率也会减低。

在进行指法练习时，应严格遵循以下几点规则。

◎　采用正确的打字姿势，养成良好的打字习惯。

◎　严格遵守指法分工的规则，培养击键的感觉。

◎　掌握击键要领，逐渐养成"盲打"的习惯。

1. 采用正确的打字姿势

对于初学者来说，要养成良好的打字习惯，首先应采用正确的打字姿势。如果姿势不当，不但会影响击键速度和正确率，且容易疲劳。正确的打字姿势如图2-12所示。

图 2-12　正确的打字姿势

正确的打字姿势可归纳为以下几点。

◎　坐姿端正，腰杆挺直，两脚自然平放于地，身体稍微向前倾，与键盘的距离约为20cm。

◎　椅子高度适当，一般为66~81cm。眼睛稍向下倾视显示器，一般在水平视线15°~20°，以免损伤眼睛。眼睛离显示器的距离为30cm左右。

◎　双臂放松并自然下垂，两肘贴于腋边，肘关节呈垂直弯曲，手腕平直，手指稍微弯曲放在键盘的基准键位上。

◎　输入文字时，为了便于观看，可将文稿置于电脑桌的左边。

2. 手指的键位分工

手指的键位分工就是将键盘上的键位合理地分配给10个手指，其中大拇指负责敲击空格键，其余8个手指按一定的活动范围，每个手指负责某一固定区域字符的输入。

基准键位

基准键位是指主键盘区的字母键中的【A】、【S】、【D】、【F】、【J】、【K】、【L】和【;】8个键，其中【F】和【J】键为定位键（键面上各有一条凸起的小横杠，便于用户快速找到这两个键位）。

用户在准备输入文字时，应将双手大拇指放在空格键上，左手食指放在【F】键上，右手食指放在【J】键上，其他手指按顺序分别放置在相邻的基准键位上，基准键位与手指的对应关系如图2-13所示。

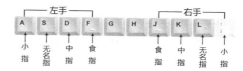

图2-13 基准键位与手指的对应关系

指法分区

由于键盘键位是按照人们手指的灵活程度和字母使用频率的高低进行设计的，因此在操作键盘时，必须按照科学的指法分区利用自己的手指对键盘进行"管理"。

每个手指除了指定的基准键位外，还分工有其他键位，如图2-14所示为键盘的指法分区，各区域的键位由指定的手指来"掌管"。

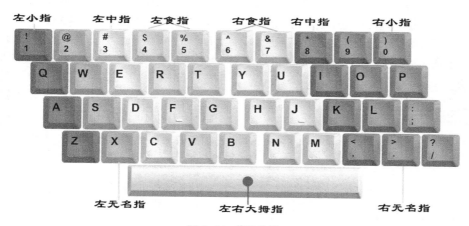

图2-14 指法分区

3. 击键要领

要想快速并准确地输入文字，在敲击键盘的过程中，还应掌握以下几点击键要领。

◎ 击键时胳膊尽量保持不动，主要以手指指尖垂直向键位用力，而不是手腕用力。

◎ 击键时动作要敏捷，敲击的力度不宜过大。

◎ 击键时不能长时间按住一个键不放，否则容易重复输入。

◎ 击键前后应保持10个手指放在相应的基准键位上，如图2-15所示。

图2-15 击键前后手指应放在基准键位上

⚠ 提示：初学者必须严格按照指法分区的规则练习指法，否则坏习惯一旦形成，就很难改正。

2.1.3 指法练习实现盲打

要熟练操作键盘、记住字母在键盘上的分布,最好的方法就是加强指法练习。通过指法练习,培养手指对键盘的"感觉",慢慢做到不看键盘,凭手指触觉击键,逐渐养成"盲打"的习惯。

要进行指法练习,首先应选择并启动打字练习文件,然后选择相应的输入法。下面将启动记事本,并使用英文输入状态进行指法练习。若任务栏右边的输入法图标不是英文输入状态,可按【Ctrl+空格】键快速切换到英文输入状态。

1. 基准键位练习

要进行基准键位的指法练习,可在记事本中确认英文输入法状态后,将双手手指放在基准键位上,依次敲击基准键位(按键后应立即松开并弹起),输入基准键位上的字母,然后不看键盘,凭记忆混合输入如图2-16所示的字母,协调手指的击键动作。

图 2-16 基准键位练习

2. 大、小写字母键位练习

由于五笔输入法的字根都分布在键盘的相应键位上,因此熟悉字母的输入,对学习五笔非常有帮助。要进行大、小写字母键位的指法练习,可在记事本中先严格按照指法分工,重复输入各个小写字母,熟悉哪些手指击哪些键,然后按【Caps Lock】键切换至大写英文字母状态,不看键盘输入如图2-17所示的大写字母。

图 2-17 大、小写字母键位练习

3. 数字键位练习

键盘的主键盘区和小键盘区都有数字键,在输入数字时,它们的作用相同。若需经常输入一系列连续的数字,建议最好使用小键盘区中的数字键,因为这里的数字键排列紧密,在输入时手指不用伸得太远,避免浪费时间。

在进行数字键位的指法练习时,若要使用主键盘区的数字键,可按照指法分工,依次输入各个数字。若要使用小键盘区的数字键,首先应确认键盘右上方的"Num Lock"指示灯处于亮的状态。如果"Num Lock"灯熄灭,则先按【Num Lock】键,然后在记事本中输入相应的数字及一些数学符号,完成后不看键盘输入如图2-18所示的数字和数学符号。

图 2-18 数字键位练习

4. 符号键位练习

在输入文字的过程中,常常需要输入不同的符号,但在中文状态下输入的符号与在英文状态下输入的符号有所不同。下面列出了按同一个键在中文和英文状态下输入的不同符号,如表2-5所示。

表2-5 按同一个键在中文和英文状态下输入的符号

键	中文标点	英文标点
·	·居中实心点	.
,	，逗号	,
.	。句号	.
Shift+?	？问号	?
;	；分号	;
Shift+ :	：冒号	:
\	、顿号	/
'（第一次）	'左单引号	'
'（第二次）	'右单引号	'
Shift+<	《左书名号	<
Shift+>	》右书名号	>
Shift+!	！感叹号	!
Shift+—	——破折号	_
Shift+"（第一次）	"左双引号	"
Shift+"（第二次）	"右双引号	"
Shift+~	~	~
Shift+2	@	@
Shift+3	#	#
Shift+4	￥	$
Shift+5	%	%
Shift+6	……省略号	^
Shift+7	&	&
Shift+8	★	★
Shift+9	（左小括号	(
Shift+0	）右小括号	)

5. 特殊键位练习

要进行各种特殊键的指法练习，可在记事本中进行如下操作。

◎ 按【F1】键打开帮助窗口。

◎ 将鼠标光标定位到前面输入的字符中的任意位置，按【Home】键将光标移至当前行第一个字符前；按【End】键将光标移至当前行最后一个字符后。

◎ 按【Ctrl+Home】键将光标移至当前文档的第一个字符前；按【Ctrl+End】键将光标移至当前文档最后一个字符后。

◎ 按【↑】、【↓】、【←】和【→】键将光标上下左右移动。

◎ 按【Back Space】和【Delete】键删除光标前或后一个字符。

◎ 按【Ctrl+A】键选定当前文档中的所有内容；按【Ctrl+C】键复制被选定的文本到剪贴板上，然后再移动光标到所需的位置，按【Ctrl+V】键粘贴剪贴板上的文本。

◎ 按【Page Up】和【Page Down】键在屏幕上前后翻看相应的内容。

◎ 按【Alt+F4】键退出该窗口。

> ⚠ 注意：练习指法时应集中精力，做到手到、眼到、脑到，避免一边看原稿一边看键盘，这样容易分散注意力。且练习时不能一味求快，首先应保证输入的正确率。

6. 案例——指法综合练习

本例将在记事本中综合练习输入各种字符，如大小写字母、数字与运算符和标点符号，以及特殊键位的使用等。通过该案例的学习，熟悉并掌握各个键的使用和分布。

❶ 单击 按钮，然后选择【所有程序】→【附件】→【记事本】命令，启动记事本，光标默认定位在文本编辑区第一行的行首，然后确认语言栏中的输入法图标为 ，即"英文输入状态"，如图2-19所示。

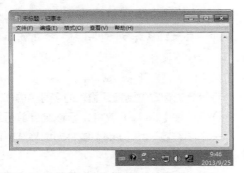

图 2-19　启动记事本并确认输入法

❷ 在主键盘区中按【A】键，输入小写字母 "a"，用相同的方法继续输入小写字母 "bcdefghijklmn"，然后按【,】键，输入逗号，再按【CapsLock】键切换至大写英文字母状态，并不看键盘输入大写字母 "OPQRSTUVWXYZ"，完成后按【;】键，输入分号，如图 2-20 所示。

图 2-20　练习输入大、小写字母

❸ 按【Enter】键换行，此时光标定位到下一行行首。在小键盘区中按【NumLock】键，确认 "NumLock" 指示灯被点亮，如果没有则再按一次【NumLock】键。然后在小键盘区中按【3】键，输入数字 "3"，用相同的方法继续输入数字 "28795"，再按【.】键，输入小数点 "."，在其后继续输入数字 "46"，再按【*】键，输入符号 "*"。 在其后继续输入数字 "30"，再按【Shift+5】键，输入符号 "%"。完成后用相同的方法不看键盘依次输入数字和运算符 "+10000/0.5-2000"，并按【;】键，输入分号，如图 2-21 所示。

图 2-21　输入数字与运算符

❹ 按【Enter】键换行，再按【Ctrl+A】键选定当前文档中的所有内容，并按【Ctrl+C】键复制被选定的文本到剪贴板上，如图 2-22 所示。

图 2-22　选择并复制文本

❺ 移动光标到最后一行，按【Ctrl+V】键粘贴剪贴板上的文本，然后按【↑】和【→】键将光标向上和向右移动到符号 "+" 后，按【Delete】键删除光标后一个字符，并输入数字 "5"，再按【End】键将光标移至当前行最后一个字符后，按【BackSpace】键删除光标前一个字符，并按【.】键输入句号，如图 2-23 所示，完成后按【Alt+F4】键退出该窗口。

图 2-23　练习特殊键位的使用

2.2 上机实战

本课上机实战将练习在写字板中输入英文故事，以及在金山打字通中练习键盘指法。通过对这两个上机实战的练习，使读者掌握键盘上键位的分布，为实现"盲打"奠定基础。

上机目标：

◎ 熟悉键盘操作，掌握键位分布；

◎ 轻松练习指法，实现"盲打"。

建议上机学时：1学时。

2.2.1 在写字板中练习输入英文故事

1. 操作要求

本例要求在写字板中练习输入英文故事，然后保存练习结果。

具体操作要求如下。

◎ 综合练习输入英文故事。

◎ 保存并退出练习文件。

2. 操作思路

根据上面的操作要求，本例的主要操作步骤如下。

❶ 启动写字板，确认语言栏中的输入法图标为 ，然后输入一段英文故事，如图2-24所示。注意大小写字母、标点符号的输入，以及每个单词之间必须空一格。

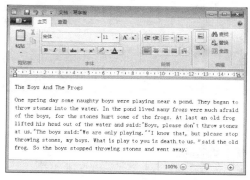

图 2-24 综合练习输入英文故事

❷ 按【Ctrl+S】键打开"保存为"对话框，在列表框中选择文件的保存位置，在"文件名"下拉列表框中输入文件名，完成后单击 保存(S) 按钮保存练习结果，如图2-25所示。

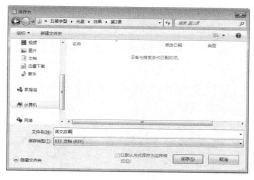

图 2-25 保存练习文件

❸ 返回写字板窗口中，如图2-26所示，按【Alt+F4】键退出该窗口。

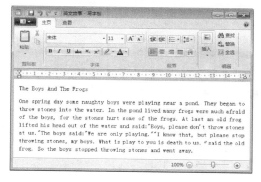

图 2-26 退出练习文件

2.2.2 在金山打字通中练习键盘指法

1. 操作要求

本例要求在金山打字通2013中练习键盘指法，通过该软件中的"打字测试"和"打字游

戏"栏目练习指法，不仅可熟悉键盘操作，而且在寓教于乐中轻松测试并提高打字速度。

具体操作要求如下。

◎ 通过"打字测试"熟悉键盘操作，并测试打字速度和正确率。

◎ 通过"打字游戏"实现寓教于乐，培养打字兴趣并提高打字速度。

2. 操作思路

根据上面的操作要求，本例的主要操作步骤如下。

❶ 启动并登录金山打字通 2013，在打开的主界面窗口的右下角单击 打字测试 按钮，进入"英文测试"界面，按照指法分工，依次输入字母、标点符号和空格等，在其界面下方可看到打字的测试时间、速度、进度和正确率，如图 2-27 所示。

图 2-27 通过"打字测试"练习指法

❷ 在"英文测试"界面的左上角单击 返回 按钮，返回主界面。再单击 打字游戏 按钮，进入"打字游戏"界面。选择一款游戏练习打字，这里选择并下载"鼠的故事"游戏，如

图 2-28 所示，完成后根据提示安装并运行该游戏。

图 2-28 选择并下载打字游戏

❸ 在该游戏中，每只鼹鼠手上举着一个字母牌，只要你按下相应的字母键即可打掉鼹鼠。右下方的数字表示规定的时间，如果在这个时间内没有按下相应的字母键则没有打中鼹鼠。每次游戏的时间为 1 分钟，如果在 1 分钟之内打掉了数量足够的鼹鼠，则通过了该游戏，如图 2-29 所示。完成后在界面左下角单击"退出"按钮 退出游戏。

图 2-29 运行打字游戏练习指法

2.3 常见疑难解析

问：如何在英文字母的大小写之间进行切换？

答：系统默认状态下输入的字母是小写字母，要在英文字母的大小写之间进行切换有两种方法：一是通过按【Caps Lock】键实现，如按【Caps Lock】键后按相应的字母键可输入大写字母，再次按【Caps Lock】键后按相应的字母键则输入小写字母；二是通过按【Shift】键实现，如按住【Shift】键不放，按相应的字母键即可输入大写字母，直接按相应的字母键则输入小写字母。

问：是不是只有主键盘区指定了指法分区，那小键盘区呢？

答： 其实小键盘也有指法分区，用小键盘输入数字时手指分工为：右手大拇指负责敲击【0】键，食指负责敲击【1】、【4】、【7】键，中指负责敲击【2】、【5】、【8】键，无名指负责敲击【3】、【6】、【9】键。

2.4 课后练习

（1）在如图2-30所示的主键盘区示意图上把每个键上的字符写出来，然后对照自己的键盘查看并检查自己对键盘上按键位置的记忆情况。

（2）启动记事本程序，确认当前处于英文输入状态，然后输入如图2-31所示的英文邀请函，练习时不要看键盘，尽量做到"盲打"。

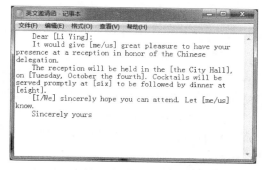

图2-30　在主键盘区示意图上写出每个键上的字符　　　　图2-31　在记事本中输入英文邀请函

（3）在金山打字通2013中单击 [打字测试] 按钮，进入"英文测试"界面，在"课程选择"下拉列表框中选择不同的课程进行练习并测试，如图2-32所示。也可返回主界面，单击 [打字游戏] 按钮，进入"打字游戏"界面，选择并下载"拯救苹果"游戏，然后安装并运行该游戏进行练习，如图2-33所示。

具体的操作要求如下。

◎　选择不同的课程进行打字练习和测试。

◎　安装并运行"拯救苹果"游戏进行练习。

图2-32　选择不同的课程进行练习并测试　　　　图2-33　安装并运行"拯救苹果"游戏进行练习

第 3 课
熟记五笔字根

学生：老师，我已经熟练操作键盘，也掌握了正确的指法和击键要领，什么时候才能用五笔字型输入法输入汉字呢？

老师：别着急，学五笔还必须先了解汉字的层次、笔画和字形等知识，因为五笔是建立在汉字结构的基础上的。

学生：听说学五笔记字根才是关键，到底什么是字根，如何才能快速并准确地判断出所需字根所在的键位？

老师：其实字根是由若干笔画交叉连接而形成的相对不变的结构，它是构成汉字最重要也是最基本的单位。记字根是学五笔的第一步也是最关键的一步。要熟知每个字根所在的键位，最有效的方法是多练习，熟能生巧。

学生：原来如此，那我们快点开始学习吧。

学习目标

▶ **了解汉字的基本结构**

▶ **认识字根与字根分布**

▶ **五笔字根分区详解**

3.1 课堂讲解

本课堂主要讲述汉字的基本结构、字根与字根分布，以及五笔字根分区详解等知识。通过相关知识点的学习和案例的练习，可以认识字根并掌握字根的分布，达到熟记五笔字根的目的。

3.1.1 汉字的基本结构

由于五笔字型输入法是从字形上对汉字进行编码，因此，要学会五笔，必须了解汉字的基本结构，包括汉字的3个层次、5种笔画和3种字形，这样才能明白五笔字型的编码原理，并为以后记忆字根和汉字拆分打下基础。

1. 汉字的3个层次

五笔字型输入法将汉字的结构分为3个层次：笔画、字根和汉字，即汉字是由字根组成的，而字根又由笔画组成。如"杂"字，可以看作由"九"和"木"组成，而"九"和"木"又由"乙"、"丿"、"一"、"丨"和"丶"等基本笔画组成，如图3-1所示。

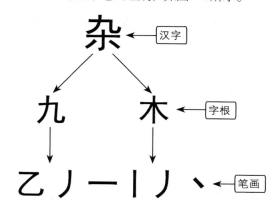

图3-1　汉字的3个层次示意图

◎　**笔画**：是指书写汉字时，一次写成的连续不断的线段。即常说的横（一）、竖（丨）、撇（丿）、捺（丶）、折（乙）。

◎　**字根**：是指由若干笔画复合交叉而形成的相对不变的结构，在五笔中，它是构成汉字最重要也是最基本的单位。

◎　**汉字**：将字根按一定的位置组合起来就构成了汉字。

2. 汉字的5种笔画

虽然汉字看上去很复杂，且独一无二，但每个汉字的组成都是通过几种笔画组成的。为了能快速并简单地输入汉字，在五笔字型中将只考虑笔画的运笔方向，这样就可以将汉字的笔画归纳为5种基本笔画：横（一）、竖（丨）、撇（丿）、捺（丶）、折（乙）。

为了方便记忆和操作，可将5种基本笔画按照顺序和使用频率的高低进行排列，并依次用数字1~5作为代码来表示，如表3-1所示。

表3-1　汉字的5种基本笔画

代码	名称	运笔方向	笔画及变形
1	横	从左至右	一 ╱
2	竖	从上至下	丨 亅
3	撇	从右上至左下	丿
4	捺	从左上至右下	丶 乀
5	折	带转折	乙 乛 乚 フ

◎　**横**：指运笔方向从左到右的笔画，如"五"、"土"和"石"等字中的水平线段都属于"横"笔画。另外，在五笔字型中，"提（㇀）"笔画也被视为"横"笔画，如"地"、"经"等字中"土"字旁和"纟"字旁的最后一笔都视为"横"笔画。

◎　**竖**：指运笔方向从上到下的笔画，如"日"、"口"和"国"等字中的竖直线段都属于"竖"笔画。另外，在五笔字型中，"竖左钩（亅）"笔画也被视为"竖"笔画，如"刺"、"前"和"利"等字中的最后一笔都视为"竖"笔画。

◎ **撇**：指运笔方向从右上到左下的笔画。在五笔字型中，将不同角度和长度的该笔画归为"撇"笔画，如"的"、"禾"和"长"等字中所有"丿"笔画都视为"撇"笔画。

◎ **捺**：指运笔方向从左上到右下的笔画。如"关"、"久"和"人"等汉字中所有"乀"笔画都是"捺"笔画。在五笔字型中，"点（丶）"笔画也被视为"捺"笔画，如"主"和"言"等字中的第一笔都视为"捺"笔画。

◎ **折**：在五笔字型中，除竖钩"亅"以外的所有带转折的笔画都属于"折"笔画。如"忆"、"阳"、"够"和"劲"等字中都带有"折"笔画。

3. 汉字的 3 种字形

在五笔字型中，根据对汉字整体轮廓的认识，可将汉字分为3种基本字形：左右形、上下形和杂合形，并分别用代码1、2、3来表示，如表3-2所示。

表3-2　汉字的3种字形

代码	字形	图示	字例
1	左右	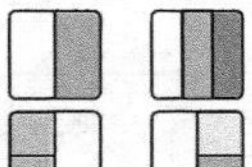	明、湖、知、眯
2	上下	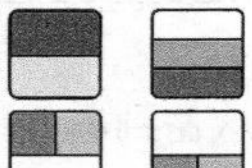	节、票、架、箔
3	杂合	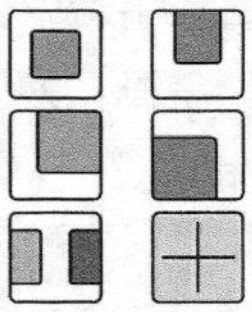	国、凶、连、习、乘、曳

◎ **左右形**：能分成有一定距离的左右两部分或左、中、右3部分的汉字，包括左侧部分分为上下两部分或右侧部分分为上下两部分的汉字。

◎ **上下形**：能分成有一定距离的上下两部分或上、中、下3部分的汉字，包括上面部分分为左右两部分或下面部分分为左右两部分的汉字。

◎ **杂合形**：指汉字的各组成部分之间没有明确的左右或上下关系。它主要包括两种情况：一是内外形汉字，即汉字由内外部分构成，如"匣"、"幽"、"因"、"边"和"闲"等，各部分之间的关系是包围与半包围的关系；二是单体汉字，即由基本字根独立组成的汉字，如"日"、"王"、"月"和"木"等。

> **提示**：在五笔字型中，凡单笔画与字根相连或带点结构、含两字根且相交，以及含"辶、廴"的字形都视为杂合形，如"自"、"勺"、"头"、"乐"、"串"、"电"、"本"、"进"、"过"和"遂"等。另外，形如"司"、"床"、"厅"、"龙"、"尼"、"式"、"后"和"处"等字也可视为杂合形。

4. 案例——判断汉字的末笔画与字形

本例将判断如图3-2所示的汉字的末笔画属于5种笔画中的哪一种，以及其字型结构属于3种字形中的哪一种。通过该案例的学习，熟练掌握汉字的基本结构。

汉字	末笔画	字形	汉字	末笔画	字形
查	（　）	（　）	文	（　）	（　）
部	（　）	（　）	浏	（　）	（　）
陌	（　）	（　）	荡	（　）	（　）
凹	（　）	（　）	笼	（　）	（　）
毛	（　）	（　）	灯	（　）	（　）
茂	（　）	（　）	匆	（　）	（　）
促	（　）	（　）	几	（　）	（　）

图3-2　判断汉字的末笔画与字形

具体操作如下。

❶ 在"末笔画"列中判断汉字的末笔画属于5种笔画中的哪种，在"字形"列中判断汉字的字形结构属于3种字形中的哪种字形，如"查"字的汉字结构如图3-3所示，由此可见，"查"字的末笔画为"一"横笔画，字形结构为"上下形"结构。

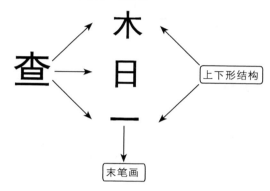

图3-3 "查"字的汉字结构

❷ 依次判断其他汉字的末笔画和字形结构，如"文"字的末笔画为"乀"捺笔画，而它是单体汉字，因此其字形结构为"杂合形"结构；"部"字由"立、口、阝"三部分组成，而"阝"部分的末笔画为"丨"竖笔画，其字形结构为"左右形"结构，判断所有汉字的末笔画与字形后的结果如图3-4所示。

汉字	末笔画	字形	汉字	末笔画	字形
查	（一）	（上下形）	文	（乀）	（杂合形）
部	（丨）	（左右形）	浏	（丿）	（左右形）
陋	（乙）	（左右形）	荡	（丿）	（上下形）
凹	（一）	（杂合形）	笼	（乙）	（上下形）
毛	（乙）	（杂合形）	灯	（丿）	（左右形）
茂	（、）	（上下形）	匆	（乀）	（杂合形）
促	（乀）	（左右形）	几	（乙）	（杂合形）

图3-4 汉字的末笔画与字形判断结果

3.1.2 认识字根与字根分布

字根是学习五笔的必经之路，也是学习五笔的"拦路虎"，很多人因为觉得字根难记而放弃了学习五笔。其实要记住字根并非想象中那么困难。下面首先认识五笔字型字根，然后掌握字根在键盘上的分布情况和字根的分布规律，以帮助五笔初学者理解并记忆五笔字根。

1. 认识五笔字型字根

字根是五笔字型输入法中构成汉字的基本单位，也是学习五笔字型输入法的基础，它是由若干个基本笔画复合连接交叉组成的相对固定的形式。因此认识五笔字根是学习五笔字型的首要条件。

在五笔字型输入法中，根据字根的组字能力与出现频率归纳了130个常用的基本字根，如"金"、"亻"、"月"、"大"和"子"等都是基本字根。一切汉字都可拆成这些基本字根，如图3-5所示为"落"字拆成基本字根后的效果。

$$落 = 艹 + 氵 + 夂 + 口$$

图3-5 "落"字的拆成基本字根后的效果

2. 5区25位的五笔字型键盘

五笔字型键盘以字根首笔画作为分类标准，将键盘上除【Z】键以外的A~Y的25个英文字母键分成了5个区，每个区包括5个键位，共25个键位。

◎ 区：5个区的区号分别为1~5，1区、2区、3区、4区和5区字根的首笔画分别为"横"、"竖"、"撇"、"捺"和"折"。

◎ 键位：每个键的位号分别为1~5，如3区中有5个键分别为【T】【R】【E】【W】和【Q】，【T】键的位号为1，【R】键的位号为2，【E】键的位号为3，以此类推。

如图3-6所示为五笔字型的区位图，在图上可看出每个键位上右下角的数字是该键的区位号，每一个区中字母键的区位号是区号+位

号（即每个字根键的区号作为十位，位号作为个位），11～15、21～25、31～35、41～45、51～55共25个代码标识。这样所有字根不仅可用字母A～Y表示，而且可以用区位号识别。如【Q】键处于3区的第5位，因此其区位号为35。

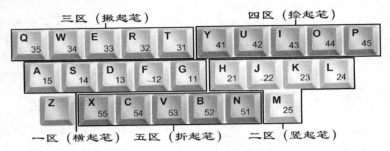

图3-6　五笔字型的区位图

3. 字根的键盘分布与分布规律

要使用五笔字型输入法输入汉字，了解五笔字根在键盘中的分布与分布规律非常重要。五笔字型输入法将汉字的基本字根合理地分布在键盘上除【Z】键之外的25个英文字母键上，构成了字根键盘。

如图3-7所示为86版五笔字根在键盘上的分布情况，在图上乍看起来，键盘上的字根分布好似杂乱无章，其实是有规律的。只要掌握了它的分布规律，学习起来就轻松多了。

图3-7　86版五笔字根键盘

下面以1区1位的【G】键为例，介绍每个键位上字根的分布规律，如图3-8所示，在图上可看出，一个键位上包括键名汉字、成字字根、字根、区位号和键位，且每个区的所有键位上包括的字根都是以固定的笔画起笔，如1区所有键位上的字根都是以"横"笔画起笔。

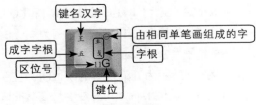

图3-8　【G】键的字根

由于前面已经介绍了字根、区位号、键位，这里将简单介绍键名汉字和成字字根，它们的具体输入方法将在第4课详细介绍。

◎　**键名汉字**：又称键名字根，它位于每一个键的左上角，是键位上所有字根中最具有代表性的字根，也是一个简单的汉字（【X】键上的"纟"除外）。

◎　**成字字根**：键位上除了键名汉字外，还有一些完整的汉字，如【R】键上的"手、斤"、【Y】键上的"文、方"，【S】键上的"西、丁"、【M】键上的"由、贝"等，它们既是成字字根，也是简单的汉字。

除了以上的字根分布规律外，同一个键位上的字根分布还有以下规律。

部分字根形态相近

在五笔字型输入法中，与键名汉字外形相近的字根都分配在该键名汉字所在的键位上。如表3-3所示为部分字根因形态相近而放在同一键位。

表3-3 部分字根因形态相近而放在同一键位

键位	键名汉字	近似字根
【G】键	王	五、丯
【F】键	土	士、二、干、十
【D】键	大	厂、犬、ナ、丆
【N】键	已	巳、己、尸、乙

区号与首笔代码一致

每个键位的区号与该键上所有字根的首笔画代码一致，如【W】键的区号为3，则其上的所有字根的首笔画均为"撇"笔画（"撇"笔画的代码为3）。如表3-4所示为相应字根区号与首笔代码的对应关系。

表3-4 区号与首笔代码的对应关系

字根	首笔	代码	分布区
开	横（一）	1	第1区
中	竖（丨）	2	第2区
月	撇（丿）	3	第3区
火	捺（丶）	4	第4区
民	折（乙）	5	第5区

字根的位号与第二笔代码一致

字根的首笔代码决定字根分布的区号，字根的第二笔代码则决定字根分布的位号，如表3-5所示。

表3-5 字根的位号与第二笔代码的对应关系

汉字	首笔	代码	次笔	代码	区位号	键位
土	横（一）	1	竖（丨）	2	12	【F】键
山	竖（丨）	2	折（乙）	5	25	【M】键
人	撇（丿）	3	捺（丶）	4	34	【W】键
言	捺（丶）	4	横（一）	1	41	【Y】键
女	折（乙）	5	撇（丿）	3	53	【V】键

单笔画个数与所在键的位号一致

对于"一"、"丨"、"丿"、"丶"、"乙"这5个单笔画，它们在键盘上的分布具有如下规律。

◎ 单笔画位于每个区的第1位，如"一"、"丨"、"丿"、"丶"、"乙"分别位于区位号为11、21、31、41、51的【G】、【H】、【T】、【Y】、【N】键上。

◎ 双笔画位于每个区的第2位，如"二"、"刂"、"彡"、"冫"、"巛"分别位于区位号为12、22、32、42、52的【F】、【J】、【R】、【U】、【B】键上。

◎ 由3个单笔画连在一起的字根位于每个区的第3位，如"三"、"川"、"彡"、"氵"、"巛"分别位于区位号为13、23、33、43、53的【D】、【K】、【E】、【I】、【V】键上。

◎ 由4个单笔画连在一起的字根位于每个区的第4位，如"刂刂"、"灬"分别位于区位号为24和44的【L】和【O】键上。

4. 案例——判断字根的区位号和键位

本例将先判断如图3-9所示的字根的首笔画和次笔画，然后再判断所在的键位区位号及

对应的键位。通过该案例的学习，掌握字根的分布规律。

字根	首笔	次笔	区位号	键位
王	（　）	（　）	（　）	（　）
言	（　）	（　）	（　）	（　）
手	（　）	（　）	（　）	（　）
竹	（　）	（　）	（　）	（　）
七	（　）	（　）	（　）	（　）
尸	（　）	（　）	（　）	（　）
贝	（　）	（　）	（　）	（　）
又	（　）	（　）	（　）	（　）
门	（　）	（　）	（　）	（　）
上	（　）	（　）	（　）	（　）
石	（　）	（　）	（　）	（　）

图 3-9　判断字根的区位号和键位

具体操作如下。

❶ 直接在文档的"首笔"列中判断汉字的首笔画，在"次笔"列中判断汉字的次笔画，如"王"字的首笔画为"一"横笔画，次笔画为"一"横笔画，因此其区位号为"11"，对应的键位为【G】键，如图 3-10 所示。

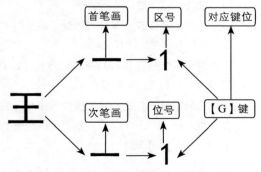

图 3-10　"王"字的区位号和键位

❷ 依次判断其他字根的首笔和次笔，并在"区位号"列中指出字根的区位号，在"键位"

列中指出字根的键位，如"言"字的首笔画为"丶"捺笔画，次笔画为"一"横笔画，因此其区位号为"41"，对应的键位为【Y】键；"手"字的首笔画为"丿"撇笔画，次笔画为"｜"竖笔画，因此其区位号为"32"，对应的键位为【R】键，判断以上字根的区位号和键位后的结果如图 3-11 所示。

字根	首笔	次笔	区位号	键位
王	（一）	（一）	（11）	（【G】键）
言	（丶）	（一）	（41）	（【Y】键）
手	（丿）	（亅）	（32）	（【R】键）
竹	（丿）	（一）	（31）	（【T】键）
七	（一）	（乙）	（15）	（【A】键）
尸	（乙）	（一）	（51）	（【N】键）
贝	（｜）	（乙）	（25）	（【M】键）
又	（乙）	（丶）	（54）	（【C】键）
门	（丶）	（｜）	（42）	（【U】键）
上	（｜）	（一）	（21）	（【H】键）
石	（一）	（丿）	（13）	（【D】键）

图 3-11　字根的区位号和键位判断结果

⏱ **试一试**

在五笔字根分布图上找出更多的字根，然后判断这些字根所在的区位号及对应的键位，熟悉字根的分布情况。

🔲 3.1.3　五笔字根分区详解

要清楚地记住每个字根在键盘上的键位分布，确实很困难，因此王永民教授把五笔字型中的字根编写成类似口诀的助记词，每一句助记词对应一个键位，读起来朗朗上口。如图 3-12 所示为 86 版五笔字型字根助记词。

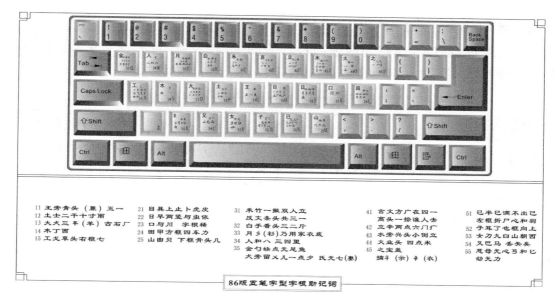

图3-12　86版五笔字型字根助记词

仅仅靠上图中的五笔字型字根助记词与键位对应表，还是难以快速掌握字根的分布状况。为了加深助记词的理解和记忆，下面将分区详解五笔字型字根的每句助记词与相应键位的对应关系。

1. 第1区字根：横区字根

下面讲解第1区五笔字型字根（横区字根）的每个键位与助记词的对应关系，并对助记词进行解释和组字举例，如表3-6所示。

表3-6　第1区字根（横区字根）

键位	助记词	助记词解释	组字示例
王 土 五 戋 11G	王旁青头戋（兼）五一	"王旁"指"王"，"青头"指"龶"，"兼"与"戋"同音	玎、静、戋、伍、旦
土 士 十 十 寸 干 12F	土士二干十寸雨	该助记词由键名字根"土"和6个成字字根组成，另外，该键位上的"丰"字根需特别记忆	地、志、云、刊、贲、过、雪、革
大 犬 三 羊古石 厂 アナナ 13D	大犬三羊古石厂	"羊"指羊字底"丰"和"ヹ"，"厂"还包括变形字根"ナ"和"プ"，"犬"还包括变形字根"ナ"，在该键位上"丢"字根需特别记忆	夺、三、样、差、肆、飙、估、确、厅、左、百、龙
木 丁 西 14S	木丁西	该助记词由"木"、"丁"、"西"字根组成	杨、贾、顶
工 戈 弋 一 廾 七 艹 15A	工戈草头右框七	"戈"还包括变形字根"弋"和"七"，"草头"包括"艹"、"廿"、"卅"和"廾"字根，"右框"指"匚"字根，"七"包括"七"和"±"字根	功、区、劳、世、共、东、划、式、切

2. 第2区字根：竖区字根

下面讲解第2区五笔字型字根（竖区字根）的每个键位与助记词的对应关系，并对助记词进行解释和组字举例，如表3-7所示。

表3-7　第2区字根（竖区字根）

键位	助记词	助记词解释	组字示例
21H	目具上止卜虎皮	"具上"指具字的上部"且"，"止"还包括变形字根"止"，"卜"还包括变形字根"卜"，"虎皮"分别指"广"和"广"字根	眼、具、凸、卢、扑、叔、此、彪、足、皮
22J	日早两竖与虫依	"日"字包括变形字根"曰"和"四"，"两竖"包括"刂"、"川"和"刂"	量、电、临、章、览、师、进、划、蚊
23K	口与川，字根稀	"川"包括变形字根"川"	呈、顺、带
24L	田甲方框四车力	"方框"指"囗"字根，"四"包括变形字根"皿"、"皿"和"皿"，另外，"川"也位于该键位上	累、鸭、因、四、罗、墨、血、轧、办、舞
25M	山由贝，下框骨头几	"下框"指"门"字根，"骨头"指"骨"字根	崩、邮、财、内、骨、凰

3. 第3区字根：撇区字根

下面讲解第3区五笔字型字根（撇区字根）的每个键位与助记词的对应关系，并对助记词进行解释和组字举例，如表3-8所示。

表3-8　第3区字根（撇区字根）

键位	助记词	助记词解释	组字示例
31T	禾竹一撇双人立，反文条头共三一	"双人立"指"彳"，"条头"指"夂"，"一撇"指"丿"和"丿"，"共三一"表示字根在区位号为31的键上	利、符、么、乞、政、冬、往
32R	白手看头三二斤	"看头"指"手"字根，"斤"包括变形字根"斤"，"三二"指两撇及其两个变形字根"彡"、"丆"、"匕"，也指它们在区位号为32的键上	皂、手、打、拜、反、气、欣
33E	月彡（衫）乃用家衣底	"月"还包括"月"及"舟"字根，"彡"读"衫"，"家衣底"指"家"和"衣"的下半部分"豕"、"衣"及变形字根"豕"、"豸"、"⺮"与"以"	肢、县、航、用、爱、仍、啄、依、象、喂、貌

键位	助记词	助记词解释	组字示例
人 亻 八 凡 八 34W	人和八,三四里	"人"和"八"在区位号为34的键上,"人"还包括"亻"字根,另外,"凡"和"八"字根需特别记忆	全、休、公、祭、登
金 钅 牛 勺夂 儿 ケ夕ク 彡 35Q	金勺缺点无尾鱼,犬旁留义儿一点夕,氏无七(妻)	"金勺缺点"指"勹","无尾鱼"指"鱼","犬旁留义"指"犭"和"乂"字根,"一点夕"指"夕"及其变形字根"ク"和"夂","氏无七"指"氏"字缺"七",即"乚"字根,"儿"还包括"儿"字根	釜、针、鲺、兆、够、犯、凶、流、色、然、多、印

4. 第4区字根：捺区字根

下面讲解第4区五笔字型字根（捺区字根）的每个键位与助记词的对应关系，并对助记词进行解释和组字举例，如表3-9所示。

表3-9　第4区字根（捺区字根）

键位	助记词	助记词解释	组字示例
言 讠 文方亠 ① 广丶主 41Y	言文方广在四一,高头一捺谁人去	"四一"表示在区位号为41的键上,"高头"指"亠"及"亠"字根,"一捺"指"丶"及"丶"字根,"谁人去"指"主"字根	信、计、刘、放、市、庆、就、谁
立 辛 ② 丬 ⺀ 六门疒 42U	立辛两点六门疒	"两点"包括"丷"、"丬"、"⺀"和"ㅒ"字根,"疒"指"病"字中的"疒","立"还包括"亠"字根	亲、旁、瓣、半、关、壮、交、闪、疼
水 氺 ② ⺡⺥ 业 小 ⺌ 43I	水旁兴头小倒立	"水旁"包括"水"、"⺡"和变形字根"⺀"、"氺"、"⺥","兴头"包括"⺌"、"⺌"及变形字根"业","小倒立"指"小"和"⺌"字根	踏、暴、率、学、兴、少、尝、光、聚、活
火 业⺌ 灬 米 其 44O	火业头,四点米	"业头"指字根"业"及其变形字根"⺌"和"⺌","四点"指"灬"字根	邺、李、杰、粉、弈
之 辶廴 一 宀礻 45P	之宝盖,摘礻（示）礻（衣）	"之宝盖"指"之"、"宀"、"冖"、"辶"和"廴","礻"和"衤"摘除末笔画即字根"礻"	之、边、建、冗、宙、祁

5. 第5区字根：折区字根

下面讲解第5区五笔字型字根（折区字根）的每个键位与助记词的对应关系，并对助记词进行解释和组字举例，如表3-10所示。

表3-10　第5区字根（折区字根）

键位	助记词	助记词解释	组字示例
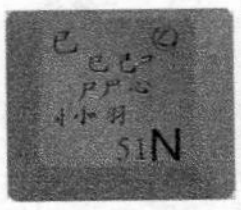 已己巳乛 尸尸 忄忄羽 51N	已半巳满不出 己，左框折尸 心和羽	"已半巳满不出己"指出了字根"已"、"巳"和"己"的区别，"左框"指"乛"字根，"折"指所有带转折和弯钩的笔画，"尸"还包括变形字根"尸"，"心"还包括"忄"和变形字根"小"	已、导、忌、退、 尽、眉、恋、忆、 恭、翌
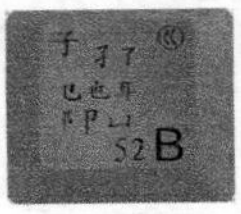 子孑了阝 也耳 卩巳巜 52B	子耳了也框向 上	"框向上"指"凵"字根，"子"还包括变形字根"孑"，"耳"还包括"阝"、"卩"和变形字根"巳"。另外，字根"巜"也位于该键上	孟、孔、辽、范、 他、耶、队、卫、 出
 女刀九彐 彐彐ヨ 53V	女刀九彐山朝 西	"山朝西"指字根"彐"及其变形字根"彐"，另外，字根"巛"也位于该键上	妇、刀、旭、寻、 律、鼠、巡
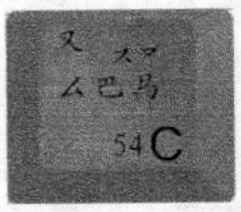 又ㄨ乀 厶巴马 54C	又巴马，丢矢 矣	"又"还包括变形字根"ㄨ"和"乀"，"丢矢矣"指"矣"字丢掉矢，即"厶"	劝、又、经、予、 台、爸、驯
 幺纟乡 丩弓匕 55X	慈母无心弓和 匕，幼无力	"慈"指"纟"和变形字根"幺"，"母无心"指"丩"和变形字根"母"，"幼无力"指"幼"字去"力"，即"幺"字根，"匕"还包括变形字根"乚"和"⺊"	红、丝、幻、毋、 强、顷、旨、蠡

6. 案例——看键记字根

本例将在如图3-13所示的下列各个键位后写出该键对应的助记词和该键上的所有字根。通过该案例的学习，达到熟记字根的目的。

键位	助记词	字根
G		
H		
T		
Y		
N		

图3-13　看键记字根

具体操作如下。

❶ 直接在"助记词"列中写出与键位对应的助记词，在"字根"列中写出与键位对应的字根，如【G】键的助记词为"王旁青头戋（兼）五一"，对应的字根有"王、主、戋、五、一"。

❷ 依次写出其他键位对应的助记词和字根，如【H】键的助记词为"目具上止卜虎皮"，对应的字根有"目、且、丨、卜、⺊、上、止、⺊、止、⼾"；【T】键的助记词为"禾竹一撇双人立，反文条头共三一"，对应的字根有"禾、竹、ノ、攵、夂、彳、丿"。看键记字根后的填写结果如图3-14所示。

试一试

对应键盘上的键位，背诵相应键位的助记词，并写出相应键上的所有字根。

键位	助记词	字根
G	王旁青头戈（兼）五一	王、￡、戈、五、一
H	目具上止卜虎皮	目、且、丨、卜、⺊、上、止、⺆、⺊、广
T	禾竹一撇双人立，反文条头共三一	禾、竹、⺆、攵、夊、彳、丿
Y	言文方广在四一，高头一捺谁人去	言、讠、文、方、亠、广、古、￡、丶
N	已半巳满不出己，左框折尸心和羽	已、巳、己、乛、尸、⺶、心、忄、㣺、羽、乙

图 3-14 看键记字根的填写效果

3.2 上机实战

本课上机实战将练习写出汉字的字根和键位，并在金山打字通中练习记字根。通过对这两项上机实战的练习，读者可快速巩固和熟记五笔字型字根。

上机目标：

◎ **掌握汉字的基本结构。**

◎ **熟记五笔字型字根所在的键位。**

建议上机学时：1学时。

3.2.1 写出汉字的字根和键位

1. 操作要求

本例要求分析如图3-15所示的汉字由哪些字根组成，并写出汉字各个字根所在的键位。

具体操作要求如下。

◎ 分析下列汉字由哪些字根组成。

◎ 写出汉字的各个字根所在的键位。

汉字	字根	键位	汉字	字根	键位
代	（ ）	（ ）	程	（ ）	（ ）
最	（ ）	（ ）	着	（ ）	（ ）
然	（ ）	（ ）	组	（ ）	（ ）
率	（ ）	（ ）	骑	（ ）	（ ）

图 3-15 找出汉字的字根和键位

2. 操作思路

根据上面的操作要求，本例的主要操作步骤如下。

❶ 直接在文档的"字根"列中写出汉字由哪些字根组成，在"键位"列中写出汉字的各个字根所在的键位，如"程"字由"禾、口、王"3个字根组成，因此各个字根对应的键位为【T】、【K】、【G】键。

❷ 依次写出其他汉字由哪些字根组成，及各个字根对应的键位，如"最"字由"日、耳、又"3个字根组成，因此各个字根对应的键位为【J】、【B】、【C】键；如"骑"字由"马、大、丁、口"4个字根组成，因此各个字根对应的键位为【C】、【D】、【S】、【K】键，写出以上汉字的字根和键位后的结果如图3-16所示。

汉字	字根	键位
代（亻、弋）		（【W】、【A】键）
程（禾、口、王）		（【T】、【K】、【G】键）
最（曰、耳、又）		（【J】、【B】、【C】键）
着（丷、ヂ、目）		（【U】、【D】、【H】键）
然（夕、犬、灬）		（【Q】、【D】、【O】键）
组（纟、月、一）		（【X】、【E】、【G】键）
率（亠、幺、ㄣ、十）		（【Y】、【X】、【I】、【F】键）
骑（马、大、丁、口）		（【C】、【D】、【S】、【K】键）

图 3-16 找出汉字的字根和键位的结果

🔲 3.2.2 在金山打字通中练习记字根

1. 操作要求

本例要求在金山打字通2013中练习记字根，这样在记忆字根的同时按字根所在的键来加深印象，对初学者可起到提示作用。

具体操作要求如下。

◎ 熟练使用金山打字通 2013 练习记字根。

◎ 提高输入汉字的速度与正确率。

2. 操作思路

根据上面的操作要求，本例的主要操作步骤如下。

❶ 启动金山打字通 2013，选择一个用户登录后，在打开的主界面窗口中单击"五笔打字"按钮，进入"五笔打字"界面，如图 3-17 所示。

❷ 单击"字根分区及讲解"按钮，在打开的界面中查看讲解内容，如图 3-18 所示，然后依次单击 下一页▶ 按钮逐步查看讲解内容，若不需要查看讲解内容可单击 跳过讲解▶ 按钮。

图 3-17 进入"五笔打字"界面

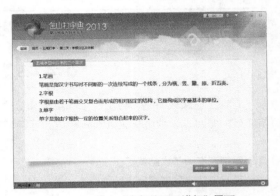

图 3-18 进入"字根分区及讲解"界面

❸ 进入练习输入字根界面，在其中根据显示的字根按相应的键（在界面下方显示的字根键盘上需按的键将突出显示），当按下第一个键时，系统开始统计输入时间、速度、进度与正确率等，如图 3-19 所示。

图 3-19 进入字根界面开始练习

3.3 常见疑难解析

问： 为什么要在键盘上划分区位号？这跟五笔有什么关系？

答： 分区位号的目的是便于给字根归类，也可以帮助初学者记忆字根的分布，如"生"的首笔画是撇，那么它的第一个字根将定位于3区。另外，区位号与输入汉字时的末笔识别码有密切联系，这些内容将在后面讲解，本课只需熟悉各字母键的区位号就行了。

问： 每个键位上的字根那么多，如何才能快速记住每个键位上对应的字根呢？

答： 其实这些字根根本就不需要死记硬背，只要掌握了字根的分布规律，并记住一些不常用的字根和较难拆的汉字的特殊结构，然后借助练习软件勤加练习，这样你的手指就会自然而然地敲打出某个字的字根所在键位，在较短的时间内就能记忆大部分字根，并提高五笔打字速度。

问： 是不是知道了每个字根的键位，就可以使用五笔字型输入法输入汉字了？

答： 要使用五笔字型输入法输入汉字，光知道五笔字根还不够，还必须掌握汉字的拆分原理，即根据组字原理将汉字拆分成几个基本字根，并将它们按一定的规律分别排列在键盘的键位上，在输入汉字时，只需按照书写顺序依次按下这些字根所在的键位即可。

3.4 课后练习

（1）指出如图3-20所示的字根的区位号与键位。

具体的操作要求如下。

◎ 在"区位号"列中输入字根所在的区位号。

◎ 在"键位"列中输入字根对应的键位。

字根	区位号	键位	字根	区位号	键位	字根	区位号	键位
卩	( )	( )	彐	( )	( )	彐	( )	( )
寸	( )	( )	匕	( )	( )	乑	( )	( )
弓	( )	( )	也	( )	( )	罒	( )	( )
阝	( )	( )	用	( )	( )	又	( )	( )
毛	( )	( )	廿	( )	( )	夕	( )	( )
丁	( )	( )	广	( )	( )	鱼	( )	( )
丢	( )	( )	罒	( )	( )	氺	( )	( )

图3-20 指出字根的区位号与键位

（2）指出如图3-21所示的汉字由哪些字根组成，并写出各个字根所在的键位。

具体的操作要求如下。

◎ 在"字根"列中写出汉字由哪些字根组成。

◎ 在"键位"列中写出汉字的各个字根所在的键位。

汉字	字根	键位	汉字	字根	键位	汉字	字根	键位
天	（ ）	（ ）	知	（ ）	（ ）	头	（ ）	（ ）
老	（ ）	（ ）	类	（ ）	（ ）	鱿	（ ）	（ ）
顺	（ ）	（ ）	邓	（ ）	（ ）	陈	（ ）	（ ）
劳	（ ）	（ ）	饿	（ ）	（ ）	拓	（ ）	（ ）
带	（ ）	（ ）	管	（ ）	（ ）	屯	（ ）	（ ）
网	（ ）	（ ）	展	（ ）	（ ）	瓶	（ ）	（ ）
静	（ ）	（ ）	颈	（ ）	（ ）	械	（ ）	（ ）
野	（ ）	（ ）	练	（ ）	（ ）	耙	（ ）	（ ）

图3-21　指出汉字的字根和键位

第4课
汉字的拆分与输入

学生：老师，到目前为止，我对使用五笔字型输入法始终没有一个直观的概念，如何才能实现汉字的输入呢？

老师：汉字都是由字根组成的，要输入汉字，必须先把汉字拆分成一个个字根，然后将这些字根在键盘上"对号入座"，按照一定的录入规则，依次按相应的键即可输入汉字。

学生：可是怎样才能正确判断一个汉字应拆分为哪几个字根呢？

老师：在进行汉字拆分时，必须遵循一些原则，这样才能对五笔字型输入法的原理既知其然也知其所以然，否则会拆分错误，将无法输入想要的汉字。

学生：使用五笔字型输入法既要考虑将汉字拆分成哪些字根，又要考虑这些字根在哪些键上，看来要学好五笔还真不是一件简单的事！

学习目标

▶ 字根之间的4种关系

▶ 汉字拆分的5个原则

▶ 汉字拆分练习

▶ 输入键面字

▶ 输入键外字

4.1 课堂讲解

本课堂主要讲述字根之间的4种关系、汉字拆分的5个原则、输入键面字和输入键外字，以及汉字拆分练习等。通过相关知识点的学习和案例的练习，使读者熟练掌握汉字的拆分原则和方法，为输入汉字打下基础。

4.1.1 字根之间的4种关系

在五笔字型中，字根是构成汉字的最基本单位，所有汉字都可看作是由基本字根组成的。基本字根在组成汉字时，字根间的相对关系分为4种："单"、"散"、"连"、"交"。

1. 单

"单"指字根本身就是一个独立的汉字，不再需要将其进行拆分。它包括5种基本笔画"一"、"丨"、"丿"、"、"、"乙"，25个键名字根和字根中的汉字，如"人"、"木"、"寸"、"米"和"口"等。

2. 散

"散"指构成汉字的字根不止一个，即汉字由多个基本字根构成，且字根之间有一定的距离，既不相连也不相交。

"散"结构的汉字一般为左右形和上下形，如"明"、"显"、"朋"、"相"、"青"、"加"和"李"等，其中"明"字由"日"和"月"两个字根组成，且字根间还有点距离，其字根之间的关系如图4-1所示。

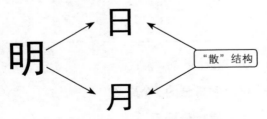

图4-1 "明"字为"散"结构汉字

3. 连

"连"指字根与字根之间必定有一处是连接在一起的，"连"结构的汉字可分为以下两种情况。

◎ **单笔画连一个基本字根**：指单笔画可连在基本字根的上下左右。如"且"、"自"、"下"、"尺"和"于"等，其中"且"字由"一"单笔画上连"月"字根组成，其字根之间的关系如图4-2所示。

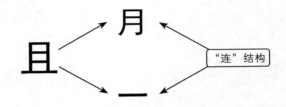

图4-2 "且"字为"连"结构汉字

◎ **带点结构**：指汉字由一个孤立的点笔画和一个基本字根构成，而且不论点与字根的位置关系。如"太"、"术"、"犬"、"玉"和"勺"等，其中"太"字由"大"字根与"、"点笔画组成，其字根之间的关系如图4-3所示。

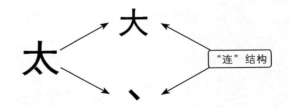

图4-3 "太"字为"连"结构汉字

4. 交

"交"指两个或多个字根相交叉排列重叠后构成的汉字，且字根之间没有距离。如"申"、"本"、"夫"、"必"和"里"等，其中"申"字由"日、丨"字根相交构成，其字根之间的关系如图4-4所示。

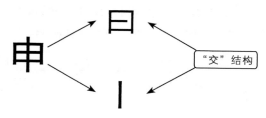

图4-4 "申"字为"交"结构汉字

从组成汉字的各字根之间的关系可知：基本字根单独成字，不需要判断字形结构；属于"散"结构的汉字，可分左右形、上下形；属于"连"和"交"的汉字，属于杂合形。

5. 案例——分辨汉字字根间的关系

本例将分辨如图4-5所示的汉字的字根间的关系。通过该案例的学习，熟练掌握字根之间的4种关系。

汉字	字根间的关系	汉字	字根间的关系
方	（　　）	要	（　　）
必	（　　）	天	（　　）
电	（　　）	尖	（　　）
玉	（　　）	休	（　　）
雨	（　　）	名	（　　）
宛	（　　）	车	（　　）
升	（　　）	中	（　　）
主	（　　）	肖	（　　）
果	（　　）	斤	（　　）

图4-5 分辨汉字字根间的关系

❶ 在"字根间的关系"列中判断汉字的字根间的关系，如"方"字是成字字根，因此字根间的关系属于"单"结构，"要"字由"西、女"字根组成，且字根间保持一定距离，因此字根间的关系属于"散"结构，如图4-6所示，"必"字由"心、丿"字根相交构成，因此

字根间的关系属于"交"结构，如图4-7所示。

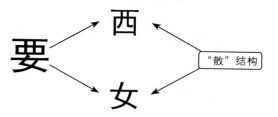

图4-6 "要"字为"散"结构汉字

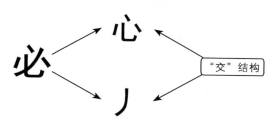

图4-7 "必"字为"交"结构汉字

❷ 依次判断其他汉字的字根间的关系，如"天"字由"一"单笔画下连"大"字根组成，因此字根间的关系属于"连"结构，"电"字由"曰、乙"字根相交构成，因此字根间的关系属于"交"结构，分辨汉字字根间的关系后的结果如图4-8所示。

汉字	字根间的关系	汉字	字根间的关系
方	（"单"结构）	要	（"散"结构）
必	（"交"结构）	天	（"连"结构）
电	（"交"结构）	尖	（"散"结构）
玉	（"连"结构）	休	（"散"结构）
雨	（"单"结构）	名	（"散"结构）
宛	（"散"结构）	车	（"单"结构）
升	（"连"结构）	中	（"交"结构）
主	（"连"结构）	肖	（"散"结构）
果	（"交"结构）	斤	（"单"结构）

图4-8 汉字字根间的关系判断结果

注意：一些结构复杂的汉字，由于组成字根之间有相连、包含或嵌套的关系，因此可能同时出现上述 4 种结构中的几种情况，如："夷"字中的"一"和"弓"是"散"的关系，而"一"和"人"、"弓"和"人"之间却都是"交"的关系。

4.1.2 汉字拆分的5个原则

正确地将汉字拆分成字根是五笔字型输入法的关键。为了准确并快速地将汉字拆分成字根，必须遵循汉字的5个拆分原则：书写顺序、取大优先、能散不连、能连不交和兼顾直观。

1. 书写顺序

"书写顺序"原则是指在拆分汉字时按书写汉字的顺序将汉字拆分为键面上已有的基本字根。汉字的书写顺序通常为先左后右、先上后下和先外后内。

◎ **先左后右**：拆分汉字时先拆分出左边的字根，后拆分出右边的字根，如图 4-9 所示。

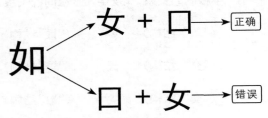

图 4-9 "先左后右"的书写顺序

◎ **先上后下**：拆分汉字时先拆分出上边的字根，后拆分出下边的字根，如图 4-10 所示。

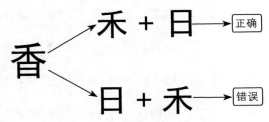

图 4-10 "先上后下"的书写顺序

◎ **先外后内**：拆分汉字时先拆分出外边的字根，后拆分出里边的字根，如图 4-11 所示。

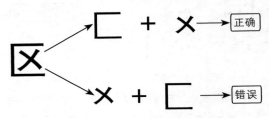

图 4-11 "先外后内"的书写顺序

提示：拆分带"廴、辶"字根的汉字时应先拆分"廴、辶"内部包含的字根，如"边"字的书写顺序应为"边 = 力 + 辶"。

◎ **综合应用**：有些汉字可拆分成几个字根，各字根之间可以是上、下、左、右或杂合关系，这时可综合应用"书写顺序"原则来拆分汉字。如"园"字，应先考虑先外后内，将其拆分为"囗"和"元"，再考虑先上后下，将"元"拆分为"二"和"儿"，如图 4-12 所示。

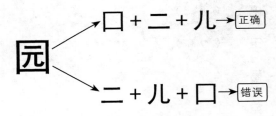

图 4-12 综合应用书写顺序

2. 取大优先

任何一个汉字都可拆成由笔画字根组成的汉字，但这样五笔字型输入法就无法编码了，这时需要采用"取大优先"原则。"取大优先"原则是指拆分出来的字根笔画数量应尽量多，拆分的字根数量应尽量少，且必须保证拆分出来的字根是键面上的基本字根。

如"草"字，"艹、日、十"都是字根表上已有的基本字根，但根据"取大优先"原则应采用"早"，而不能将其再拆分为更小的字根"日"和"十"，如图4-13所示。

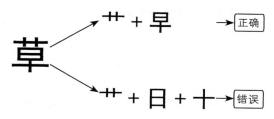

图 4-13 "取大优先"原则

3. 能散不连

"能散不连"原则是指在拆分汉字时，能拆分成"散"结构的字根就不要拆分成"连"结构的字根。如将"百"字拆分为"ブ、日"时，"ブ"和"日"的字根关系为"散"；拆分为"一、白"时，"一"和"白"的字根关系为"连"。根据"能散不连"的原则，应拆分为"ブ"和"日"，如图4-14所示。

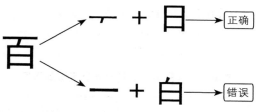

图 4-14 "能散不连"原则

4. 能连不交

"能连不交"原则是指在拆分汉字时，能拆分成"连"结构的字根就不要拆分成"交"结构的字根。如将"丰"字拆分为"三、丨"时，"三"和"丨"的字根关系为"连"；拆分为"二、十"时，"二"和"十"的字根关系为"交"。根据"能连不交"的原则，应拆分为"三"和"丨"，如图4-15所示。

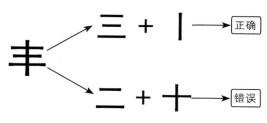

图 4-15 "能连不交"原则

5. 兼顾直观

"兼顾直观"原则是指在拆分汉字时，为了照顾汉字字根的完整性和直观性，有时不得不暂时牺牲"书写顺序"原则等，将汉字拆分成更容易辨认的字根，即不要将键面上已有的基本字根分割在两个字根中。如"关"字按"书写顺序"原则应拆分为"丷、一、大"，但这样将把"丷"字根分割在"丷"和"一"两个字根中，所以"关"字应拆分成"丷、大"，如图4-16所示，同时，它满足"取大优先"的原则。

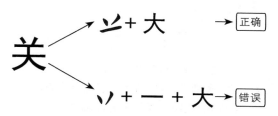

图 4-16 "兼顾直观"原则

6. 案例——判断汉字拆分正确与否

本例将判断如图4-17所示的汉字的拆分方法是否正确，若错误请写出正确的拆分方法。通过该案例的学习，掌握汉字的拆分原则。

汉字	拆分字根	正确与否	写出正确的拆分方法
式	工 + 七 + 丶		
孙	子 + 小		
丙	一 + 冂 + 人		
卡	卜 + 一 + 卜		
生	丿 + 土		
新	立 + 一 + 木 + 斤		
尘	小 + 十 + 一		
话	讠 + 丿 + 古		
仍	亻 + 丿 + 了		
果	田 + 木		

图 4-17 判断以上汉字的拆分方法

具体操作如下。

❶ 在"正确与否"列中判断汉字的拆分方法是否正确，在"写出正确的拆分方法"列中写出拆分错误的汉字的正确拆分方法，如"式"字按"取大优先"原则应拆分为"工、弋"，因此，"式"字拆分为"工、七、、"是错误的，如图4-18所示，"孙"字按"书写顺序"原则应拆分为"子、小"。

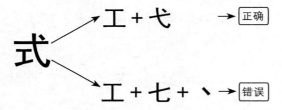

图4-18 判断"式"字的拆分方法

❷ 依次判断其他汉字的拆分方法是否正确，若错误请写出正确的拆分方法，如"丙"字按"书写顺序"原则应拆分为"一、冂、人"，"卡"字按"兼顾直观"原则应拆分为"上、卜"，"生"字按"能连不交"原则应拆分为"丿、圭"，判断汉字的拆分方法后的结果如图4-19所示。

汉字	拆分字根	正确与否	写出正确的拆分方法
式	工＋七＋、	×	工＋弋
孙	子＋小	√	
丙	一＋冂＋人	√	
卡	卜＋一＋卜	×	上＋卜
生	丿＋土	×	丿＋圭
新	亠＋一＋木＋斤	×	立＋木＋斤
尘	小＋十＋一	×	小＋土
话	讠＋丿＋古	√	
仍	亻＋丿＋了	×	亻＋乃
果	田＋木	×	曰＋木

图4-19 汉字的拆分方法判断结果

4.1.3 汉字拆分练习

只要遵循上一节的汉字拆分原则，就可以将所有汉字拆分成多个字根并输入完整的汉字。为了帮助读者快速掌握汉字的拆分原则，熟悉一些特殊的汉字结构，下面将对大量的汉字进行拆字练习，并对一些容易拆错的汉字进行总结解析。

1. 拆分常见汉字

在五笔字型中一个汉字的编码最多只有4码，因此汉字最多只能拆分成4个字根。当拆分少于或等于4个字根时，则要拆出所有的字根；当拆分多于4个字根时，则按"书写顺序"原则取第一、二、三和末（最末一个）字根。

拆分少于或等于4个字根的汉字

下面列出了一些拆分后少于或等于4个字根的汉字，如表4-1所示。

表4-1 拆分少于或等于4个字根的汉字

汉字	拆分字根	汉字	拆分字根
春	三＋人＋日	垂	丿＋一＋卄＋士
丢	丿＋土＋厶	皓	白＋丿＋土＋口
熬	圭＋勹＋攵＋灬	捱	扌＋厂＋土＋土
被	衤＋冫＋广＋又	典	冂＋卄＋八
总	⦁＋口＋心	番	丿＋米＋田
舨	丿＋月＋厂＋又	课	讠＋日＋木
箱	竹＋木＋目	敝	业＋冂＋口＋攵
扁	、＋尸＋冂＋卄	吨	口＋一＋凵＋乙
想	木＋目＋心	助	月＋一＋力
娶	耳＋又＋女	黑	四＋土＋灬
湖	氵＋古＋月	请	讠＋圭＋月
强	弓＋口＋虫	愤	忄＋十＋卄＋贝
豹	夕＋勹＋、	粲	卜＋夕＋又＋米
锚	钅＋巛＋田	较	车＋六＋乂

拆分多于 4 个字根的汉字

拆分多于4个字根的汉字时，将只取其第一、二、三和末字根。下面列出了一些拆分后多于4个字根的汉字，如表4-2所示。

表4-2 拆分多于4个字根的汉字

汉字	拆分字根	汉字	拆分字根
缛	纟+厂+二+寸	疆	弓+土+一+一
繁	𠂉+母+攵+小	凝	冫+匕+𠂉+龰
愆	彳+氵+二+心	嘉	士+口+䒑+口
蹭	口+止+丷+日	履	尸+彳+𠂉+夂
额	宀+夂+口+贝	缩	纟+宀+亻+日
篇	竹+丶+尸+艹	窝	宀+八+口+人
键	钅+⺕+二+廴	澈	氵+亠+厶+攵
感	厂+一+口+心	微	彳+山+一+攵
熟	古+子+九+灬	黯	罒+土+灬+日
澳	氵+丿+冂+大	德	彳+十+四+心
糙	米+丿+土+辶	檬	木+艹+冖+豕
酸	西+一+厶+夂	歇	日+勹+人+人
续	纟+十+乙+大	惬	忄+匚+一+人
擦	扌+宀+癶+小	龅	止+人+凵+巳
逸	𠂊+口+儿+辶	旗	方+𠂉+艹+八
瞩	目+尸+丿+丶	懵	忄+艹+四+目
掣	𠂇+冂+丨+手	欺	艹+三+八+人
鲮	鱼+一+土+夂	整	一+口+小+止
歌	丁+口+丁+人	端	立+山+丆+刂
短	𠂉+大+一+䒑	鞭	廿+串+亻+乂
遵	丷+西+一+辶	簇	竹+方+𠂉+大
餐	卜+夕+又+乀	骥	马+彳+匕+八
隔	阝+一+口+丨	储	亻+讠+土+日
敷	一+月+丨+攵	谢	讠+丿+冂+寸

2. 容易拆错的汉字解析

下面列出了一些初学者容易拆错的汉字，并对其进行分析，如表4-3所示。对于某些特殊的汉字拆法，读者只需记住，并多加练习，熟能生巧，自然就能将它们打出来了。

表4-3 容易拆错的汉字解析

汉字	拆分字根	注意
魂	二+厶+白+厶	“鬼”的拆分
舞	𠂉+Ⅲ+一+丨	取大优先
鼠	臼+乙+冫+乙	书写顺序
末	一+木	兼顾直观
未	二+小	与“末”区分
峨	山+丿+扌+丿	“我”的拆分
既	彐+厶+匚+儿	“厶”和“匚”的变形
途	人+禾+辶	“禾”的变形
袂	礻+冫+コ+人	“礻”不是字根
尴	𠂇+乙+刂+皿	左包围不是“九”
姬	女+匚+丨+丨	书写顺序
段	亻+三+几+又	“亻”的变形
励	厂+丆+乙+力	“万”的拆分
曲	冂+龷	兼顾直观
特	丿+扌+土+寸	“牜”的拆分
剩	禾+丬+匕+刂	“禾”的变形
凹	几+冂+一	书写顺序
凸	丨+一+冂+一	书写顺序
承	了+三+𠄌	兼顾直观
成	厂+乙+乙+丿	笔画折的不同形状
犹	犭+丿+𠂇+乙	“犭”不是字根
像	亻+勹+日+豕	“勹”的变形
赛	宀+二+刂+贝	“龷”的拆分

3. 案例——拆分汉字

本例将对如图4-20所示的汉字进行拆分。通过该案例的学习，掌握汉字的拆分规则和某些汉字的特殊拆法。

汉字	拆分字根	汉字	拆分字根
袋	（　　）	年	（　　）
遇	（　　）	彩	（　　）
粼	（　　）	度	（　　）
琥	（　　）	紧	（　　）
物	（　　）	欣	（　　）
膝	（　　）	破	（　　）
流	（　　）	张	（　　）
船	（　　）	筹	（　　）
露	（　　）	乘	（　　）
源	（　　）	盛	（　　）

图4-20 拆分汉字练习

具体操作如下。

❶ 在"拆分字根"列中写出汉字拆分后的字根，如"袋"字按"书写顺序"原则拆分后等于4个字根，即"亻、弋、亠、亾"，如图4-21所示，"年"字按"取大优先"原则拆分后少于4个字根，即"⺥、丨、十"。

袋=亻+弋+亠+亾

图4-21 "袋"字拆成字根后的效果

❷ 依次写出其他汉字拆分后的字根，如"遇"字按"兼顾直观"原则拆分后大于4个字根，将取前三个和最末一个字根，即"曰、冂、丨、辶"，"彩"字按"取大优先"原则拆分后少于4个字根，即"⺈、木、彡"，所有汉字拆分字根后的结果如图4-22所示。

汉字	拆分字根	汉字	拆分字根
袋	（亻+弋+亠+亾）	年	（⺥+丨+十）
遇	（曰+冂+丨+辶）	彩	（⺈+木+彡）
粼	（米+夕+一+巛）	度	（广+廿+又）
琥	（王+⼍+七+几）	紧	（川+又+幺+小）
物	（丿+扌+勹+彡）	欣	（斤+勹+人）
膝	（月+木+人+水）	破	（石+⼍+又）
流	（氵+亠+厶+儿）	张	（弓+丿+七+丶）
船	（丿+舟+几+口）	筹	（竹+三+丿+寸）
露	（雨+口+止+口）	乘	（禾+丬+匕）
源	（氵+厂+白+小）	盛	（厂+乙+乙+皿）

图4-22 拆分汉字后的结果

4.1.4 输入键面字

键面字指在五笔字型字根键盘上所显示的文字，它包括5种单笔画、键名字根和成字字根，下面分别介绍它们各自的输入方法。

1. 输入5种单笔画

在五笔字型输入法中，要输入汉字的5种基本笔画（即单笔画）：横（一）、竖（丨）、撇（丿）、捺（丶）、折（乙），只需连续按两次该单笔画所在的键位，再按两次【L】键即可。

5种单笔画的编码如表4-4所示。

表4-4 5种单笔画的编码

笔画	一	丨	丿	丶	乙
五笔编码	GGLL	HHLL	TTLL	YYLL	NNLL

2. 输入键名字根

在五笔字型字根键盘上，除【X】键外，每个键位的左上角都有一个简单的汉字，即键名字根，键名字根共有24个，它的分布情况如图4-23所示。

图4-23 键名字根的分布情况

键名字根的输入方法很简单：只需连续按该字根所在键位4次，各键名字根的输入方法如图4-24所示。

金（QQQQ）	人（WWWW）	月（EEEE）
白（RRRR）	禾（TTTT）	言（YYYY）
立（UUUU）	水（IIII）	火（OOOO）
之（PPPP）	工（AAAA）	木（SSSS）
大（DDDD）	土（FFFF）	王（GGGG）
目（HHHH）	日（JJJJ）	口（KKKK）
田（LLLL）	又（CCCC）	女（VVVV）
子（BBBB）	已（NNNN）	山（MMMM）

图4-24 键名字根的输入方法

3. 输入成字字根

在五笔字型字根键盘上,除了键名字根外,还有67个成字字根,如【W】键上的"八"、【F】键上的"雨"等。

成字字根虽然同键名字根一样也是一个完整的汉字,但其输入方法与键名汉字相比却有所不同,成字字根的输入方法为:首先按成字字根所在的键（称为"报户口"）,然后按"书写顺序"原则依次按成字字根的第一笔、第二笔和最后一笔所在的键。如果成字字根不足四码,可通过按空格键来代替第四码。

成字字根的输入原则为：报户口+首笔画+次笔画+末笔画，如输入"石"字，首先按该字根所在的【D】键，再按首笔画（一）、次笔画（丿）和末笔画（一）所在的【G】、【T】、【G】键，如图4-25所示。

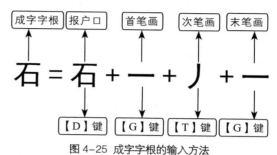

图4-25 成字字根的输入方法

4. 案例——输入键面字

本例将练习输入如图4-26所示的键名汉字、成字字根或单笔画。通过该案例的学习，掌握键面字的输入方法。

键面字	编码	键面字	编码
斤	（　）	土	（　）
古	（　）	儿	（　）
耳	（　）	文	（　）
火	（　）	西	（　）
大	（　）	、	（　）
寸	（　）	虫	（　）
丿	（　）	四	（　）
幺	（　）	尸	（　）
马	（　）	刀	（　）
乙	（　）	已	（　）

图4-26 输入键面字

具体操作如下。

❶ 在"编码"列中写出键面字的编码，并根据编码输入相应的键面字，如"斤"为成字字

根，首先按它所在的【R】键，再按首笔画（丿）、次笔画（丿）和末笔画（丨）对应的【T】、【T】、【H】键，如图4-27所示，因此输入编码"RTTH"即可输入"斤"字。

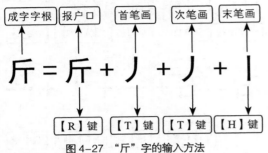

图4-27 "斤"字的输入方法

❷ 依次写出其他键面字的编码，并根据编码输入相应的键面字。如"土"为键名汉字，因此其编码为"FFFF"。"古"为成字字根，首先按它所在的【D】键，再按首笔画（一）、次笔画（丨）和末笔画（一）对应的【G】、【H】、【G】键，因此其编码为"DGHG"。"、"为单笔画，因此其编码为"YYLL"，所有键面字的编码结果如图4-28所示。

键面字	编码	键面字	编码
斤	（RTTH）	土	（FFFF）
古	（DGHG）	、	（YYLL）
耳	（BGHG）	文	（YYGY）
火	（OOOO）	西	（SGHG）
大	（DDDD）	儿	（QTN）
寸	（FGHY）	虫	（JHNY）
丿	（TTLL）	四	（LHNG）
幺	（XNNY）	尸	（NNGT）
马	（CNNG）	刀	（VNT）
乙	（NNLL）	已	（NNNN）

图4-28 键面字的编码结果

4.1.5 输入键外字

在五笔字型输入法中，键面字以外的汉字都是键外字，它包括4字根键外字、超过4字根的键外字和不足4字根的键外字。要输入键外字，需将其拆分成字根表里已有的字根。

1. 输入4字根的键外字

4字根键外字指该汉字刚好拆分为4个字根。要输入4字根键外字，应按照"书写顺序"原则取这个汉字的第一、二、三、四个字根，找到并敲击这4个字根对应的键位即可，如输入"调"字，只需依次按字根"讠、冂、土、口"对应的【Y】、【M】、【F】、【K】键，如图4-29所示。

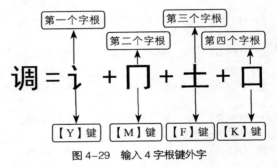

图4-29 输入4字根键外字

2. 输入超过4字根的键外字

要输入超过4字根的键外字，应按照"书写顺序"原则取这个汉字的第一、二、三和末字根，找到并敲击这4个字根对应的键位，如输入"嘴"字可拆分为"口、止、匕、用"，然后依次按字根对应的【K】、【H】、【X】、【E】键，如图4-30所示。

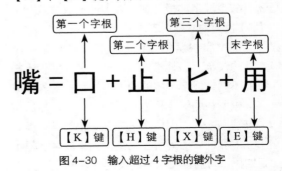

图4-30 输入超过4字根的键外字

3. 输入不足 4 字根的键外字

当输入不足4字根的键外字时，若遇到输入的字根太少产生了很多同码不同字的状况，如"沐"字可拆分为"氵、木"字根，对应的键位为【I】和【S】键，而"洒"字可拆分为"氵、西"字根，对应的键位也为【I】和【S】键，此时可使用五笔字型输入法的"末笔字形识别码"解决这个问题。

末笔字形识别码适用于两个汉字编码相同而字形结构不同或最后一个笔画不同的情况，即末笔字形识别码=末笔识别码+字形识别码。单独使用字形代码或末笔代码都不能区分所有的重码，因此应将字形代码或末笔代码对应的数字结合起来，组成一个数字。末笔代号为十位，字形代号为个位，再将其与区位号联系起来，用区位号对应的字母作为识别码。

如"沐"和"洒"，它们都是左右形，代码均为1，因此字形识别码并不能区分它们。但是它们的最后一笔笔画不同，"沐"的末笔为"丶"，"洒"的末笔为"一"。"沐"字的末笔代码为4，字形代码为1，将字形代码和末笔代码组合起来，"沐"字的末笔字形识别码为41，对应的键为【Y】键，因此"沐"字的编码为"ISY"。"洒"字的末笔代码为1，字形代码为1，即"洒"字的末笔字形识别码为11，对应的键为【U】键，因此"洒"字的编码为"ISG"。

又如"叭"和"只"，它们的编码相同，最后一笔笔画均为丶，代码均为4，因此末笔识别码不足以区分它们，但是它们的字形结构不同，"叭"为左右形，"只"为上下形，代码分别为1和2。因此"叭"字的字形代码为1，"只"字的字形代码为2。将字形代码或末笔代码组合起来，"叭"字的末笔识别码为41，"只"字的末笔识别码为42，对应的键分别为【Y】和【U】键，即"叭"字的编码为"KWY"，"只"字的编码为"KWU"。

根据汉字的5种笔画和3种字形可将末笔字形识别码分为15种，且每个区位的前3位作为识别码使用。如表4-5所示为15种末笔字形识别码。

表4-5　末笔字形识别码

末笔识别码	字形识别码		
	左右形1	上下形2	杂合形3
横（一）1	G（11） 仁 WFG 油 IMG	F（12） 呈 KGF 尘 IFF	D（13） 固 LDD 丑 NFD
竖（丨）2	H（21） 叶 KFH 什 WFH	J（22） 草 AJJ 弄 GAJ	K（23） 升 TAK 井 FJK
撇（丿）3	T（31） 旷 JYT 扩 RYT	R（32） 参 CDER 声 FNR	E（33） 户 YNE 必 NTE
捺（丶）4	Y（41） 沐 ISY 坟 FYY	U（42） 寻 VFU 卡 HHU	I（43） 头 UDI 飞 NUI
折（乙）5	N（51） 扔 REN 吧 KCN	B（52） 气 RNB 仓 WBB	V（53） 万 DNV 尤 DNV

使用末笔字形识别码输入汉字时，对汉字的末笔还有以下几点特殊约定。

◎ 对"辶"、"辶"的字和全包围字，它们的"末笔"规定为被包围部分的末笔。如"匡"字的最后一笔是横，字形为杂合形，因此其末笔识别码为【D】键（13）。

◎ "我"、"钱"、"成"等字的末笔，遵循"从上到下"的原则，则末笔应该是"丿"。如"溅"字的最后一笔取撇，字形为左右形，因此其末笔识别码为【T】键（31）。

◎ 带单独点的字，比如"义"、"太"、"勺"等，应把点当作末笔，并且认为"丶"与附近的字根是"连"的关系，所以字形为杂合形，识别码为【I】键（43）。

◎ 对"九"、"力"、"七"、"匕"等字根，当需要判定末笔代码时一律用"折"作为末笔。如"仇"字的最后一笔取折，字形为左右形，因此其末笔识别码为【N】键（51）。

4. 输入重码字

虽然末笔字形识别码对于区别许多编码相同的汉字非常有用，但像"去、支、云"这3个字，它们的编码与识别码都完全相同，均为"FCU"，此时识别码将不能区分编码相同的汉字，这种现象，称为"重码"。在五笔字型输入法中，将具有相同编码的汉字称为重码字。

要输入重码字，可在重码字的选字框中按相应的键选择输入。通常，在重码字的选字框的第一个位置放置了最常用的重码字，要输入该汉字，直接按空格键即可。要输入选字框中其他重码字，可按选字框中汉字前对应的数字键"1、2、3……"。如输入"去"字，只需输入编码"FCU"后按空格键即可；输入"云"字，则需按它前面显示的数字"3"对应的【3】键，如图4-31所示。

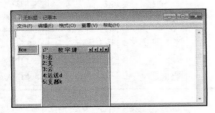

图4-31 输入重码字

5. 案例——输入单个汉字

本例将练习输入如图4-32所示的单个汉字，并列出拆分后的各字根和对应的键位。通过该案例的学习，掌握键外字的输入方法。

汉字	拆分字根	编码	汉字	拆分字根	编码
法	( )	( )	恋	( )	( )
远	( )	( )	顺	( )	( )
经	( )	( )	房	( )	( )
希	( )	( )	事	( )	( )
使	( )	( )	概	( )	( )
董	( )	( )	博	( )	( )

图4-32 输入汉字

具体操作如下。

❶ 在"拆分字根"列中写出汉字拆分后的字根，在"编码"列中写出汉字编码，并根据编码练习汉字的输入，如"法"字按不足4字根的键外字的输入方法，可拆分成字根"氵、土、厶"，且末笔画为"丶"，字形结构为左右形，因此末笔字形识别码为41，对应的键为【Y】键，如图4-33所示，根据编码"IFCY"即可输入该字。

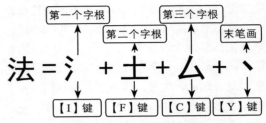

$$法 = 氵 + 土 + 厶 + 丶$$

第一个字根【I】键 第二个字根【F】键 第三个字根【C】键 末笔画【Y】键

图4-33 "法"字的输入方法

❷ 依次写出其他汉字拆分后的字根和编码，并根据编码练习汉字的输入，如"希"字按4字根的键外字的输入方法，可拆分成字根"乂、ナ、冂、丨"，因此输入编码"QDMH"即可输入该字，所有汉字拆分后的字根和编码的结果如图4-34所示。

汉字	拆分字根	编码	汉字	拆分字根	编码
法	(氵+土+厶)	(IFCY)	恋	(亠+小+心)	(YONU)
远	(二+儿+辶)	(FQPV)	顺	(川+丆+贝)	(KDMY)
经	(纟+ス+工)	(XCAG)	房	(丶+尸+方)	(YNYV)
希	(乂+ナ+冂+丨)	(QDMH)			
事	(一+口+彐+丨)	(GKVH)			
使	(亻+一+口+乂)	(WGKQ)			
概	(木+彐+厶+儿)	(SVCQ)			
董	(艹+丿+一+土)	(ATGF)			
博	(十+一+月+寸)	(FGEF)			

图4-34 汉字拆分后的字根和编码结果

4.2 上机实战

本课上机实战将练习拆分汉字实现单字输入，以及在金山打字通中练习单字输入。通过对这两个上机实战的练习，使读者掌握汉字的拆分原则和单字的输入方法。

上机目标：

◎ **掌握汉字的拆分原则；**

◎ **轻松实现单字的输入。**

建议上机学时：1学时。

4.2.1 拆分汉字实现单字输入

1. 操作要求

本例要求根据汉字拆分原则拆分并输入如图4-35所示的汉字。

具体操作要求如下。

◎ 根据汉字拆分原则拆分汉字。

◎ 根据汉字编码输入单字。

汉字	拆分字根	编码	汉字	拆分字根	编码
表	（ ）	（ ）	圆	（ ）	（ ）
套	（ ）	（ ）	配	（ ）	（ ）
应	（ ）	（ ）	宴	（ ）	（ ）
花	（ ）	（ ）	费	（ ）	（ ）
痒	（ ）	（ ）	厂	（ ）	（ ）
徐	（ ）	（ ）	巷	（ ）	（ ）
虫	（ ）	（ ）	绵	（ ）	（ ）
商	（ ）	（ ）	瓣	（ ）	（ ）
带	（ ）	（ ）	题	（ ）	（ ）
富	（ ）	（ ）	鹜	（ ）	（ ）
飘	（ ）	（ ）	敏	（ ）	（ ）
尬	（ ）	（ ）	搜	（ ）	（ ）

图4-35 输入以上单字

2. 操作思路

根据上面的操作要求，本例的主要操作步骤如下。

❶ 在"拆分字根"列中写出汉字拆分后的字根，在"编码"列中写出汉字的编码，然后根据编码练习单字的输入。如"表"字按不足4字根的键外字的输入方法，可拆分成字根"龶、仪"，且末笔画为"、"，字形结构为上下形，因此末笔字形识别码为42，对应的键为【U】键，如图4-36所示，根据编码"GEU"即可输入该字。

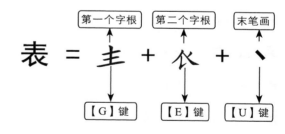

图4-36 "表"字的输入方法

❷ 依次写出其他汉字拆分后的字根和编码，并根据编码练习汉字的输入，如"厂"字为成字字根，先按它所在的【D】键，再按首笔画(一)和次笔画(丿)对应的【G】键和【T】键，根据编码"DGT"即可输入该字。所有汉字拆分后的字根和编码的结果如图4-37所示。

汉字 拆分字根 编码　汉字 拆分字根 编码

表（龶+⺇）（GEU）　　圆（囗+口+贝）（LKMI）

套（大+镸）（DDU）　　配（西+一+己）（SGNN）

应（广+丷）（YID）　　宴（宀+日+女）（PJVF）

花（艹+亻+匕）（AWXB）费（弓+刂+贝）（XJMU）

痒（疒+丷+手）（UUDK）厂（厂+一+丿）（DGT）

徐（彳+人+禾）（TWTY）巷（共+八+巳）（AWNB）

虫（虫+丨+乙+丶）（JHNY）

绵（纟+白+冂+丨）（XRMH）

商（六+冂+八+口）（UMWK）

瓣（辛+⻌+厶+辛）（URCU）

带（一+川+冖+丨）（GKPH）

题（日+一+龰+贝）（JGHM）

富（宀+一+口+田）（PGKL）

鸶（亠+小+⺈+一）（YIDG）

飘（西+二+小+乂）（SFIQ）

敏（𠂉+母+一+夂）（TXGT）

尬（𠂇+乙+人+刂）（DNWJ）

搜（扌+臼+丨+又）（RVHC）

图 4-37　汉字拆分后的字根和编码

4.2.2　在金山打字通中练习单字输入

1. 操作要求

本例要求在金山打字通2013中练习单字输入，以提高打字速度。

具体操作要求如下。

◎　掌握拆字原则，准确录入单字。

◎　进行单字练习，提高打字速度。

2. 操作思路

根据上面的操作要求，本例的主要操作步骤如下。

❶　启动并登录金山打字通 2013，在打开的窗口中单击"五笔打字"按钮 [五]，进入"五笔打字"界面。单击"拆字原则"选项卡后根据提示回答相应的问题，进入"拆字原则跳级测试"界面练习字根的输入，如图 4-38 所示。当字根练习达到所需的要求后，进入讲解拆字原则界面，在其中可查看拆字原则，如图 4-39 所示。

图 4-38　进入"拆字原则"界面练习字根的输入

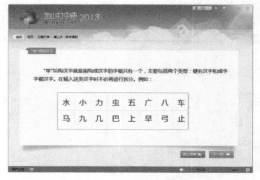

图 4-39　查看拆字原则

❷　在"五笔打字"界面单击"单字练习"选项卡后根据提示回答相应的问题，进入"单字练习"界面练习字根的输入，如图 4-40 所示。当字根练习达到所需要求后进入单字练习界面，在其中可开始单字练习，如图 4-41 所示。

图4-40　进入"单字练习"界面练习字根的输入

图4-41　开始单字练习

4.3　常见疑难解析

问：如何快速记住取码规则？

答： 初学者要想快速记住汉字的取码原则，可牢记以下八句口诀：五笔字型均直观，依照笔顺把码编；键名汉字击四下，基本字根请照搬。一二三末共四码，顺序拆分大优选；不足四码要注意，末笔识别补后边。

....

问：是不是只要遵循汉字拆分原则就可以拆分并输入所有的汉字？

答： 在拆分与输入汉字时还存在一些特殊的汉字结构，需要读者加强练习，并在实际应用中进行总结，记住特殊结构并举一反三，这样才能提升实战能力，提高打字速度。

....

问：在五笔字型输入法中【Z】键有什么用？

答：【Z】键，即万能学习键，它可以帮助初学者解决由于不知道编码而不能输入汉字的难题（有些版本的五笔字型输入法中没有万能键功能）。如输入"嚼"字时，第一个字根和最后一个字根都容易判断，但第二、三个字根所对应的键位一时不易拆分，此时可用【Z】键来代替第二、三码，即输入编码"VZZV"，此时将弹出一个重码提示框，然后按主键盘上的【+】键或单击▶按钮向后翻页，找到并查看"嚼"字的正确编码为"VNUV"，由此可见，"嚼"字的第二个字根在【N】键上，第三个字根在【U】键上，这样用户以后输入该字时就不用发愁了。

....

4.4　课后练习

（1）拆分如图4-42所示的汉字，并列出汉字拆分后的各字根和所在的键位，然后在记事本中根据汉字编码输入汉字。

具体的操作要求如下。

◎　根据拆分原则拆分汉字。

◎　根据汉字编码输入汉字。

汉字	拆分字根	编码	汉字	拆分字根	编码	汉字	拆分字根	编码
潦（	）（	）	缓（	）（	）	魔（	）（	）
陌（	）（	）	常（	）（	）	鱿（	）（	）
彝（	）（	）	随（	）（	）	仰（	）（	）
虎（	）（	）	萧（	）（	）	鸯（	）（	）
典（	）（	）	离（	）（	）	廉（	）（	）
书（	）（	）	派（	）（	）	蓬（	）（	）

图 4-42　拆分并输入汉字

（2）在金山打字通中练习常用字的输入，如图4-43所示。

具体的操作要求如下。

◎　进入"单字练习"界面选择常用字练习课程。

◎　开始练习常用字的输入。

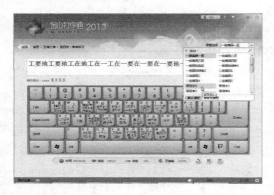

图 4-43　在金山打字通中练习常用字的输入

第 5 课
快速输入简码与词组

学生：老师，我发现有些汉字只需输入第一个或前两个字根就可以输入所需的汉字。

老师：在王码五笔中根据汉字的使用频度高低制定了一级简码、二级简码和三级简码规则。

学生：原来是这样，老师，我还发现输入汉字后，选字框中还有词组，是不是可以通过输入词组提高打字速度呢？

老师：当然可以，由于一个词组无论包含多少个汉字，在五笔字型输入法中取码时最多只取 4 码，所以通过输入词组可以极大地提高输入速度。在五笔字型中，可以输入二字词组、三字词组、四字词组，甚至多字词组。

学生：既可以输入简码，又可以输入词组，这样不想提高打字速度都难！

学习目标

▶ 输入简码

▶ 输入词组

5.1 课堂讲解

本课堂主要讲述如何快速输入简码与词组的知识。通过相关知识点的学习和案例的练习，加强汉字的拆分和输入练习，并进一步提高打字速度。

5.1.1 输入简码

为了减少击键次数，提高打字速度，五笔字型设计了简码输入。使用简码输入某些汉字时，不必输入其全部字根，只需按该字第一、二或三个字根所在的键，再按空格键即可。

简码汉字分为一级简码、二级简码、三级简码。由于三级简码仍需按4次键，且数量繁多，因此下面只讲解一级和二级简码。

1. 一级简码

在五笔字型字根键盘的25个字母键上，每个键都有一个使用频率最高的汉字，称为"一级简码"，这类汉字的编码只有一位，输入时只需按一次该字所在的键，再按空格键。如图5-1所示为一级简码在键盘上的分布情况。

图 5-1 一级简码在键盘上的分布情况

2. 二级简码

在五笔字型中共有600多个二级简码，熟练掌握二级简码对快速输入汉字非常重要。要输入二级简码，只需按汉字前两个字根所在的键位，再按空格键即可。如"然"字，按正常的拆分方法应将其拆分为"夕、犬、灬"，对应的键位为【Q】、【D】、【O】，但由于该字被归入了二级简码，因此在键盘上按下【Q】和【D】键后，"然"字将出现在汉字选字框中的第一个位置，再按空格键即可输入"然"字，如图5-2所示。

图 5-2 输入二级简码"然"

下面列出了五笔字型中的所有二级简码，如表5-1所示，其中为空的表示该键位上没有对应的二级简码。

表 5-1 五笔字型中的二级简码

	G F D S A 11 ～ 15	H J K L M 21 ～ 25	T R E W Q 31 ～ 35	Y U I O P 41 ～ 45	N B V C X 51 ～ 55
G11	五于天末开	下理事画现	玫珠表珍列	玉平不来	与屯妻到互
F12	二寺城霜载	直进吉协南	才垢圾夫无	坟增示赤过	志地雪支
D13	三夺大厅左	丰百右历面	帮原胡春克	太磁砂灰达	成顾肆友龙
S14	本村枯林械	相查可楞机	格析极检构	术样档杰棕	杨李要权楷
A15	七革基苛式	牙划或功贡	攻匠菜共区	芳燕东　芝	世节切芭药

续表

	GFDSA 11～15	HJKLM 21～25	TREWQ 31～35	YUIOP 41～45	NBVCX 51～55
H21	睛睦睚盯虎	止旧占卤贞	睡脾肯具餐	眩瞳步眯瞎	卢 眼皮此
J22	量时晨果虹	早昌蝇曙遇	昨蝗明蛤晚	景暗晃显晕	电晨归紧昆
K23	呈叶顺呆呀	中虽吕另员	呼听吸只史	嘛嘀吵噗喧	叫啊哪吧哟
L24	车轩因困轼	四辊加男轴	力斩胃办罗	罚较 辚边	思团轨轻累
M25	同财央朵曲	由则 崭册	几贩骨内风	凡赠峭赅迪	岂邮 凤巍
T31	生行知条长	处得各务向	笔物秀答称	入科秒秋管	秘季委么第
R32	后持拓打找	年提扣押抽	手折扔失换	扩拉朱搂近	所报扫反批
E33	且肝须采肛	胀胆肿肋肌	用遥朋脸胸	及胶腔膦爱	甩服妥肥脂
W34	全会估休代	个介保佃仙	作伯仍人您	信们偿伙	亿他分公化
Q35	钱针然钉氏	外匀名甸负	儿铁角欠多	久匀乐炙锭	包凶争色
Y41	主计庆订度	让刘训为高	放诉衣认义	方说就变这	记离良充率
U42	闰半关亲并	站间部曾商	产瓣前闪交	六立冰普帝	决闻妆冯北
I43	汪法尖洒江	小浊澡渐没	少泊肖兴光	注洋水淡学	沁池当汉涨
O44	业灶类灯煤	粘烛炽烟灿	烽煌粗粉炮	米料炒炎迷	断籽娄烃糯
P45	定守害宁宽	寂审宫军宙	客宾家空宛	社实宵灾之	官字安 它
N51	怀导居 民	收馒避惭届	必怕 愉懈	心习悄屡忱	忆敢恨怪尼
B52	卫际承阿陈	耻阳职阵出	降孤阴队隐	防联孙联辽	也子限取陡
V53	姨寻姑杂毁	叟旭如舅妯	九 奶 婚	妨嫌录灵巡	刀好妇妈姆
C54	骊对参骠戏	骒台劝观	矣牟能难允	驻骈 驼	马邓艰双
X55	线结顷 红	引旨强细纲	张绵级给约	纺弱纱继综	纪弛绿经比

提示：要查找并输入二级简码表中的某个字，可先按它所在行的字母键，再按它所在列的字母键，如输入"物"字，应先按它所在行的字母键【T】，再按它所在列的字母键【R】。

3. 案例——输入简码字

本例将在记事本中练习输入如图5-3所示的简码字。通过该案例的学习，掌握简码字的输入方法。

汉字	键位	汉字	键位	汉字	键位
中	（　）	难	（　）	顺	（　）
间	（　）	我	（　）	庆	（　）
呀	（　）	为	（　）	加	（　）
冯	（　）	综	（　）	玉	（　）
有	（　）	须	（　）	产	（　）
经	（　）	理	（　）	红	（　）
关	（　）	因	（　）	民	（　）
燕	（　）	肆	（　）	霜	（　）
睦	（　）	避	（　）	这	（　）
地	（　）	烽	（　）	辚	（　）
巉	（　）	旭	（　）	朱	（　）
注	（　）	强	（　）	冰	（　）

图5-3　输入简码字

汉字	键位	汉字	键位	汉字	键位
中	（K）	难	（CW）	顺	（KD）
间	（UJ）	我	（Q）	庆	（YD）
呀	（KA）	为	（O）	加	（LK）
冯	（UC）	综	（XP）	玉	（GY）
有	（E）	须	（ED）	产	（U）
经	（X）	理	（GJ）	红	（XA）
关	（UD）	因	（LD）	民	（N）
燕	（AU）	肆	（DV）	霜	（FS）
睦	（HF）	避	（NK）	这	（P）
地	（F）	烽	（OT）	辚	（LO）
巉	（MX）	旭	（VJ）	朱	（RI）
注	（IY）	强	（XK）	冰	（UI）

图5-5　简码字对应的键位

具体操作如下。

❶ 在记事本中切换到五笔字型输入法后，在键盘上找到并按简码"中"对应的键位【K】，如图5-4所示，然后按空格键输入简码"中"。

图5-4　"中"字的输入方法

❷ 用相同的方法依次输入其他简码字，如"难"字只需按该字前两个字根的键位，即【X】和【G】键，然后按空格键输入简码"难"。所有简码字对应键位的结果如图5-5所示。

5.1.2　输入词组

在五笔字型输入法中还提供了大量的词组数据库，通过词组输入可以极大地提高打字速度。输入词组按词组字数分为4种：输入二字词组、三字词组、四字词组和多字词组。

1．输入二字词组

二字词组的取码规则为：分别取单字的前两个字根，即第一个字的第一个字根+第一个字的第二个字根+第二个字的第一个字根+第二个字的第二个字根。

如输入"顺序"时，应先按"顺"字的前两个字根"川、丁"对应的键位【K】和【D】，然后按"序"字的前两个字根"广、マ"对应的键位【Y】和【C】即可，如图5-6所示。

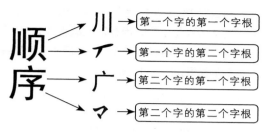

图5-6 二字词组"顺序"的输入方法

2. 输入三字词组

三字词组的取码规则为：分别取前两个字的第一个字根和末字的前两个字根，即第一个字的第一个字根+第二个字的第一个字根+末字的第一个字根+末字的第二个字根。

如输入"计算机"时，应先按"计"字的第一个字根"讠"对应的键位【Y】，再按"算"字的第一个字根"竹"对应的键位【T】，然后按"机"字的前两个字根"木、几"对应的键位【S】和【M】即可，如图5-7所示。

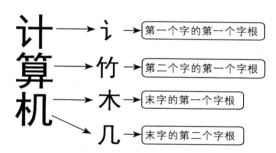

图5-7 三字词组"计算机"的输入方法

3. 输入四字词组

四字词组的取码规则为：分别取各单字的第一个字根，即第一个字的第一个字根+第二个字的第一个字根+第三个字的第一个字根+第四个字的第一个字根。

如输入"紧急措施"时，应先按"紧"字的第一个字根"刂"对应的键位【J】，再按"急"字的第一个字根"ク"对应的键位【Q】，然后按"措"字的第一个字根"扌"对应的键位【R】，最后按"施"字的第一个字根"方"对应的键位【Y】，如图5-8所示。

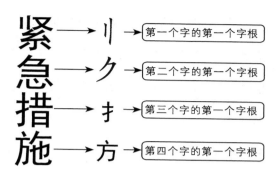

图5-8 四字词组"紧急措施"的输入方法

4. 输入多字词组

多字词组的取码规则为：取前三字和末字的第一个字根，即第一个字的第一个字根+第二个字的第一个字根+第三个字的第一个字根+末字的第一个字根。

如输入"军事委员会"时，应先按"军"字的第一个字根"冖"对应的键位【P】，再按"事"字的第一个字根"一"对应的键位【G】，然后按"委"字的第一个字根"禾"对应的键位【T】，最后按"会"字的第一个字根"人"对应的键位【W】，如图5-9所示。

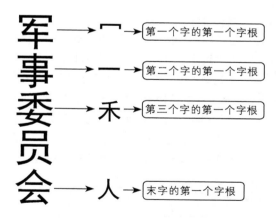

图5-9 多字词组"军事委员会"的输入方法

5. 案例——输入词组

本例将练习输入如图5-10所示的词组，并列出拆分后的各字根和对应的键位。通过该案例的学习，掌握词组的输入方法。

汉字 拆分字根 编码　　汉字 拆分字根 编码

形式（　　）（　　）　　吸收（　　）（　　）

回忆（　　）（　　）　　政府（　　）（　　）

骄傲（　　）（　　）　　高兴（　　）（　　）

日记本（　　）（　　）演唱会（　　）（　　）

博物院（　　）（　　）中秋节（　　）（　　）

世界杯（　　）（　　）行政区（　　）（　　）

两全其美（　　）（　　）名副其实（　　）（　　）

锋芒毕露（　　）（　　）口若悬河（　　）（　　）

新闻发布会（　　）（　　）

有志者事竟成（　　）（　　）

一切从实际出发（　　）（　　）

中央人民广播电台（　　）（　　）

图 5-10　输入词组

具体操作如下。

❶ 在"拆分字根"列中写出词组拆分后的字根，在"编码"列中写出词组的编码，然后根据编码输入相应的词组。如词组"形式"中的"形"字的前两个字根"一、廾"对应的键位【G】和【A】，"式"字的前两个字根"弋、工"对应的键位【A】和【A】，如图 5-11 所示，因此输入编码"GAAA"即可输入词组。

形式＝一＋廾＋弋＋工

【G】键 【A】键 【A】键 【A】键

图 5-11　"形式"词组的输入方法

❷ 依次写出其他词组拆分后的字根和编码，并根据编码输入相应的词组。如词组"中央人民广播电台"中的"中"字的第一个字根"口"对应的键位【K】，"央"字的第一个字根"冂"对应的键位【M】，"人"字的第一个字根"人"

对应的键位【W】，"台"字的第一个字根"厶"对应的键位【C】，因此输入编码"KMWC"即可输入词组。所有词组拆分后的字根和编码的结果如图 5-12 所示。

汉字　　　　拆分字根　　　　编码

形式（一＋廾＋弋＋工）（GAAA）

吸收（口＋乃＋乙＋丨）（KENH）

回忆（口＋口＋忄＋乙）（LKNN）

政府（一＋止＋广＋亻）（GHYW）

骄傲（马＋丿＋亻＋ ）（CTWG）

高兴（亠＋冂＋䒑＋八）（YMIW）

日记本（日＋讠＋木＋一）（JYSG）

演唱会（氵＋口＋人＋二）（IKWF）

博物院（十＋丿＋阝＋宀）（FTBP）

中秋节（口＋禾＋艹＋卩）（KTAB）

世界杯（廿＋田＋木＋一）（ALSG）

行政区（彳＋一＋匸＋乂）（TGAQ）

两全其美（一＋人＋艹＋丷）（GWAU）

名副其实（夕＋一＋艹＋宀）（QGAP）

锋芒毕露（钅＋艹＋比＋雨）（QAXF）

口若悬河（口＋艹＋月＋氵）（KAEI）

新闻发布会　　（立＋门＋乙＋人）（UUNW）

有志者事竟成　（ナ＋士＋土＋厂）（DFFD）

一切从实际出发（一＋七＋人＋乙）（GAWN）

中央人民广播电台（口＋冂＋人＋厶）（KMWC）

图 5-12　词组拆分后的字根和编码结果

5.2 上机实战

本课上机实战将先练习简码和词组的输入，然后输入一篇中文故事。通过对这两个上机实战的练习，使读者掌握汉字的拆分与输入方法，并善于应用词组输入提高汉字的输入速度。

上机目标：

◎ 掌握汉字的拆分与输入方法；

◎ 善于应用词组输入提高打字速度。

建议上机学时：1学时。

5.2.1 输入简码和词组

1. 操作要求

本例要求输入如图5-13所示的简码和词组，达到熟练使用简码和词组的目的。

具体操作要求如下。

◎ 输入简码。

◎ 输入词组。

我（ ） 人（ ） 的（ ） 和（ ）

不（ ） 这（ ） 工（ ） 国（ ）

以（ ） 发（ ） 民（ ） 同（ ）

事（ ） 档（ ） 量（ ） 罚（ ）

赠（ ） 毁（ ） 扩（ ） 凶（ ）

意识（ ） 价格（ ） 角落（ ）

依稀（ ） 惊诧（ ） 丰富（ ）

奥运会（ ） 小朋友（ ） 火车站（ ）

解放军（ ） 进出口（ ） 现阶段（ ）

含沙射影（ ） 纷至沓来（ ）

歌功颂德（ ） 作茧自缚（ ）

百尺竿头更进一步（ ）

搬起石头砸自己的脚（ ）

图5-13 输入简码和词组

2. 操作思路

根据上面的操作要求，本例的主要操作步骤如下。

❶ 在括号中写出汉字的编码，并根据编码练习汉字的输入。如"我"字为一级简码，其对应的键位为【Q】，因此输入编码"Q"后按空格键可输入简码"我"。"事"字为二级简码，其对应的键位为【G】和【K】，因此输入编码"GK"后按空格键可输入简码"事"。

❷ 依次写出其他汉字的编码，并根据编码练习汉字的输入。如"意识"词组中的"意"字的前两个字根"立、日"对应的键位【U】和【J】，"识"字的前两个字根"讠、口"对应的键位【Y】和【K】，因此输入编码"UGYK"即可输入词组"意识"。"奥运会"词组中的"奥"字的第一个字根"丿"对应的键位【T】，"运"字的第一个字根"二"对应的键位【F】，"会"字的前两个字根"人、二"对应的键位【W】和【F】，因此输入编码"TFWF"即可输入词组"奥运会"。"百尺竿头更进一步"词组中的"百"字的第一个字根"厂"对应的键位【D】，"尺"字的第一个字根"尸"对应的键位【N】，"竿"字的第一个字根"竹"对应的键位【T】，"步"字的第一个字根"止"对应的键位【H】，因此输入编码"DNTH"即可输入词组"百尺竿头更进一步"；所有简码和词组的编码的结果如图5-14所示。

我（Q）　人（W）　的（R）　和（T）　不（I）

这（P）　工（A）　国（L）　以（C）　发（V）

民（N）　同（M）　事（GK）　档（SI）　量（JG）

罚（LY）　赠（MU）　毁（VA）　扩（RY）　凶（QB）

意识（UJYK）　　价格（WWST）　　角落（QEAI）

依稀（WYTQ）　　惊诧（NYYP）　　丰富（DHPG）

奥运会（TFWF）小朋友（IEDC）火车站（OLUH）

解放军（QYPL）进出口（FBKK）现阶段（GBWD）

含沙射影（WITJ）　　　　纷至沓来（XGIG）

歌功颂德（SAWT）　　　　作茧自缚（WATX）

百尺竿头更进一步（DNTH）

搬起石头砸自己的脚（RFDE）

图 5-14　汉字拆分后的字根和编码

5.2.2　输入一篇中文故事

1. 操作要求

本例要求在记事本中输入一篇中文故事，在练习过程中，若出现了简码和词组，应尽量输入简码和词组，以提高打字速度。

具体操作要求如下。

◎　启动记事本并切换到五笔字型输入法。

◎　输入一篇中文故事。

2. 操作思路

根据上面的操作要求，本例的主要操作步骤如下。

❶　启动记事本，切换到五笔字型输入法，然后在记事本中的文本插入点后输入一篇中文故事。

❷　按【Ctrl+S】键打开"另存为"对话框，在列表框中选择文件的保存位置，在"文件名"下拉列表框中输入文件名，然后单击 保存(S) 按钮保存练习结果，如图 5-15 所示。完成后返回记事本窗口中，单击窗口右上角的"关闭"按钮 关闭该窗口。

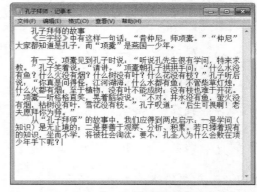

图 5-15　输入并保存一篇中文故事

5.3　常见疑难解析

问：有些词组在王码五笔86版中打不出来是怎么回事？

答： 由于王码五笔86版中的词汇量较少，有些不常用的词组未被列入词组范围，因此输入这类词组时可用单字输入的方法，也可换用搜狗五笔、极品五笔等其他五笔字型输入法进行输入。

问：如何输入一级简码与另外一些字组成的词组？

答： 当一级简码与另外一些字组成词组时，需要取其前一码或前两码，所以在熟记一级简码的同时，有必要注意一级简码的拆分。如"发"字为一级简码，其对应的键位为【V】，当输入"发明"词组时，则需将"发"字拆分为"乙、丿"，且其对应的键位为【N】和【T】。

5.4 课后练习

（1）练习输入如图5-16所示的简码和词组。

以	要	是	了	发	在	有	产	主	国	地	工
涨	愉	曾	拓	财	胃	呼	暗	蝗	承	极	面

开展	表现	武装	足球	顶替	驾驶	扩大	身体	烦琐	回顾	系统
科技	彻底	深厚	加工	类别	颜色	位置	安装	故障	财产	能耐

市辖区　　　　夜明珠　　　　时间性　　　　目的地　　　　瞎指挥　　　　四合院

多功能　　　　作用力　　　　手工艺　　　　太阳能　　　　参观团　　　　加工厂

若无其事　　　有声有色　　　根深蒂固　　　瞬息万变　　　天罗地网　　　胸有成竹

锋芒毕露　　　声东击西　　　忍辱负重　　　同甘共苦　　　新陈代谢　　　因陋就简

百闻不如一见　　　　打破砂锅问到底　　　　西藏自治区　　　　风马牛不相及

图5-16　输入简码和词组

（2）在金山打字通2013中练习词组输入（如图5-17所示）和文章输入（如图5-18所示），达到测试并提高打字速度的目的。

具体的操作要求如下。

◎　练习词组输入。

◎　练习文章输入。

图5-17　练习词组输入

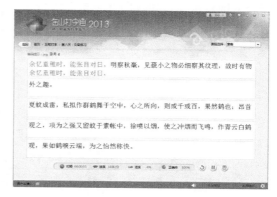

图5-18　练习文章输入

第6课
五笔字型输入实用技巧

学生：老师，听说使用五笔字型输入法时，不仅可以添加与删除输入法、设置输入法属性，还可使用手工造词功能输入一些五笔词库中重复或复杂难记的汉字。

老师：是的，在使用五笔字型输入法时，用户可根据使用习惯设置五笔字型输入法，如设置是否使用词语联想、汉字选择框或是否随光标移动等功能。另外，五笔字型输入法还提供了手工造词功能，它可以将一些常用的长字符串作为一个词语输入。

学生：太好了，这样在输入一些词组时就不用一个字一个字地输入了。但是在实际打字中，还是会遇到一些特殊的字符，如偏旁部首、繁体字、生僻汉字，甚至是一些其他国家的文字等，打不出来该怎么办呢？

老师：别着急，下面我们就一起来学习如何设置输入法、输入特殊字符，以及使用造词和造字功能等知识。

学习目标

▶ 设置五笔字型输入法

▶ 特殊字符的输入

▶ 用造字程序造字

6.1 课堂讲解

本课堂主要讲述如何设置五笔字型输入法、输入特殊字符，以及用造字程序造字等知识。通过相关知识点的学习和案例的练习，读者可以掌握五笔字型输入法的一些实用技巧，对五笔技能的掌握更上一层楼。

6.1.1 设置五笔字型输入法

为了方便操作，并加快打字速度，在使用五笔字型输入法的过程中，用户可以根据自己的习惯设置五笔字型输入法，如添加与删除输入法、设置输入法属性，以及使用手工造词功能等。

1. 添加与删除输入法

在Windows操作系统中安装输入法后，用户还可根据自己的需要将相应的输入法添加到语言栏中，不需要时再将其从语言栏中删除。

要添加与删除相应的输入法，可使用鼠标右键单击输入法图标，在弹出的快捷菜单中选择"设置"命令，如图6-1所示，在打开的"文本服务和输入语言"对话框的"常规"选项卡中进行操作，如图6-2所示。

图6-1 选择"设置"命令　　图6-2 打开对话框

添加与删除输入法的具体操作如下。

◎ **添加输入法**：在"文本服务和输入语言"对话框的"已安装的服务"栏右侧单击 添加(D)... 按钮，在打开的"添加输入语言"对话框的列表框中选择要添加的输入法，这里选择"王码五笔型输入法98版"选项，如图6-3所示。然后单击 确定 按钮返回"文本服务和输入语言"对话框，在"已安装的

服务"栏中可查看添加的输入法，确认操作后依次单击 应用(A) 和 确定 按钮应用设置。

图6-3 选择添加的输入法

◎ **删除输入法**：在"文本服务和输入语音"对话框的"已安装的服务"栏的列表框中选择要删除的输入法，这里选择"中文（简体）—搜狗拼音输入法"选项，然后单击 删除(R) 按钮即可删除所选的输入法，确认操作后依次单击 应用(A) 和 确定 按钮应用设置。

技巧：单击 按钮，然后选择【控制面板】命令，在打开的"控制面板"窗口中双击 区域和语言 图标，在打开的"区域和语言"对话框中单击"键盘和语言"选项卡，在其中单击 更改键盘(C)... 按钮，可在打开的"文本服务和输入语言"对话框中添加或删除相应的输入法。

---

2. 设置输入法属性

要设置五笔字型输入法的属性，可在五笔字型输入法状态条上单击鼠标右键，在弹出的快捷菜单中选择"设置"命令，如图6-4所示。在打开的"输入法设置"对话框中（如图6-5所示），根据需要设置能否输入词语、是否需要词语联想、逐渐提示、外码提示和是否让汉字选择框跟随鼠标光标移动等。

图6-4 选择"设置"命令　图6-5 设置输入法属性

在"输入法设置"对话框的"输入法功能设置"栏中选中某个复选框后，单击 确定 按钮将启用相应的功能。各功能的作用如下。

◎ **词语联想**：该功能是建立在词库中词组的基础上的。启用该功能后，输入某个字或词组时，屏幕将显示以该字或词组开头的相关词组。一般不启用词语联想，这样将增加击键次数，影响输入速度。

◎ **词语输入**：在输入汉字时，为了提高输入速度，常常需要输入大量的词语，因此启用该功能后，可以按输入词组的方法直接输入词语。如输入词语"比较"，只需按编码"XXLU"对应的键即可，否则只能一个字一个字地输入。建议启用该功能。

◎ **逐渐提示**：启用该功能后，汉字输入框中将显示所有以按下的代码开始的字和词，从而方便选择，未启用该功能时，不会出现汉字输入框。建议启用该功能。

◎ **外码提示**：启用该功能后，系统会在选字框中给出相应汉字的五笔编码提示，有助于初学者记住编码并快速输入汉字。此功能依附于逐渐提示，只有选中"逐渐提示"复选框后该复选框才可用。建议启用该功能。

◎ **光标跟随**：启用该功能后，汉字输入框会跟随鼠标光标而移动，并位于当前光标的下方。当对文本进行编辑时，外码输入框和重码提示框会遮住部分文本，不利于对文本的编辑。因此，一般不启用该功能。

⏱ **试一试**

用户可自行练习并比较启用与不启用相应功能后的效果。

3. 手工造词

随着新词的不断涌现，五笔字型词库已无法满足用户的需求，因此在实际工作中，可利用五笔字型输入法提供的手工造词功能解决一些五笔词库中找不到的或重复、复杂难记的汉字的输入难题。

下面通过手工造词功能设置词语"六一儿童节"，其具体操作如下。

❶ 用鼠标右键单击五笔字型输入法状态条，在弹出的快捷菜单中选择"手工造词"命令，在打开的"手工造词"对话框中选中 ◉造词 单选项，在"词语"文本框中输入要归为词语的一串汉字，如"六一儿童节"，这时在"外码"文本框中自动按照输入多字词组的方法出现其输入编码"UGQA"，如图6-6所示，单击 添加(A) 按钮。

❷ 在"词语列表"列表框中自动出现输入的词语及其编码，然后单击 关闭(C) 按钮，完成后在文档中输入汉字编码"UGQA"即可输入词语"六一儿童节"，如图6-7所示为设置词语"六一儿童节"前后的比较效果。

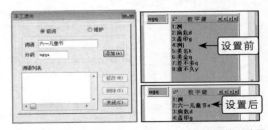

图6-6 添加造词词语　图6-7 比较造词前后效果

ℹ 提示：设置手工造词功能时，词语的字符必须都是全角字符，且一个词语的词组最多不能超过20个汉字或全角字符，在定义含阿拉伯数字的字符串时，要把阿拉伯数字改成汉字形式或用全角符号表示。

6.1.2 输入特殊字符

在实际工作中，只会输入一些普通的汉字还不够，还必须学会输入一些比较特殊的字

符，如偏旁部首、繁体字和生僻汉字，有时甚至需要输入其他国家的一些文字等。

1. 输入汉字偏旁部首

输入汉字偏旁部首的方法有两种：一是通过五笔字型输入法，二是通过全拼输入法。

✎ **使用五笔字型输入法输入偏旁部首**

在五笔字型输入法中，由于偏旁部首在字根分布键位上都能找到，因此可以把它当作成字字根，其输入方法与成字字根的输入方法完全相同，可表示为：偏旁部首＝报户口+首笔画+次笔画+末笔画，如图6-8所示，若偏旁部首不足四码，则应加补空格键。另外，有些偏旁部首则需借助于末笔识别码才能输入。

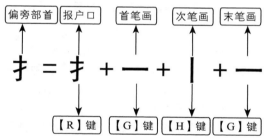

图 6-8 使用五笔字型输入法输入偏旁部首

如表6-1所示列出了五笔字型偏旁部首的拆分字根和编码。

表6-1 五笔字型偏旁部首的拆分字根和编码

偏旁	拆分字根	编码
扌	扌一丨一	RGHG
卝	卝一丿丨	AGTH
艹	艹一丨丨	AGHH
廿	廿一丨一	AGHG
忄	忄丶丨丶	NYHY
弋	弋一乙丶	AGNY
彡	彡丿丿丿	ETTT
彳	彳丿丿丨	TTTH
夂	夂丿乙丶	TTNY
勹	勹丿乙	QTN
尢	尢乙巛	DNV

续表

偏旁	拆分字根	编码
亻	亻丿丨	WTH
疒	疒丶一一	UYGG
刂	刂丨丨	JHH
丬	丬丶一丨	UYGH
冫	冫丶一	UYG
氵	氵丶丶一	IYYG
灬	灬丶丶丶丶	OYYY
冂	冂丨乙一	LHNG
厶	厶乙丶	CNY
衤	衤丶丿	PUI
礻	礻丶丿	PYI
凵	凵乙丨	BNH
隹	亻丶一	WYG
屮	凵丨川	BHK
匚	匚一乙	AGN
卩	卩乙丨	BNH
阝	阝乙丨	BNH
虍	广七巛	HAV
宀	宀丶乙	PYN
巛	巛乙乙乙	VNNN
钅	钅丿一乙	QTGN
辶	辶丶乙	PYNY
廴	廴乙丶	PNY
彡	镸彡丿	DET
冂	冂丨乙	MHN
纟	（键名）	XXXX
系	丿幺小丶	TXIU
宀	宀丶丶乙	PYYN
聿	彐丨川	VHK

✎ **使用全拼输入法输入偏旁部首**

切换到全拼输入法，输入"pianpang"，将出现如图6-9所示的汉字选字框，其中列出

了常见的偏旁部首，用户可拖动选字框右侧的滑动条向下查找并选择所需的偏旁部首。

图 6-9　使用全拼输入法输入偏旁部首

2．输入繁体字

输入繁体字的方法主要有以下两种：一是通过极点五笔输入法输入繁体字；二是通过全拼输入法输入繁体字。

使用极点五笔输入法输入繁体字

要输入繁体字，首先要安装能够识别繁体字的中文输入法，极点五笔输入法就是一款优秀的能简繁转换的五笔字型输入法。

要使用极点五笔输入法输入繁体字，可在极点五笔输入法状态条上单击**简**图标，或直接按【Ctrl+J】键，然后输入简体编码即可输出相应的繁体字。如图6-10所示为由简体字转化为繁体字的效果。

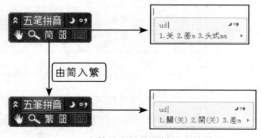

图 6-10　由简体字转化为繁体字的效果

通过全拼输入法输入繁体字

使用全拼输入法也可输入繁体字，只是以该输入法输入汉字拼音后，简体字与繁体字将同时出现在汉字选字框中。一般情况下，简体字放置在汉字选字框中的第一个位置，如图6-11所示，而繁体字则需要在汉字选字框中拖动滑动条进行选择，如图6-12所示，因此该方法输入速度较慢。

图 6-11　输入汉字拼音　　图 6-12　查找繁体字

> 提示：在 Word 文档中使用任何汉字输入法输入相应的简体字后，通过繁简转换可将简体字转换成繁体字。

3．使用软键盘输入特殊符号

在五笔字型输入法状态条的右边有一个 **⌨** 图标，称为"软键盘"图标。用鼠标右键单击该图标，在弹出的快捷菜单中将显示各种特殊符号的类型，以及一些其他国家的文字，如希腊语、俄语和日语等。

◎ **输入特殊符号**：在"软键盘"图标的快捷菜单中选择需要的符号类型，如选择"特殊符号"命令，如图6-13所示。在打开的软键盘中即可看到该符号类型下的所有特殊符号，如图6-14所示。将鼠标光标移到要输入的字母键上，当光标变为手形形状时单击它，或在键盘上按所需符号对应的字母键都可将字母键上对应的符号输入到文档中。

图6-13　选择符号类型　图6-14　打开软键盘查看符号

◎ **输入其他国家的文字**：如果用户需要输入一些其他国家的文字，也可在软键盘中实现。如在"软键盘"图标的快捷菜单中选择"希腊字母"命令，如图6-15所示。在打开的

希腊字母软键盘中（如图6-16所示），将鼠标光标移到要输入的字母键上，当光标变为手形形状时单击它，或在键盘上按所需语言符号对应的字母键，都可将字母键上对应的语言符号输入到文档中。

图6-15 选择文字类型　　图6-16 打开软键盘查看文字

⏱ **试一试**

用户可自行练习输入一些特殊符号和其他国家的文字，如特殊符号"《》、『』、Ⅰ、Ⅱ、1.、2.、♀、Σ、‰、$、卜、一、☆、※"，希腊字母"α、β、ξ、σ、φ、ψ、λ"，俄文字母"ж、д、й、р、ф、щ、ы、ю、я"，日文"あ、お、に、シ、カ、モ"等。

4. 使用字符映射表输入生僻汉字

当用户使用输入法无法输入某些生僻汉字或特殊字符时，可以通过字符映射表。

要使用字符映射表，可单击 按钮，然后选择【所有程序】→【附件】→【系统工具】→【字符映射表】命令启动字符映射表。

在"字符映射表"窗口的"字体"下拉列表框中选择所需的字体样式，如选择"楷体"选项。在该窗口下方选中 复选框后显示出高级设置选项。然后在"分组依据"下拉列表框中选择"按偏旁部首分类的表意文字"选项，在打开的"分组"对话框中选择汉字的偏旁部首，如选择"瓦"旁。在"字符映射表"窗口的字符列表中选择相应的字符，如选择"匜"字符，单击 按钮选择需要的字符，再单击 按钮复制该字符，如图6-17所示。然后在需要的文档中按【Ctrl+V】键即可将"匜"字复制，完成后在"字符映射表"窗口右上角单击 按钮关闭该窗口。

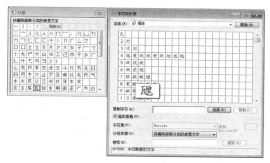

图6-17 选择偏旁部首和字符

5. 案例——输入特殊字符

本例将综合练习输入如图6-18所示的各种特殊字符。通过该案例的学习，熟练掌握特殊字符的输入方法。

图6-18 输入各种特殊字符

具体操作如下。

❶ 启动记事本，切换到极点五笔输入法，并根据五笔字型偏旁部首的编码，在文本插入点处首先输入偏旁部首"彡"的编码"ETTT"，然后用相同的方法依次输入其他的偏旁部首，如图6-19所示。

图 6-19 启动记事本并输入偏旁部首

❷ 按【Enter】键换行，并在极点五笔输入法状态条上单击 简 图标，然后输入简体字"产"的编码"U"，再按空格键即可输入相应的繁体字"產"。完成后按【Ctrl+J】键快速进行简繁切换，在繁体字后输入相应的简体字。用相同的方法依次输入其他的简体字对应的繁体字，如图 6-20 所示。

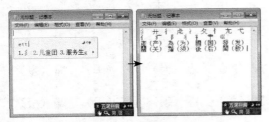

图 6-20 输入相应的繁体字和简体字

❸ 按【Enter】键换行，并在"软键盘"图标上单击鼠标右键，在弹出的快捷菜单中选择"单位符号"命令，在打开的软键盘中将鼠标光标移到要输入的键位上，如图 6-21 所示。

选择符号类型　　　　在软键盘上查看符号

图 6-21 选择符号类型并在软键盘查看符号

❹ 当鼠标光标变为手形形状时单击相应的键位，即可将键位上对应的符号输入到记事本中，用相同的方法依次输入其他的特殊字符，如图 6-22 所示。

❺ 单击 ⊙ 按钮，然后选择【所有程序】→【附件】→【系统工具】→【字符映射表】命令，

如图 6-23 所示，启动字符映射表。

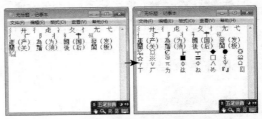

图 6-22 使用软键盘输入特殊字符

图 6-23 启动字符映射表

❻ 在打开的"字符映射表"窗口的"字体"下拉列表框中选择"方正中等线简体"选项，在"字符映射表"窗口下方选中 ☑高级查看(V) 复选框，在"分组依据"下拉列表框中选择"按偏旁部首分类的表意文字"选项。在打开的"分组"对话框中选择偏旁部首"酉"，在"字符映射表"窗口的字符列表中选择"醴"字符，单击 选择(S) 按钮选择需要的字符，再单击 复制(C) 按钮复制该字符，如图 6-24 所示。

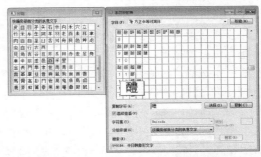

图 6-24 在"字符映射表"窗口中选择并复制字符

❼ 在记事本中按【Ctrl+V】键粘贴"醴"字到相应的位置。用相同的方法依次输入其他生僻汉字，如图 6-25 所示，完成后在"字符映射表"窗口中单击 ✕ 按钮关闭该窗口。

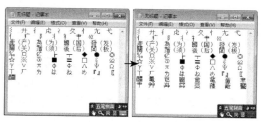

图 6-25　输入其他生僻汉字

6.1.3　用造字程序造字

当输入法和软键盘都不能输入某个特殊文字或符号时，可使用造字程序来造字。造字程序是Windows操作系统自带的小工具，在Win 7中它被称为专用字符编辑程序，通过它用户可以创建各种特殊字符、表意文字和徽标等。

1. 认识造字程序

在使用专用字符编辑程序之前，认识并了解专用字符编辑程序的编辑窗口的组成部分非常有用。

要使用专用字符编辑程序，应单击🟦按钮，然后选择【所有程序】→【附件】→【系统工具】→【专用字符编辑程序】命令，在打开的"选择代码"对话框中单击 确定 按钮进入专用字符编辑程序的编辑窗口，如图6-26所示。

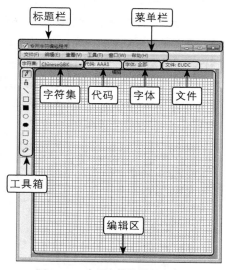

图 6-26　专用字符编辑程序窗口

该窗口中各组成部分的作用如下。

◎ **标题栏**：用来显示程序的名称。

◎ **菜单栏**：包括了程序中能使用的大部分命令。

◎ **字符集**：用来显示造字字符的当前字符集。

◎ **代码**：用来显示该字符的十六进制代码。

◎ **字体**：用来显示关联字体或全部字体的名称。

◎ **文件**：用来显示造字字符集的名称。

◎ **工具箱**：包括了用来绘制字符的工具。单击工具箱中的工具按钮，将鼠标移动至编辑窗口中，按住鼠标左键拖动鼠标可绘制所需的图形。工具箱中的工具使用频率最高，其中 🖉 工具用来绘制任意形状的图形；🖊 工具用来绘制任意形状的图形，还可填充图形；＼ 工具用来绘制直线；□ 工具用来绘制空心的矩形；■ 工具用来绘制实心的矩形；○ 工具用来绘制空心的椭圆；● 工具用来绘制实心的椭圆；⬚ 工具用来选择矩形区域内的图形；🗘 工具用来选择任意形状区域内的图形；✐ 工具用来擦除图形。

◎ **编辑区**：是编辑字符的场所。

2. 创建自造字

使用专用字符编辑程序造字的方法有多种，下面主要介绍通过"选定代码"造字和引用现有字符造字。

✏ **通过"选定代码"造字**

下面以创建"厷"字为例讲解通过"选定代码"造字的方法，其具体操作如下。

❶ 单击🟦按钮，然后选择【所有程序】→【附件】→【系统工具】→【专用字符编辑程序】命令启动该程序。在打开的"选择代码"对话框中确定一个位置用于保存造出的字，这里单击代码为"AAA1"对应的位置按钮，如图6-27所示，单击 确定 按钮进入字符编辑窗口。

❷ 单击工具箱中的工具来创建字符，这里单击工具箱中的 🖉 铅笔工具，绘制出如图6-28所示的效果。

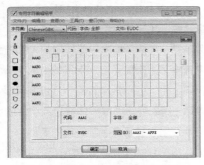

图 6-27 确定代码对应的位置

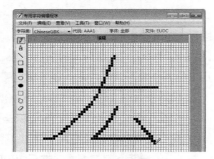

图 6-28 创建字符

❸ 绘制好字符后,选择【编辑】→【保存字符】命令,将字符保存在相应的代码中。然后选择【编辑】→【选择代码】命令,在打开的"选择代码"对话框中将出现刚才创建的字符,并显示出该字符的所有信息,如代码、字体、文件和所属代码的范围,如图 6-29 所示,以后要使用该字符就可以在该位置找到该字符。完成后单击 确定 按钮返回编辑窗口,再单击 ⊠ 按钮退出程序。

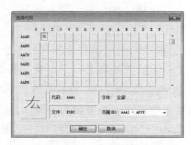

图 6-29 保存并查看创建的字符

🛈 提示:在"代码"区域中将显示出所选位置的字符代码,以后在文字处理软件中就可以使用区位输入法输入该代码来输入创建的字符。

引用现有字符造字

用户在造字过程中还可以引用专用字符编辑程序提供的标准字符、偏旁或特殊符号来造新的字符。下面以引用偏旁"钅"和汉字"朋"字创建"锎"字为例讲解引用现有字符造字,其具体操作如下。

❶ 在专用字符编辑程序的编辑窗口中选择【窗口】→【参照】命令,在打开的"参照"对话框的"形状"预览框中输入偏旁"钅",如图 6-30 所示,单击 确定 按钮。

图 6-30 查找并打开字符

❷ 在专用字符编辑程序的编辑区右边将出现偏旁"钅"的"参照"窗口。单击工具箱中的 □ 矩形选项工具,在"参照"窗口中框选整个"钅"。当鼠标光标变成 ✛ 形状时,按住鼠标左键将其拖动到左边的"编辑"窗口中的适当位置,这里放在"编辑"窗口的左侧,然后将鼠标光标移到选择框的任意一角上,按住鼠标左键向内拖动,使其缩小,再单击参照窗口的 ⊠ 按钮将其关闭。

❸ 用相同的方法调出"朋"字,然后选择"参照"窗口中的"朋"字,将其移到左边的"编辑"窗口中的"钅"的右边,并适当调整其大小,使其与"钅"匹配,如图 6-31 所示。

图 6-31 编辑所需字符

❹ 单击参照窗口的 ✕ 按钮将其关闭。制作出所需的字符后,选择【编辑】→【将字符另存为】命令,在打开的"将字符另存为"对话框中指定一个代码进行保存,这里选择"AAA2",如图 6-32 所示。然后单击 确定 按钮,选择【编辑】→【选择代码】命令,在打开的"选择代码"对话框中将出现刚才创建的字符,,完成后单击 确定 按钮返回编辑窗口,再单击 ✕ 按钮退出程序。

图 6-32 另存并查看创建的字符

3. 使用自造字

造字的目的就是为了能使用所造的字符。要在其他应用程序中使用所造的字,方法有以下两种:一是在专用字符编辑程序中复制字符,然后在其他应用程序中执行粘贴操作;二是通过区位输入法输入代表该字符的代码。

📝 直接复制字符

直接复制字符就是在专用字符编辑程序中打开要输入的字符,选择并复制该字符,然后在要输入文字的程序中执行粘贴操作。

如通过复制字符输入"锎"字的方法为:启动专用字符编辑程序,在打开的"选定代码"对话框中选择需要输入的字符代码,这里选择"锎"字的代码"AAA2"。单击 确定 按钮,打开该字符,用 □ 矩形选项工具在编辑窗口中选取该字符,然后选择【编辑】→【复制】命令或按【Ctrl+C】键进行复制。启动需要输入字符的文字处理软件,如写字板,将光标移到需要插入的位置,选择【编辑】→【粘贴】命令或按【Ctrl+V】键粘贴即可,如图 6-33 所示。

图 6-33 复制并粘贴自造字

> ❗ 提示:用复制和粘贴的方法插入的字符为图片形式,可以拖动周围的控制点调整字符大小。另外,由于记事本不支持图片格式,所以不能粘贴字符。

📝 用区位输入法输入

区位输入法的名称为"中文(简体)-内码",使用它输入专用字符编辑程序中代表字符的区位代码,如"厷"字的字符代码为"AAA1",依次按【A】、【A】、【A】和【1】键即可输入相应的字符。

4. 案例——创建并使用自造字

本例将使用专用字符编辑程序创建并使用自造字"厍"。通过该案例的学习,掌握自造字的创建与使用方法。

具体操作如下。

❶ 单击 🪟 按钮,然后选择【所有程序】→【附件】→【系统工具】→【专用字符编辑程序】命令。在打开的"选择代码"对话框中确定一个位置用于保存造出的字,这里单击代码为"AAA4"对应的位置按钮,单击 确定 按钮进入字符编辑窗口,如图 6-34 所示。

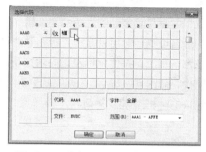

图 6-34 确定一个位置保存造出的字

❷ 单击工具箱中的 ○ 空心椭圆工具,按住【Shift】键不放,绘制出如图 6-35 所示的正圆。

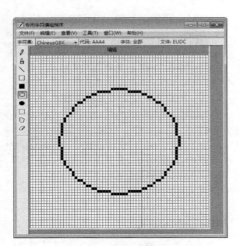

图 6-35　绘制所需的圆

❸ 选择【窗口】→【参照】命令，在打开的"参照"对话框的"形状"预览框中输入偏旁"库"，如图 6-36 所示，然后单击 确定 按钮。

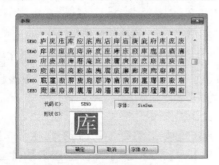

图 6-36　查找并打开已有字符

❹ 在专用字符编辑程序的编辑区右边将出现偏旁"库"的"参照"窗口。单击工具箱中的▢矩形选项工具，在"参照"窗口中框选整个"库"。当鼠标光标变成✛形状时，按住鼠标左键将其拖动到左边的"编辑"窗口中的适当位置，然后将鼠标光标移到选择框的任意一角上，按住鼠标左键向内拖动，使其缩小，如图 6-37 所示，完成后单击"参照"窗口的✖按钮将其关闭。

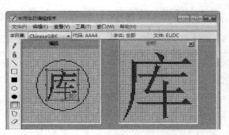

图 6-37　引用现有字符进行编辑

❺ 制作出所需的字符后，选择【编辑】→【保存字符】命令保存字符，然后用▢矩形选项工具在编辑窗口中选择该字符，并按【Ctrl+C】键进行复制，如图 6-38 所示。

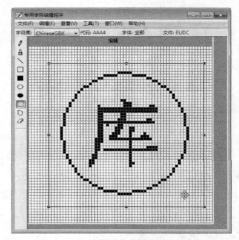

图 6-38　选择并复制创建的自造字

❻ 打开需要输入造字字符的文档，如打开写字板，确定光标位置后，按【Ctrl+V】键粘贴自造字，如图 6-39 所示，完成后在写字板和专用字符编辑程序的编辑窗口中单击✖按钮退出程序。

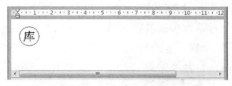

图 6-39　粘贴自造字并退出程序

6.2　上机实战

本课上机实战将练习输入繁体字和特殊字符，以及使用系统工具输入特殊字符。通过对这两个上机实战的练习，使读者掌握特殊字符的输入方法，不再为生僻字的输入发愁。

上机目标：
◎ **掌握特殊字符的输入方法；**
◎ **掌握系统工具输入生僻字的方法。**
建议上机学时：1学时。

6.2.1 输入繁体字和特殊字符

1. 操作要求

本例要求在记事本中练习输入如图6-40所示的繁体字和特殊字符。

具体操作要求如下。

◎ 输入简体字对应的繁体字。
◎ 使用软键盘输入特殊字符。

錶（表）	個（个）	極（极）	麼（么）
準（准）	瞭（了）	蘇（苏）	術（术）
①	∷	∥	¤ ￠ ヶ № §
Ж	Ю	で	ぶ ゆ ギ プ セ

图6-40 输入特殊字符

2. 操作思路

根据上面的操作要求，本例的主要操作步骤如下。

❶ 启动记事本，切换到极点五笔输入法。在其输入法状态条上单击 圖 图标，然后输入简体字"表"的编码"GE"，再在键盘上按数字键【2】即可输入相应的繁体字"錶"。完成后按【Ctrl+J】键快速进行简繁切换，在繁体字后输入相应的简体字。用相同的方法依次输入其他简体字对应的繁体字，如图6-41所示。

输入简体字　　　　　　　输入繁体字

图6-41 输入相应的繁体字和简体字

❷ 按【Enter】键换行，然后在"软键盘"图标上单击鼠标右键，在弹出的快捷菜单中选择"数字序号"命令，再按【Shift+A】键将键位上对应的符号输入到记事本中，用相同的方法依次输入其他的特殊字符，如图6-42所示。

调用软键盘　　　　　　　输入特殊字符

图6-42 使用软键盘输入特殊字符

6.2.2 使用系统工具输入生僻字

1. 操作要求

本例要求使用系统工具字符映射表和专用字符编辑程序输入如图6-43所示的生僻字。

具体操作要求如下。

◎ 使用字符映射表输入生僻字。
◎ 使用专用字符编辑程序输入生僻字。

癸	圜	歪	姬	橐	齑	鬺 鳥
旳	函	衷	姓	忄	韦	戉 夌

图6-43 输入生僻字

2. 操作思路

根据上面的操作要求，本例的主要操作步骤如下。

❶ 单击 按钮，然后选择【所有程序】→【附件】→【系统工具】→【字符映射表】命令。

在打开的"字符映射表"窗口的"字体"下拉列表框中选择"方正中等线简体"选项，在"字符映射表"窗口下方选中☑高级查看(V)复选框，在"分组依据"下拉列表框中选择"按偏旁部首分类的表意文字"选项。在打开的"分组"对话框中选择偏旁部首"癶"，然后在"字符映射表"窗口的字符列表中选择"癸"字符，单击 选择(S) 按钮选择需要的字符，再单击 复制(C) 按钮复制该字符，如图6-44所示。

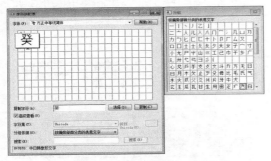

图6-44 使用字符映射表输入特殊字符

❷ 在写字板中按【Ctrl+V】键将"癸"字复制到写字板中，用相同的方法依次输入其他生僻字，完成后在"字符映射表"窗口右上角单击 ✕ 按钮关闭该窗口。

❸ 单击 ❸ 按钮，然后选择【所有程序】→【附件】→【系统工具】→【专用字符编辑程序】命令。在打开的"选择代码"对话框中确定一个位置用于保存造出的字，这里单击代码为"AAA5"对应的位置按钮，单击 确定 按钮进入字符编辑窗口。选择【编辑】→【复制字符】命令，在打开的"复制字符"对话框的"形状"预览框中输入"的"字，"复制字符"

对话框中将自动定位到"的"字，然后单击 确定 按钮。在打开的字符"的"的编辑窗口中单击工具箱中的 ⬨ 橡皮擦工具，擦掉不需要的部分，修改后的效果如图6-45所示。

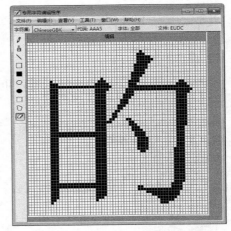

图6-45 在现有字符的基础上修改并创建自造字

❹ 选择【编辑】→【保存字符】命令，保存创建的字符到代码"AAA5"对应位置。然后用 ▭ 矩形选项工具在编辑窗口中选择该字符，按【Ctrl+C】键，再在写字板中确定光标位置后，按【Ctrl+V】键粘贴自造字。用相同的方法依次创建并使用其他生僻字，如图6-46所示，完成后在写字板和专用字符编辑程序的编辑窗口中单击 ✕ 按钮退出程序。

图6-46 创建并使用更多自造字

6.3 常见疑难解析

问： 什么是GB、BIG 5、GBK、GB18030字集？

答： GB字集是简体字集，全称为GB2312(80)字集，共包括国标简体汉字6763个。BIG 5字集是台湾地区繁体字集，共包括国标繁体汉字13053个；GBK字集是简繁字集，包括了GB字集、BIG 5字集和一些符号，共包括21003个字符。GB18030是国家制定的一个强制性大字集标准。目前，

GB18030有两个版本：GB18030—2000和GB18030—2005。GB18030—2000是GBK的取代版本，它的主要特点是在GBK基础上增加了CJK统一汉字扩充A的汉字。GB18030—2005的主要特点是在GB18030—2000基础上增加了CJK统一汉字扩充B的汉字。

问：如何使用手工造词功能修改和删除添加的词语？

答：设置手工造词功能后，在"手工造词"对话框中选中 ◎维护 单选项，在"词语列表"列表框中选择已设置的词语，然后单击 [修改(M)] 按钮可打开"修改"对话框修改词语和外码。单击 [删除(D)] 按钮可打开"警告"对话框提示用户是否删除词语，单击 [是(Y)] 按钮可删除该词语。

问：听说可以从屏幕上取字造词，是真的吗？

答：在Windows操作系统中，除了用手工造词的方法输入长字符串外，还可直接在编辑文本的过程中从屏幕上取字造词。对于所有新造的词，系统都会自动给出正确的输入外码且并入原词库统一使用。如使用极点五笔输入法进行屏幕动态造词，其方法为：在文档中切换到极点五笔输入法，然后在其法状态条上单击 🖐 图标，在打开的"极点造词"对话框中可直接单击 [确认] 按钮，确认将刚输入的一段文字当作一条新词语存入词库中。若要自定义编码，可在其对话框的"编码"文本框中自定义词组编码，然后单击 [确认] 按钮，以后只要输入相应的编码即可将其当作词组使用。若要放弃屏幕动态造词，可在其对话框中单击 [退出] 按钮。

6.4 课后练习

（1）输入如图6-47所示的偏旁部首和简体字对应的繁体字。

冖	灬	辶	口	厶	衤	卩	刂	礻	冂	勹	夊
隹	聿	屮	匚	凵	虍	广	廿	系	彡	宀	纟
餧（喂）		灑（洒）		醫（医）		爾（尔）		薦（荐）		歡（欢）	
盤（盘）		龢（和）		趕（赶）		拏（拿）		築（筑）		農（农）	

图6-47　输入偏旁部首和简体字对应的繁体字

（2）输入如图6-48所示的特殊字符和生僻字。

‖	ㄅ	☐	§	★	♀	✈	▲	☉	✻	≠	＝
飜	鬪	罷	鵝	餙	褃	憊	幫	鰾	變	鑌	鈰
壹	亭	厱	彧	朤	甲	枣	步	毵	氘	炎	掌

图6-48　输入特殊字符和生僻字

第7课
其他五笔输入法与练习软件

学生：老师，在您的指点下，我的打字速度已经突飞猛进了，还有没有其他的方法可以更快地提高打字速度呢？

老师：现在有许多基于王码五笔输入法的其他五笔输入法和五笔练习软件，它们在一些方面更加智能和人性化，你可以选择一种更适合自己使用的五笔输入法和五笔练习软件。

学生：既然五笔输入法和五笔练习软件的种类繁多，那到底该选择哪一种呢？

老师：别着急，下面我们就介绍几种常用的五笔输入法与练习软件。你可以多了解几种输入法，取长补短。在实际工作中根据实际需要选用合适的输入法，这样打起字来就会更加得心应手。

学生：老师，您真是太好了，那快教教我吧！

学习目标

▶ 98版五笔字型输入法

▶ 其他五笔输入法

▶ 常见五笔打字练习软件

7.1 课堂讲解

本课堂主要讲述98版五笔字型输入法、其他五笔输入法，以及常见五笔打字练习软件等知识。通过相关知识点的学习和案例的练习，读者可根据需要选择适合的五笔字型输入法和五笔打字练习软件，以便提高打字速度。

7.1.1 98版五笔字型输入法

作为86版五笔字型输入法的升级版本，98版五笔字型输入法的编码更具科学性，更易于学习和使用。要使用98版五笔字型输入法，应了解98版五笔字型输入法的特点，并掌握码元的键盘分布和汉字的输入方法等。

1. 98版五笔字型输入法的特点

98版五笔字型输入法是在原86版的基础上研究出的音码形码兼备、简繁体相容的一套汉字输入法，它是我国第一个符合国家语言文字规范并通过鉴定的汉字输入方案。与86版相比，它具有以下几个特点。

◎ **动态取字造词和批量造词**：用户在编辑文本时，可以从屏幕上取字造词，并按编码规则自动合并到原词库中一起使用，也可利用98王码提供的词库生成器进行批量造词。

◎ **编辑码表**：用户可以根据需要对五笔字型编码和五笔画进行编辑，也可以创建容错码。

◎ **实现内码转换**：不同的中文操作系统采用不同的内码标准，不同内码标准的汉字系统及字符集也不尽相同。98版五笔字型提供了多内码文本转换器，可进行内码转换，以兼容不同的中文平台。

◎ **支持重码动态调试**：对重码汉字或词组进行实时动态调试。

◎ **多种版本**：98王码系列软件包括98王码国标版、98王码简繁版和98王码国际版等版本。

◎ **多种输入法**：98王码除了有86版、98版五笔字型外，还有王码智能拼音、简易五笔画和拼音笔画等多种输入法。

2. 码元的键盘分布

在86版五笔字型中，把构成汉字的基本单元称为字根，但在98版五笔字型中，则称为码元。码元是把笔画结构特征相似、笔画形态和笔画多少大致相同的笔结构作为编码的单元，即编码的元素，它是汉字编码的基本单位。

86版五笔字型共选择了130个字根，但98版五笔字型在245个码元中选定150个码元作为基本码元。任何一个汉字只能按统一规则拆分为基本码元的确定组合，这150个基本码元在键盘上就形成了98版王码五笔字型码元键盘，如图7-1所示。

图7-1 98版王码五笔字型码元键盘

同86版五笔字型一样，98版五笔字型根据5种笔画将键盘分为"一"、"丨"、"丿"、

"、"、"乙"5个区，每区又分为5位。把码元全部安排在对应的键位上，并配上助记词，就形成如图7-2所示的码元总表。

分区	起笔画	区位	键位	识别码	标识码元	键名	码元	助记词	一级简码
一区	横起笔	11	G	一	一 丶	王	王夫牛夫主 キ五一	王旁青头五夫一	一
		12	F	二	二	土	土士干二平十寸雨甘艹	土干十寸未甘雨	地
		13	D	三	三	大	大犬ナ广三套古石厂戊丌	大犬戊其古石厂	在
		14	S			木	丁西木丁丌	木丁西甫一四里	要
		15	A			工	工戈弋廾艹廿匚七共弋	工戈草头右框七	工
二区	竖起笔	21	H	①	丨丿	目	目虎且上止卜少业具	目上卜止虎头具	上
		22	J	②	刂刂川	日	日曰早虫刂刂刂川四	日早两竖与虫依	是
		23	K	③	田 川	口	口儿川川	口中两川三个竖	中
		24	L		皿	田	田口甲皿四四甲四	田甲方框四车里	国
		25	M			山	山由贝丬 门冂	山由贝骨下框集	同
三区	撇起笔	31	T	①	丿 丿丿	禾	禾竹彳丿攵夂丿	禾竹反文双人立	和
		32	R	②	彡 丿	白	白手彡乡扌气厂丘乂	白斤气丘乂手提	的
		33	E	③	乡 丿	月	月豕彡多豸鸟力毛用乃	月用力豸毛衣白	有
		34	W			人	人亻八几夭亻	人八登头单人几	人
		35	Q			金	金钅夕鱼夕勹鸟儿犭	金夕鸟儿犭边鱼	我
四区	点起笔	41	Y	①	丶 丿	言	言讠文丶亠古主方丶	言文方点谁人去	主
		42	U	②	丷 丷	立	立六丷丬门羊辛疒冫门丬	立辛六羊病门里	产
		43	I	③	氵 丷	水	水氵氺水小氺	水族三点鳖头小	不
		44	O			火	火广广灬米业灬业	火业广鹿四点米	为
		45	P			之	之宀广辶 礻	之字宝盖补礻衤	这
五区	折起笔	51	N	乙	乙	已	已己乙尸心忄羽尸匚小	已类左框心尸羽	民
		52	B	《	《	子	子孑耳阝卩也山凹陇	子耳了也乃框皮	了
		53	V	巛	巛	女	女刀九巛艮彐臼	女刀九艮山西倒	发
		54	C			又	又厶巴マスヌ 抅	又巴牛厶马失蹄	以
		55	X			幺	幺弓纟母纟匕比	幺母贯头弓和匕	经

图7-2 98版王码五笔码元总表

> 提示：98版五笔字型输入法中一级简码和键名汉字的分布与86版完全相同，用户只需记忆98版中新增的码元分布和与86版不同的码元的分布情况。

3. 补码码元

使用98版五笔字型输入法输入汉字的规则与86版相同，另外，98版五笔字型输入法新增了一个补码码元，它是成字码元的一种特殊形式。

补码码元（又叫双码码元）是指在参与编码时需要两个码的码元，其中一个码元是对另一个码元的补充。补码码元的取码规则为：取码元本身所在键位作为主码，再补加补码码元中最后一个单笔画作为补码，然后取其首笔画和末笔画。98版中的补码码元有3个，其编码分别如表7-1所示。

表7-1 98版中补码码元的编码

所在键位	35（Q）	45（P）	45（P）
补码码元	犭	礻	衤
主码（第一码）	犭（Q）	礻（P）	衤（P）
补码（第二码）	丿（T）	丶（Y）	⺂（U）
编码	QTTT	PYYY	PUYY

如图7-3所示为拆分"猪"和"补"字，其中"丿"和"⺂"码元为补码码元。

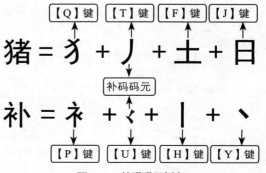

图7-3 补码码元例字

4. 98 版五笔字型的输入方法

98版五笔字型输入法是将汉字拆分成码元，由基本码元所在的键位来进行编码，最多只能取4码，根据码元表上的字分为码元字和非码元字两类进行编码。98版五笔字型的拆字规则及编码流程基本上与86版五笔字型相同，如图7-4所示为98版五笔字型的编码流程图。

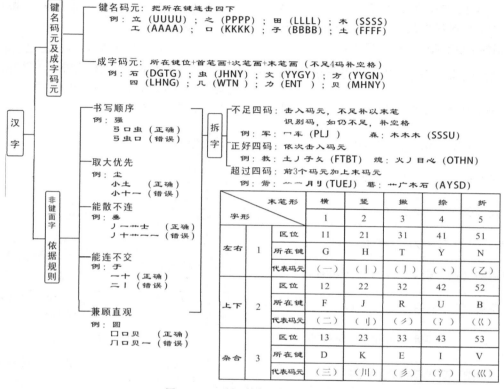

图 7-4　98 版五笔字型的编码流程图

5. 案例——使用 98 版五笔输入汉字

本例将练习使用98版五笔字型输入法输入如图7-5所示的汉字，并与86版五笔字型输入法比较有什么区别。通过本案例的学习，了解98版五笔字型输入法输入汉字的方法。

汉字	拆分字根	编码	汉字	拆分字根	编码
架	（　）	（　）	鸡	（　）	（　）
测算	（　）	（　）	彩票	（　）	（　）
多数人	（　）	（　）	劳动力	（　）	（　）
耳目一新	（　）	（　）	传真照片	（　）	（　）

图 7-5　输入以上汉字

具体操作如下。

❶ 在记事本中切换到王码五笔型输入法 98 版后，根据其码元分布和汉字编码练习汉字的输入。如"架"字可拆分成码元"力、口、木"，因此只需输入编码"EKS"即可输入该字，如图 7-6 所示，但在 86 版五笔型输入法中"力"字的字根分布在"L"键位上，因此其编码为"LKS"。

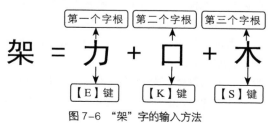

图 7-6　"架"字的输入方法

❷ 依次在记事本中根据98版五笔型输入法码元分布和汉字编码输入其他汉字,如词组"测算"可拆分成码元"氵、贝、竹、目",因此输入编码"IMTH"即可输入该词组,但在86版五笔型输入法的词库中没有词组"测算",所以不能输入该词组。所有汉字拆分后的字根和编码的结果如图7-7所示。

汉字 拆分字根 编码   汉字 拆分字根 编码

架(力 + 口 + 木)(EKS) 鸡(又 + 鸟 + 一)(CQG)

测算(氵 + 贝 + 竹 + 目)(IMTH)

彩票(⺈ + 木 + 西 + 二)(ESSF)

多数人(夕 + 米 + 人)(QOWW)

劳动力(艹 + 二 + 力)(AFEN)

耳目一新(耳 + 目 + 一 + 立)(BHGU)

传真照片(亻 + 十 + 日 + 丿)(WFJT)

图7-7 汉字拆分后的字根和编码结果

7.1.2 其他五笔输入法

以86版五笔字型输入法为基础开发的五笔输入法有很多,如万能五笔、搜狗五笔和极品五笔等,它们在一些方面更满足用户的使用需求。下面介绍两种目前较流行的五笔输入法。

1. 万能五笔输入法

万能五笔输入法是集国内目前流行的五笔字型输入法、拼音、英语、笔画、拼音+笔画等多种输入法为一体的多元输入法,而且是一种以优先选择五笔字型高速输入为主的快速输入法。各种输入法之间随意使用,无需转换。

万能五笔有IME内置版和EXE外挂版两种版本,它们的区别如下。

◎ **IME内置版**:是微软的IME内置插件,就像传统的输入法一样,其启动方法也一样,每

新建一个窗口必须启动一次输入法。

◎ **EXE外挂版**:是一个通用的外挂程序,只要启动一次,在所有窗口均可共用万能五笔输入法窗口,这也是EXE外挂方便使用的一大特色,同时它只要按一次【Shift】键即可切换中英文。

分别在万能五笔IME内置版和EXE外挂版的输入法状态条上单击鼠标右键,在弹出的快捷菜单中可根据需要选择相应的选项对万能五笔进行设置,如图7-8所示。

图7-8 万能五笔输入法快捷菜单

与86版五笔字型输入法相比,万能五笔输入法具有以下几点优势。

◎ **智能记忆**:用户输入过一次词语或重码字后,万能五笔会自动记忆。当用户再次输入该字或词时,万能五笔会自动把该字或词放在第一位,用户只需直接按空格键即可输入,不需再选择,且它的记忆功能会根据用户的习惯而自动更新。

◎ **智能判别标点符号**:用86版五笔字型输入法输入带小数点的数字时,如果没有将其切换到英文输入状态或没有将标点符号切换到半角输入状态,小数点就会输成句号"。"。用万能五笔时,如果在数字后面带有小数点,只需直接输入即可,而不需频繁切换输入法。

◎ **支持繁体输入**:在万能五笔IME内置版输入法的快捷菜单中选择【快速切换】→【繁体】

命令，或在万能五笔 EXE 外挂版输入法的快捷菜单中选择【繁简输出】→【繁体】命令，可启用输出繁体功能，以后输入简体编码后即可输出繁体汉字（简入繁出）。

◎ **反查汉字五笔编码**：在万能五笔 IME 内置版输入法的快捷菜单中选择【反查/词组联想】→【编码反查】命令，或在万能五笔 EXE 外挂版输入法的快捷菜单中选择【反查/联想】→【反查编码】命令，然后输入相应的词组，按空格键后将出现"编码反查"输入框，在其中可以查找该词组的五笔编码、拼音和英文单词等。

另外，万能五笔输入法还具有编码逐步提示、"中译英"输入、造词、破除乱码、插入特殊符号和重复输入最近上屏的字词等功能，是文字录入者的好帮手。

2. 搜狗五笔输入法

搜狗五笔输入法是新一代的互联网五笔输入法，它拥有超前的网络同步、强大的习惯设置和漂亮的外观等，它的输入模式适合更多人群。搜狗五笔输入法的主要特性如下。

◎ **多种输入模式**：有五笔拼音混合输入、纯五笔和纯拼音多种输入模式供用户选择。在混输模式下，用户不用切换到拼音输入法即可输入一个暂时用五笔打不出的字词，并且所有五笔字词均有编码提示，它是增强五笔能力的有力助手；对于五笔高手来说，纯五笔模式下更容易输入，使用起来更得心应手。

◎ **随身词库**：包括自造词在内的便捷同步功能，对用户配置、自造词甚至皮肤，都能上传下载，只要有网络的地方，就可使用属于自己的五笔。

◎ **界面美观**：兼容所有搜狗拼音可用的皮肤，资源丰富。输入窗口和状态栏全面支持不规则图片。在输入法官网开通的皮肤下载频道，有上万款皮肤供选择。

◎ **人性化设置**：功能强大，兼容多种输入习惯。

即使在某一输入模式下，也可以对多种输入习惯进行配置，如四码唯一上屏，四码截止输入和固定词频与否等。

在搜狗五笔输入法状态条上单击鼠标右键，在弹出的快捷菜单中根据需要选择相应的命令可进行设置，如图7-9所示。若选择"设置属性"命令，可在打开的"搜狗五笔输入法设置"对话框中进行更详细的设置，如图7-10所示。

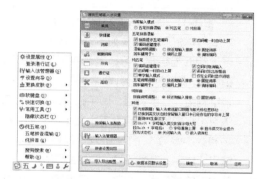

图 7-9　命令选择　　图 7-10　设置搜狗五笔属性

7.1.3　常见五笔打字练习软件

利用五笔练习软件学习五笔，不仅轻松有趣，而且对提高打字速度有很大地帮助。常见的五笔练习软件有金山打字通、五笔打字通、五笔打字员以及网络中在线的五笔练习软件。由于前面已介绍了最新版本的金山打字通2013的使用，下面将介绍五笔打字通和八哥五笔打字员速成版这两种五笔练习软件的特点。

1. 五笔打字通

五笔打字通操作简单，不用看帮助文档就可上手。独有的空心字提示非常直观，设计的存档功能可以接着上一次练习继续学习，在文章练习中，按【Enter】键就可以得到帮助。它非常适用于五笔初学者学习五笔使用。

下载并安装五笔打字通9.91后，在桌面上双击 █ 图标即可启动五笔打字通，其工作界面如图7-11所示。

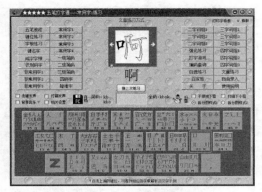

图7-11 进入"五笔打字通"界面

五笔打字通软件具有如下几个特点。

◎ 可进行五笔字根练习、常用字1至4练习，键名字、成字字根练习,非常用字1至3练习，二字词组、三字词组、四字词组练习，文章练习（文章练习中包括有中文练习、英文打字和数字练习）、打字游戏（包括中文汉字练习、数字、符号练习）和自由录入。

◎ 使用五笔打字通，每敲击一下键盘，就会同时提示汉字编码、五笔字根拆分（详细拆字图），以及要敲击的键位。

◎ 在进行文章练习中，还可测试打字速度。

◎ 五笔编码查询功能可以查询6700个汉字的五笔编码和五笔字根拆字图，软件中的文章练习也同时提供拆字图，能有效解决汉字不会打的问题。

◎ 五笔打字通还自带简明五笔教程，其短小的文章能让用户快速入门。简明五笔教程中有五笔字根表和口诀，并可以打印。

2. 八哥五笔打字员速成版

八哥五笔打字员速成版界面美观、使用简单、功能完善。下载并安装该软件后，在桌面上双击 图标，即可启动五笔打字员，其工作界面如图7-12所示。

图7-12 进入"五笔打字员"界面

五笔打字员具有如下几个特点。

◎ 标准指法动画教学，帮助用户一开始就掌握正确的指法，提高打字速度。

◎ 由浅入深进行五笔86版、五笔98版打字教学，即时提示五笔编码、编码规则和字根拆分，更有独创的空心字笔画提示功能，真正做到轻松学习、快速掌握。

◎ 五笔测试提供定时、定量和定速3种练习方式，词组提示、显示爆炸效果和听打练习等功能可以提高五笔打字的实战能力。

◎ 完全免费，没有任何功能限制。无论是刚开始学习五笔，还是有一定五笔基础，只要想进一步提高打字速度，使用该软件都可达到事半功倍的效果。

7.2 上机实战

本课上机实战将练习选择输入法输入中文故事，以及五笔综合练习与测试。通过对这两个上机实战的练习，使读者加强五笔打字练习，逐步成为五笔打字高手。

上机目标：

◎ 选择适合的输入法实现快速输入。

◎ 通过练习与测试逐步成为五笔打字高手。

建议上机学时：1学时。

7.2.1 选择输入法输入中文故事

1. 操作要求

本例要求在记事本中选择合适的输入法输入一篇中文故事。

具体操作要求如下。

◎ 选择适合的输入法。

◎ 输入中文故事。

2. 操作思路

根据上面的操作要求，本例的主要操作步骤如下。

❶ 下载并安装合适的五笔字型输入法，然后启动记事本，在桌面任务栏右边单击输入法图标，在弹出的菜单中选择并切换到合适的五笔字型输入法。

❷ 在记事本中的文本插入点后输入一篇文章，完成后按【Ctrl+S】键打开"另存为"对话框，在列表框中选择文件的保存位置，在"文件名"下拉列表框中输入文件名，单击 保存(S) 按钮保存结果，如图 7-13 所示，完成后返回记事本窗口中，单击窗口右上角的"关闭"按钮 关闭该窗口。

图 7-13 输入并保存一篇中文故事

7.2.2 五笔综合练习与测试

1. 操作要求

本例要求使用五笔练习软件金山打字通2013进行综合练习与测试。

具体操作要求如下。

◎ 进行五笔练习与测试。

◎ 选择不同的课程内容进行练习与测试。

2. 操作思路

根据上面的操作要求，本例的主要操作步骤如下。

❶ 启动并登录金山打字通 2013，在打开的窗口中单击 打字测试 按钮，进入"打字测试"界面，选中 五笔测试 单选项，然后切换到相应的输入法，在其中根据文章内容输入汉字。在界面下方可看到打字的测试时间、速度、进度和正确率，如图 7-14 所示。

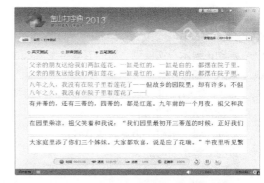

图 7-14 进入五笔练习与测试

❷ 在"课程选择"下拉列表框中还可选择其他的课程内容进行五笔练习与测试，如图 7-15 所示，完成后在窗口右上角单击"关闭"按钮 关闭该窗口。

图 7-15 选择不同的课程内容进行练习与测试

7.3 常见疑难解析

问：如何使用在线五笔练习软件？

答： 在线五笔练习软件无需下载安装，在网络中搜索并找到相应的软件即可直接进行英文字母、拼音、五笔打字练习和打字速度测试等。它们操作简单、使用方便，对练习打字的人员非常有帮助，是目前比较好的练习五笔打字的途径。

问：哪种五笔输入法和五笔练习软件更好用？

答： 支持五笔输入法和五笔练习的软件种类繁多，各具特色，用户可从网络上查找并了解相关软件的详细说明，从中选择适合自己的软件。

7.4 课后练习

（1）输入如图7-16所示的一篇故事。

具体的操作要求如下。

◎ **启动记事本，切换到合适的五笔字型输入法。**

◎ **输入一篇故事。**

（2）使用八哥五笔打字员速成版进行五笔练习与测试，如图7-17所示。

具体的操作要求如下。

◎ **启动八哥五笔打字员速成版软件。**

◎ **进行五笔练习与测试。**

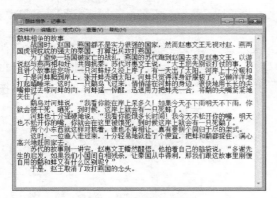

图 7-16　输入一篇故事

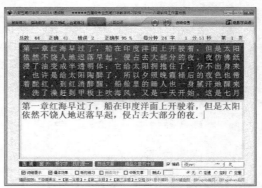

图 7-17　使用八哥五笔打字员速成版进行五笔练习与测试

附录 A 项目实训

要想提高自已的打字速度，不仅需要不断进行练习，还可以利用打字练习软件进行速度测试，以清楚地知道自已的打字速度，逐步成为五笔打字高手。本书设置了 4 个项目实训，通过"练习输入英文文章"、"练习输入单字与词组"、"练习输入五笔疑难字"和"练习输入中文文章"这 4 个实训巩固前面所学的知识，并进行综合练习，使读者在掌握五笔字型输入法的同时，快速提高打字速度，逐步成为五笔打字高手。

学习目标

▶ **勤加练习五笔打字**

▶ **测试五笔打字速度**

实训1 练习输入英文文章

【实训目的】

通过实训练习输入英文文章，具体要求及实训目的如下。

◎ 要求进行英文文章练习。

◎ 目的是熟悉键盘的键位分布，加强手指的击键能力和灵活度，并尽量做到盲打，为学习五笔打好基础。

【实训参考内容】

1. 练习环境：记事本、写字板、Word等。

2. 操作步骤：启动打字练习环境，在其中直接输入相应的内容。

3. 注意事项：在输入过程中应注意英文大小写的切换、英文标点符号和空格的输入。

【实训文章范例】

Long ago in a small, faraway village, there was a place known as the House of 1000 Mirrors. A small, happy little dog learned of this place and decided to visit. When he arrived, he hounded happily up the stairs to the doorway of the house. He looked through the doorway with his ears lifted high and his tail wagging as fast as it could. To his great surprise, he found himself staring at 1000 other happy little dogs with their tails wagging just as fast as his. He smiled a great smile, and was answered with 1000 great smiles just as warm and friendly. As he left the House, he thought to himself, "This is a wonderful place. I will come back and visit it often."

In this same village, another little dog, who was not quite as happy as the first one, decided to visit the house. He slowly climbed the stairs and hung his head low as he looked into the door. When he saw the 1000 unfriendly looking dogs staring back at him, he growled at them and was horrified to see 1000 little dogs growling back at him. As he left, he thought to himself, "That is a horrible place, and I will never go back there again." All the faces in the world are mirrors. What kind of reflections do you see in the faces of the people you meet?

实训2 练习输入单字与词组

【实训目的】

通过实训练习输入单字与词组，具体要求及实训目的如下。

◎ 要求进行单字与词组输入练习。

◎ 目的是加强对五笔字型输入法的熟悉程度，巩固五笔的字根分布、汉字拆分原则，以及单字与词组输入方法等。

【实训参考内容】

1. 练习环境：记事本、Word、金山打字

通、在线五笔练习软件等。

2. 操作步骤：启动打字练习环境，在打开的界面中切换到五笔字型输入法，然后开始练习输入单字与词组。

3. 注意事项：练习单字与词组输入时，最好使用五笔练习软件，因为它可显示屏幕对照、编码提示等，帮助用户理解和记忆字根。

【实训范例】

一乙二十丁厂七人九儿了力刀又三于亏工土寸下大丈与万上小口山川个勺久
凡及夕丸么广门义尸弓己子卫女飞刃习马乡丰王井天元专云扎艺木支厅不太
历友匹车巨屯比切止日中贝水见牛手升长仁什化仍仅斤反介父从分乏仓勿欠
风勾火为斗忆订计认引孔队以予亿酿磁愿需裳颗嗽蜡赚锹稳算管僚鼻魄膜膀
鲜疑馒裹敲豪遮腐辣竭端旗精熄漆慢寨蜜谱嫩熊凳骤缩撕趣撑聪蕉樱橡飘醋
醉震瞒题暴瞎影踢蝴嘱墨镇靠稻箱僵躺僻德艘膝熟摩颜糊遵潜懂额慰劈操燕
薪颠橘整融醒餐嘴蹄器赠默镜赞篮邀衡膨雕磨凝糖燃澡懒壁缴戴擦鞠霜瞧蹈
螺穗糟燥臂翼骤鞭覆蹦镰翻鹰警攀蹲颤爆疆壤耀躁嚼籍魔蠢露罐
发展 经济 工作 企业 国家 我们 建设 问题 记者 市场 社会 进行 改革 国际 关系 技术
世界 领导 管理 重要 组织 合作 教育 干部 群众 部门 生产 加强 今天 活动 会议 文化
没有 提高 自己 公司 有关 方面 今年 通过 代表 同志 科技 要求 农民 思想 建立 解决
工程 研究 历史 生活 举行 情况 目前 实现 表示 投资 政策 精神 农业 成为 同时 去年
参加 基础 单位 条形码 半成品 轻工业 加工厂 变压器 中草药 多功能 全世界 手工艺
闭幕式 局限性 出勤率 周期性 强有力 艰巨性 葡萄酒 橘子汁 太阳能 天花板 虚荣心 星期天
储蓄所 小孩子 计划性 各院校 锋芒毕露 作茧自缚 爱莫能助 按劳取酬 不甘落后 百花齐放
旁若无人 口若悬河 同甘共苦 眼花缭乱 艰苦卓绝 出其不意 飞黄腾达 毕恭毕敬 藏龙卧虎
繁荣昌盛 奋勇当先 如获至宝 目不暇接 饮水思源 风马牛不相及 一切从实际出发 全国各族人民
打破砂锅问到底 科学技术委员会 发展中国家 本报特约记者 有志者事竟成 喜马拉雅山
更上一层楼 坚持改革开放 中国人民银行

实训3 练习输入五笔疑难字

【实训目的】

通过实训练习输入五笔疑难字，具体要求及实训目的如下。
◎ 要求进行五笔疑难字输入练习。
◎ 目的是解决疑难字的输入，做到遇到任何字都不怕，逐步成为五笔打字高手。

【实训参考内容】

1. **练习环境**：记事本、Word、金山打字通、在线五笔练习软件等。
2. **操作步骤**：启动打字练习环境，在打开的界面中切换到五笔字型输入法，然后开始练习输入五笔疑难字。
3. **注意事项**：在输入过程中若遇到打不出的字和词，可使用手工造词、字符映射表或专用字符编辑程序造字。

【实训范例】

凹敖奥拔掰拜半豹卑匕弊辩秉埠藏曹册策插豺单臣承乘蚩翅垂丑德底弟
典刁鼎兜斗段鹅俄厄噩而耳发伐番繁飞非肺缶夫弗蒂釜甫阜该丐盖甘干港
羔戈哥革骨瓜乖官贯鬼贵亥函豪耗鹤黑亨乎虎互荒回或击及脊既夹甲假浅监

兼枣子戒井巨聚卷了抉爵君卡开刊看考辣赉兰朗离黎吏练僚磷羚柳鹿旅卵毛
矛卯眉美免匕蠡母囊逆廿凝牛农哦偶爬派爿乒沛啤辟郫片平甫普其气羌戕啬
翘撬勤求曲拳券缺冉融卅伞赛丧善烧舌身甚升矢世饰释手书疏鼠束衰甩率朔
巳肆肃所套腾凸兔屯豚妥瓦罔韦毋午舞兀曦霞象卸羞旋熏焉严盐彦央仰养幺
尧也曳弋亦毅殷尹优幽余禹舆予羽渊缘曰再载赞奘凿吒寨詹盏展栈丈兆州制
重朱爪追姊自琢寡臺橐囿鄙毂縠邕簏夔蔻麐夒鄢鼎爿沔躞蹼臧鬻蔻嵊万翱耙
霸傲稗版拌豹碑悲弊鞭彪鳌斌濒秉拨博埠簿瓦尬罔

实训4 练习输入中文文章

【实训目的】

通过实训练习输入中文文章，具体要求及实训目的如下。
◎ **要求**进行中文文章练习。
◎ **目的是**轻松输入内容，测试并提高打字速度，**体验五笔字型输入法快捷、准确率高等优势。**

【实训参考内容】

1. **练习环境**：记事本、Word、金山打字通、在线五笔练习软件等。

2. **操作步骤**：启动打字练习环境，在打开的界面中切换到五笔字型输入法，开始练习并测试打字速度。

3. **注意事项**：进行五笔练习与测试时，最好使用五笔练习软件，因为它会显示速度、时间和正确率等，且在输入过程中应尽量输入简码和词组，以提高打字速度。

【实训文章范例】

壬戌之秋，七月既望，苏子与客泛舟游于赤壁之下。清风徐来，水波不兴。举酒属客，诵明月之诗，歌窈窕之章。少焉，月出于东山之上，徘徊于斗牛之间。白露横江，水光接天。纵一苇之所如，凌万顷之茫然。浩浩乎如冯虚御风，而不知其所止；飘飘乎如遗世独立，羽化而登仙。于是饮酒乐甚，扣舷而歌之。歌曰："桂棹兮兰桨，击空明兮溯流光。渺渺兮予怀，望美人兮天一方。"客有吹洞萧者，倚歌而和之，其声呜呜然：如怨如慕，如泣如诉；余音袅袅，不绝如缕；舞幽壑之潜蛟，泣孤舟之嫠妇。苏子愀然，正襟危坐，而问客曰："何为其然也？"客曰："月明星稀，乌鹊南飞，此非曹孟德之诗乎？西望夏口，东望武昌。山川相缪，郁乎苍苍；此非孟德之困于周郎者乎？方其破荆州，下江陵，顺流而东也，舳舻千里，旌旗蔽空，酾酒临江，横槊赋诗；固一世之雄也，而今安在哉？况吾与子，渔樵于江渚之上，侣鱼虾而友麋鹿，驾一叶之扁舟，举匏樽以相属；寄蜉蝣与天地，渺沧海之一粟。哀吾生之须臾，羡长江之无穷；挟飞仙以遨游，抱明月而长终；知不可乎骤得，托遗响于悲风。"苏子曰："客亦知夫水与月乎？逝者如斯，而未尝往也；盈虚者如彼，而卒莫消长也。盖将自其变者而观之，而天地曾不能一瞬；自其不变者而观之，则物与我皆无尽也。而又何羡乎？且夫天地之间，物各有主。苟非吾之所有，虽一毫而莫取。惟江上之清风，与山间之明月，耳得之而为声，目遇之而成色。取之无禁，用之不竭。是造物者之无尽藏也，而吾与子之所共适。"客喜而笑，洗盏更酌，肴核既尽，杯盘狼藉。相与枕藉乎舟中，不知东方之既白。

附录B
五笔字型编码速查表

使用说明：

（1）本速查字典按汉语拼音为编排顺序排列，共列出了近 7 000 个汉字的五笔编码。

（2）本速查字典以 86 版王码五笔字型输入法编码为基准，每栏从左至右分别为汉字、86 版五笔编码、86 版五笔字根拆分（含末笔字型识别码，以带○的字根表示）和 98 版五笔编码，同时适用于如搜狗五笔、陈桥五笔、极点五笔等其他五笔输入法。

（3）注意对于简码汉字（小写字母为补足的编码），在 86 版五笔中可以输入简码（大写编码）后补敲空格，也可以用全码输入；而 98 版五笔为了提高输入速度，对按码法规则编出的汉字编码作了简化限制，如二级简码的汉字，大部分只能以其二级简码的形式来进行输入，而不能使用全码输入。本词典为了让读者了解其拆分规则，98 版五笔编码给出的是全码。

a			
吖	KUHh	口丷丨①	KUHH
阿	BSkg	阝丁口⊖	BSkg
啊	KBsk	口阝丁口	KBsk
锕	QBSk	钅阝丁口	QBSk
嘎	KDHT	口厂日攵	KDHT
ai			
哎	KAQy	口艹乂⊙	KARy
哀	YEU	亠伙⑤	YEU
唉	KCTd	口厶一大	KCTd
埃	FCTd	土厶一大	FCTd
挨	RCTd	扌厶一大	RCTd
锿	QYEY	钅亠伙⊙	QYEY
捱	RDFF	扌厂土土	RDFF
皑	RMNN	白山己②	RMNn
癌	UKKm	疒口口山	UKKm
嗳	KEPc	口爫一又	KEPc
矮	TDTV	丿大禾女	TDTV
蔼	AYJn	艹讠日乙	AYJn
霭	FYJN	雨讠日乙	FYJn
艾	AQU	艹乂⑥	ARU

爱	EPdc	爫冖一ナ又	EPDc
破	DAQY	石丆乂⊙	DARY
隘	BUWl	阝丷八皿	BUWl
嗌	KUWl	口丷八皿	KUWl
嫒	VEPC	女爫一又	VEPc
碍	DJGf	石日一寸	DJGf
暧	JEPc	日爫一又	JEPc
瑷	GEPC	王爫一又	GEPC
an			
安	PVf	宀女⊖	PVf
桉	SPVg	木宀女⊖	SPVg
氨	RNPv	𠂉乙宀女	RPVD
庵	YDJN	广大日乙	ODJn
谙	YUJg	讠立日⊖	YUJg
鹌	DJNG	大日乙一	DJNG
鞍	AFPv	廿革宀女	AFPv
俺	WDJN	亻大日乙	WDJN
埯	FDJn	土大日乙	FDJn
铵	QPVg	钅宀女⊖	QPVg
揞	RUJG	扌立日	RUJG
犴	QTFH	犭丿干①	QTFH

岸	MDFJ	山厂干⑩	MDFJ
按	RPVg	扌宀女⊖	RPVg
案	PVSu	宀女木⑥	PVSu
胺	EPVg	月宀女⊖	EPVg
暗	JUjg	日立日⊖	JUjg
黯	LFOJ	四土灬日	LFOJ
ang			
肮	EYMn	月亠几②	EYWn
昂	JQBj	日匚卩⑪	JQBj
盎	MDLf	门大皿⊖	MDLf
ao			
凹	MMGD	几门一⑤	HNHg
坳	FXLn	土幺力②	FXEt
敖	GQTY	𡗗勹夂⊙	GQTY
嗷	KGQT	口𡗗勹夂	KGQT
廒	YGQt	广𡗗勹夂	OGQt
獒	GQTD	𡗗勹夂犬	GQTD
遨	GQTP	𡗗勹夂辶	GQTP
熬	GQTO	𡗗勹夂灬	GQTO
翱	RDFN	白大十羽	RDFN
聱	GQTB	𡗗勹夂耳	GQTB

字	编码	字根	编码
螯	GQTJ	龶勹攵虫	GQTJ
鳌	GQTG	龶勹攵一	GQTG
廒	YNJQ	广ヨ刂金	OXXQ
袄	PUTd	衤冫丿大	PUTd
媪	VJLg	女日皿一	VJLg
夵	TDMj	丿大山⑪	TDMj
傲	WGQT	亻龶勹攵	WGQT
奥	TMOd	丿冂米大	TMOd
鏊	GQTC	龶勹攵马	GQTG
澳	ITMd	氵丿冂大	ITMd
懊	NTMd	忄丿冂大	NTMd
鳌	GQTQ	龶勹攵金	GQTQ
拗	RXLn	扌幺力②	RXEt
嚣	KKDK	口口丆口	KKDK

ba

字	编码	字根	编码
八	WTY86	八ノ丶	WTy98
巴	CNHn	巴乙丨乙	CNHn
叭	KWY	口八丶	KWY
吧	KCn	口巴②	KCn
岜	MCB	山巴⑥	MCB
芭	ACb	艹巴⑥	ACb
疤	UCV	疒巴⑥	UCV
捌	RKLJ	扌口力刂	RKEJ
笆	TCB	竹巴⑥	TCB
粑	OCN	米巴②	OCN
拔	RDCy	扌ナ又丶	RDCy
茇	ADCu	艹ナ又③	ADCy
菝	ARDc	艹扌ナ又	ARDy
跋	KHDC	口止ナ又	KHDY
魃	RQCC	白儿厶又	RQCY
把	RCN	扌巴②	RCN
钯	QCN	钅巴②	QCN
靶	AFCn	廿革巴②	AFCn
坝	FMY	土贝丶	FMY
爸	WQCb	八乂巴⑥	WRCb
罢	LFCu	皿土厶③	LFCu
鲅	QGDC	鱼一ナ又	QGDY
霸	FAFe	雨廿革月	FAFe
灞	IFAe	氵雨廿月	IFAe

字	编码	字根	编码
耙	DICn	三小巴②	FSCn

bai

字	编码	字根	编码
掰	RWVR	尹八刀手	RWVR
白	RRRr	白白白白	RRRr
百	DJf	丆日⊖	DJf
佰	WDJg	亻丆日一	WDJg
柏	SRG	木白一	SRG
捭	RRTf	扌白丿十	RRTf
摆	RLFc	扌皿土厶	RLFc
败	MTY	贝攵丶	MTy
拜	RDFH	尹三十丨	RDFH
稗	TRTF	禾白丿十	TRTf

ban

字	编码	字根	编码
扳	RRCy	扌厂又丶	RRCy
班	GYTg	王丶丿王	GYTg
般	TEMc	丿舟几又	TUWC
颁	WVDm	八刀厂贝	WVDm
斑	GYGg	王文王一	GYGg
搬	RTEc	扌丿舟又	RTUc
瘢	UTEC	疒丿舟又	UTUC
癍	UGYg	疒王文王	UGYG
阪	BRCY	阝厂又丶	BRCY
坂	FRCy	土厂又丶	FRCy
板	SRCy	木厂又丶	SRCy
版	THGC	丿丨一又	THGC
钣	QRCy	钅厂又丶	QRCy
舨	TERC	丿舟厂又	TURC
办	LWi	力八③	EWi
半	UFk	丷十⑩	UGk
伴	WUFh	亻丷十丨	WUGH
扮	RWVn	扌八刀②	RWVT
拌	RUFH	扌丷十丨	RUGH
绊	XUFh	纟丷十丨	XUGh
瓣	URcu	辛厂厶辛	URcu

bang

字	编码	字根	编码
邦	DTBh	三丿阝丨	DTBh
帮	DTbh	三丿阝丨	DTBH
梆	SDTb	木三丿阝	SDTb
浜	IRGW	氵斤一八	IRWy

字	编码	字根	编码
绑	XDTb	纟三丿阝	XDTb
榜	SUPy	木立一方	SYUy
膀	EUPy	月六一方	EYUy
傍	WUPy	亻立一方	WYUy
谤	YUPy	讠立一方	YYUy
棒	SDWh	木三人丨	SDWG
蚌	JDHh	虫三丨①	JDHh
蒡	AUPY	艹立一方	AYUY
磅	DUPy	石立一方	DYUy
镑	QUPy	钅立一方	QYUy

bao

字	编码	字根	编码
包	QNv	勹巴⑥	QNv
孢	BQNn	子勹巴②	BQNn
苞	AQNb	艹勹巴⑥	AQNb
胞	EQNn	月勹巴②	EQNn
煲	WKSO	亻口木火	WKSO
龅	HWBN	止人山巴	HWBN
褒	YWKe	亠口衣	YWKe
雹	FQNb	雨勹巴⑥	FQNb
宝	PGYu	宀王丶③	PGYu
饱	QNQN	勹乙勹巴	QNQN
保	WKsy	亻口木①	WKsy
鸨	XFQg	匕十勹一	XFQg
堡	WKSF	亻口木土	WKSF
葆	AWKs	艹亻口木	AWKs
褓	PUWS	衤冫亻木	PUWS
报	RBcy	扌卩又丶	RBcy
抱	RQNn	扌勹巴②	RQNn
豹	EEQY	四勹丶	EQYy
趵	KHQY	口止勹丶	KHQY
鲍	QGQn	鱼一勹巴	QGQn
暴	JAWi	日艹八氺	JAWi
爆	OJAi	火日艹氺	OJAi
刨	QNJH	勹巴刂丨	QNJH
炮	OQnn	火勹巴②	OQNn

bei

字	编码	字根	编码
呗	KMY	口贝丶	KMY
陂	BHCy	阝广又丶	BBY
杯	SGIy	木一小丶	SDHy

字	码	字根	码
阜	RTFJ	白丿十⑪	RTFj
悲	DJDN	三刂三心	HDHn
碑	DRTf	石白丿十	DRTf
鹎	RTFG	白丿十一	RTFG
北	UXn	丬匕②	UXn
贝	MHNY	贝丨乙丶	MHNY
狈	QTMY	犭丿贝丶	QTMy
邶	UXBh	丬匕阝①	UXBh
备	TLF	夂田㊀	TLf
背	UXEf	丬匕月㊀	UXEf
钡	QMY	钅贝丶	QMY
倍	WUKg	亻立口㊀	WUKg
悖	NFPB	忄十冖子	NFPB
被	PUHC	衤丿广又	PUBy
愈	TLNu	夂田心	TLNu
焙	OUKg	火立口㊀	OUKG
辈	DJDL	三刂三车	HDHL
碚	DUKg	石立口㊀	DUKg
蓓	AWUK	艹亻立口	AWUK
褙	PUUE	衤丬丬月	PUUE
鞴	AFAE	廿串艹用	AFAE
鐾	NKUQ	尸口辛金	NKUQ
庳	YRTf	广白丿十	ORTf
孛	FPBF	十一子㊀	FPBF

ben

字	码	字根	码
奔	DFAj	大十艹⑪	DFAj
贲	FAMu	十艹贝③	FAMu
锛	QDFa	钅大十艹	QDFa
本	SGd	木一㊂	SGd
苯	ASGf	艹木一㊀	ASGf
畚	CDLf	厶大田㊀	CDLf
坌	WVFF	八刀土㊀	WVFf
夯	DLB	大力⑩	DER
笨	TSGf	竹木一㊀	TSGf

beng

字	码	字根	码
崩	MEEf	山月月㊀	MEEf
绷	XEEg	纟月月㊀	XEEg
嘣	KMEe	口山月月	KMEE

字	码	字根	码
甫	GIEj	一小用⑪	DHEj
泵	DIU	石水③	DIU
迸	UAPk	丷廾辶⑪	UAPk
蚌	JDHh	虫三丨①	JDHh
龇	FKUN	土口丷乙	FKUY
蹦	KHME	口止山月	KHMe

bi

字	码	字根	码
逼	GKLP	一口田辶	GKLP
荸	AFPB	艹十冖子	AFPB
鼻	THLj	丿目田廾	THLj
匕	XTN	匕丿乙	XTN
比	XXn	匕匕②	XXn
吡	KXXn	口匕匕	KXXN
妣	VXXn	女匕匕乙	VXXn
彼	THCy	彳丿广又	TBY
秕	TXXn	禾匕匕	TXXN
俾	WRTf	亻白丿十	WRTf
笔	TTfn	竹丿二	TEB
舭	TEXx	丿舟匕匕	TUXX
鄙	KFLb	口十口阝	KFLb
币	TMHk	丿冂丨⑪	TMHk
必	NTe	心丿②	NTe
毕	XXFj	匕匕十㊀	XXFj
闭	UFTe	门十丿③	UFTe
庇	YXXv	广匕匕⑩	OXXv
畀	LGJj	田一丿⑪	LGJj
哔	KXXF	口匕匕十	KXXf
毖	XXNT	匕匕心丿	XXNT
萆	AXXF	艹匕匕十	AXXF
陛	BXxf	阝匕匕土	BXxf
铋	QNTT	钅心丿丿	QNTT
狴	QTXF	犭丿匕土	QTXF
毙	XXGX	匕匕一匕	XXGX
秘	TNtt	禾心丿丿	TNT
婢	VRTf	女白丿十	VRtf
敝	UMIt	丷冂小攵	ITY
萆	ARTf	艹白丿十	ARTf
弼	XDJx	弓丆日弓	XDJx

字	码	字根	码
愊	NTJT	忄一口夂	NTJT
筚	TXXF	竹匕匕十	TXXf
滗	ITTn	氵丿丿乙	ITEN
痹	ULGJ	疒田一刂	ULGJ
蓖	ATLx	艹丿口匕	ATLx
裨	PURf	衤丷白十	PURf
跸	KHXF	口止匕十	KHXF
辟	NKUh	尸口辛①	NKUH
弊	UMIA	丷冂小艹	ITAj
碧	GRDf	王白石㊀	GRDf
箅	TLGj	竹田一刂	TLGj
蔽	AUMt	艹丷冂攵	AITu
壁	NKUF	尸口辛土	NKUF
嬖	NKUV	尸口辛女	NKUV
篦	TTLX	竹丿口匕	TTLx
薜	ANKu	艹尸口辛	ANKu
避	NKup	尸口辛辶	NKup
濞	ITHJ	氵丿目刂	ITHJ
臂	NKUE	尸口辛月	NKUe
髀	MERF	凹月白十	MERF
襞	NKUY	尸口辛丶	NKUY
襞	NKUE	尸口辛⼂	NKUE

bian

字	码	字根	码
边	LPv	力辶⑩	EPe
砭	DTPy	石之丶	DTPy
笾	TLPu	竹力辶③	TEPu
编	XYNA	纟丶尸艹	XYNa
煸	OYNA	火丶尸艹	OYNA
蝙	JYNA	虫丶尸艹	JYNa
鳊	QGYA	鱼一丶艹	QGYA
鞭	AFWq	廿串亻乂	AFWr
贬	MTPy	贝之丶	MTPy
扁	YNMA	丶尸冂艹	YNMA
窆	PWTP	宀八丿之	PWTP
匾	AYNA	匚丶尸艹	AYNA
碥	DYNA	石丶尸艹	DYNA
褊	PUYA	衤丶丶艹	PUYA
卞	YHU	一卜③	YHU

弁	CAJ	厶廾⑪	CAJ
忭	NYHY	忄二卜⊙	NYHY
汴	IYHy	氵二卜⊙	IYHy
苄	AYHu	艹二卜⊙	AYHu
便	WGJq	亻一日乂	WGJr
变	YOcu	亠小又⑤	YOCu
缏	XWGQ	纟亻一乂	XWGR
遍	YNMp	、尸门辶	YNMp
辨	UYTu	辛丶丿辛	UYTU
辩	UYUh	辛讠辛①	UYUh
辫	UXUh	辛纟辛①	UXUh

biao

标	SFIy	木二小⊙	SFIy
彪	HAME	虍七几彡	HWEe
飑	MQQN	几乂勹巴	WRQN
髟	DET	镸彡丿	DET
骠	CSfi	马西二小	CGSi
膘	ESFi	月西二小	ESFI
瘭	USFi	疒西二小	USFi
镖	QSFi	钅西二小	QSFi
飙	DDDQ	犬犬犬乂	DDDR
飚	MQOo	几乂火火	WROo
镳	QYNO	钅广ロ灬	QOXo
表	GEu	圭𧘇⑤	GEu
婊	VGEY	女圭𧘇⊙	VGEY
裱	PUGE	衤圭𧘇	PUGE
鳔	QGSi	鱼一西小	QGSI

bie

瘪	UTHX	疒丿目匕	UTHX
憋	UMIN	⺍冂小心	ITNu
鳖	UMIG	⺍冂小一	ITQg
别	KLJh	口力刂①	KEJh
蹩	UMIH	⺍冂小止	ITKH

bin

汾	GWVn	王八刀②	GWVt
宾	PRgw	宀斤一八	PRwu
彬	SSEt	木木彡②	SSEt
傧	WPRw	亻宀斤八	WPRw
斌	YGAh	文一弋止	YGAy

滨	IPRw	氵宀斤八	IPRw
缤	XPRw	纟宀斤八	XPRw
槟	SPRw	木宀斤八	SPRw
镔	QPRw	钅宀斤八	QPRw
濒	IHIM	氵止小贝	IHHM
豳	EEMk	豕豕山⑩	MGEe
摈	RPRw	扌宀斤八	RPRw
殡	GQPw	一夕宀八	GQPW
膑	EPRw	月宀斤八	EPRw
髌	MEPW	骨月宀八	MEPW
鬓	DEPW	镸彡宀八	DEPW

bing

冰	UIy	冫水⊙	UIy
兵	RGWu	斤一八	RWu
丙	GMWi	一冂人③	GMWi
邴	GMWB	一冂人阝	GMWB
秉	TGVi	丿一ヨ小	TVD
柄	SGMw	木一冂人	SGMW
炳	OGMw	火一冂人	OGMw
饼	QNUa	饣乙丷廾	QNUa
禀	YLKI	亠口口小	YLKI
并	UAj	丷廾⑪	UAj
病	UGMw	疒一冂人	UGMw
摒	RNUA	扌尸丷廾	RNUa

bo

拨	RNTy	扌乙攵丶	RNTy
波	IHCy	氵广又⊙	IBy
玻	GHCy	王广又⊙	GBY
剥	VIJH	ヨ水刂①	VIJh
钵	QSGg	钅木一⊖	QSGg
饽	QNFB	饣乙十子	QNFb
啵	KIHc	口氵广又	KIBy
伯	WRg	亻白⊖	WRG
泊	IRg	氵白⊖	IRG
脖	EFPb	月十宀子	EFPb
菠	AIHc	艹氵广又	AIBU
播	RTOL	扌丿米田	RTOl
驳	CQQy	马乂乂丶	CGRr

帛	RMHj	白冂丨①	RMHj
勃	FPBl	十宀子力	FPBe
钹	QDCY	钅广又⊙	QDCy
铂	QRG	钅白⊖	QRG
舶	TERg	丿舟白⊖	TURg
博	FGEf	十一月寸	FSFy
渤	IFPl	氵十宀力	IFPe
鹁	FPBG	十宀子一	FPBG
搏	RGEF	扌一月寸	RSFy
箔	TIRf	⺮氵白	TIRf
膊	EGEF	月一月寸	ESFy
踣	KHUK	口止立口	KHUK
薄	AIGf	艹氵一寸	AISF
礴	DAIf	石艹氵寸	DAIf
跛	KHHC	口止广又	KHBy
簸	TADC	⺮艹三又	TDWB
擘	NKUR	尸口辛手	NKUR
檗	NKUS	尸口辛木	NKUS
柏	SRG	木白⊖	SRG

bu

逋	GEHP	一月丨辶	SPI
钸	QDMH	钅广冂丨	QDMh
晡	JGEY	日一月、	JSY
醭	SGOY	西一业丶	SGOG
卜	HHY	卜丶①	HHY
卟	KHY	口卜⊙	KHY
补	PUHy	衤卜⊙	PUHy
哺	KGEy	口一月、	KSY
捕	RGEy	扌一月、	RSY
不	GIi	一小③	DHI
布	DMHj	广冂丨⑩	DMHj
步	HIr	止小⊘	HHr
怖	NDMh	忄广冂丨	NDMh
钚	QGIY	钅一小⊙	QDHY
部	UKbh	立口阝①	UKBh
埠	FWNf	土亻コ十	FTNf
瓿	UKGn	立口一乙	UKGy
簿	TIGf	⺮氵一寸	TISf

	ca		
擦	RPWI	扌宀夕小	RPWI
嚓	KPWi	口宀夕小	KPWi
礤	DAWi	石卅夕小	DAWi

	cai		
猜	QTGE	犭丿龶月	QTGE
才	FTe	十丿②	FTe
材	SFTt	木十丿②	SFTt
财	MFtt	贝十丿②	MFtt
裁	FAYe	十戈一ㄨ	FAYe
采	ESu	爫木⑶	ESu
彩	ESEt	爫木彡②	ESEt
睬	HESy	目爫木⑤	HESy
踩	KHES	口止爫木	KHES
菜	AESu	艹爫木⑤	AESu
蔡	AWFi	艹夕二小	AWFi

	can		
参	CDer	厶大彡②	CDer
骖	CCDe	马厶大彡	CGCE
餐	HQce	卜夕又⒉	HQcv
残	GQGt	一夕戋②	GQGa
蚕	GDJu	一大虫⑤	GDJu
惭	NLrh	忄车斤①	NLrh
惨	NCDe	忄厶大彡	NCDe
黪	LFOE	回土灬彡	LFOE
灿	OMh	火山①	OMh
粲	HQCO	卜夕又米	HQCO
璨	GHQo	王卜夕米	GHQo
孱	NBBb	尸子子子	NBBb

	cang		
仓	WBB	人巳⑳	WBB
伧	WWBN	亻人巳②	WWBN
沧	IWBn	氵人巳②	IWBn
苍	AWBb	艹人巳⑳	AWBb
舱	TEWb	丿舟人巳	TUWB
藏	ADNT	艹厂乙丿	AAUh

	cao		
操	RKKs	扌口口木	RKKS

糙	OTFp	米丿土辶	OTFp
曹	GMAj	一门卅日	GMAJ
嘈	KGMJ	口一门日	KGMJ
漕	IGMJ	氵一门日	IGMJ
槽	SGMJ	木一门日	SGMj
艚	TEGJ	丿舟一日	TUGj
蝽	JGMJ	虫一门日	JGMJ
草	AJJ	艹早⑩	AJJ

	ce		
册	MMgd	门门一㊀	MMgd
侧	WMJh	亻贝刂①	WMJh
厕	DMJK	厂贝刂⑩	DMJk
恻	NMJh	忄贝刂①	NMJh
测	IMJh	氵贝刂①	IMJh
策	TGMi	竹一门小	TSMb

	cen		
岑	MWYN	山人、乙	MWYN
涔	IMWn	氵山人乙	IMWn

	ceng		
噌	KULj	口丷罒日	KULj
层	NFCi	尸二厶⑶	NFCi
蹭	KHUJ	口止丷日	KHUJ
曾	ULjf	丷罒日㊀	ULJf

	cha		
叉	CYI	又、⑶	CYi
权	SCYY	木又、、	SCYY
插	RTFv	扌丿十臼	RTFE
馇	QNSg	𠂊乙木一	QNSg
锸	QTFV	钅丿十臼	QTFE
苴	ADHF	艹ナ丨土	ADHF
查	SJgf	木日一	SJgf
茶	AWSu	艹人木⑤	AWSu
搽	RAWS	扌艹人木	RAWS
槎	SUDA	木丷手工	SUAg
察	PWFI	宀夕二小	PWFI
碴	DSJg	石木日一	DSJg
檫	SPWI	木宀夕小	SPWI
衩	PUCy	衤冫又	PUCy

镲	QPWI	钅宀夕小	QPWi
汊	ICYY	氵又、、	ICYY
岔	WVMJ	八刀山⑩	WVMJ
诧	YPTA	讠宀丿七	YPTa
姹	VPTa	女宀丿七	VPTa
差	UDAf	丷𦫳工㊀	UAF

	chai		
钗	QCYy	钅又、、	QCYy
拆	RRYy	扌斤、、	RRYy
侪	WYJh	亻文刂①	WYJh
柴	HXSu	止匕木⑤	HXSu
豺	EEFt	爫㓇十丿	EFTt
虿	DNJU	𠂆乙虫	GQJU
瘥	UUDA	疒丷𦫳工	UUAd

	chan		
觇	HKMq	卜口门儿	HKMq
搀	RCDe	扌㐬大彡	RCDe
换	RQKU	扌勹口冫	RQKU
婵	VUJf	女丷日十	VUJf
谗	YQKu	讠㐬口冫	YQKu
禅	PYUF	衤丶丷十	PYUF
馋	QNQU	𠂊乙㐬冫	QNQU
缠	XYJf	纟广日土	XOJf
蝉	JUJF	虫丷日十	JUJF
廛	YJFf	广日土土	OJFF
潺	INBB	氵尸子子	INBb
镡	QSJH	钅西早丨	QSJh
蟾	JQDy	虫⺈厂言	JQDy
躔	KHYF	口止广土	KHOF
产	Ute	立丿②	Ute
谄	YQVG	讠⺈臼一	YQEg
铲	QUTt	钅立丿②	QUTt
阐	UUJf	门丷日十	UUJf
蒇	ADMT	艹厂贝丿	ADMU
冁	UJFE	丷日十㇄	UJFE
忏	NTFH	忄丿十①	NTFh
颤	YLKM	亠口口贝	YLKm
羼	NUDD	尸丷手手	NUUu

字	码	拆分	码	字	码	拆分	码	字	码	拆分	码
澶	IYLG	氵一口一	IYLg	炒	OItt	火小丿	OITt	丞	BIGf	了八一	BIGf
骟	CNBb	马尸子子	CGNb	秒	DIIT	三小小丿	FSIT	成	DNnt	厂乙乙丿	DNv
chang				**che**				呈	KGf	口王	KGF
伥	WTAy	亻丿七丶	WTAy	车	LGnh	车一乙丨	LGnh	承	BDii	了三八	BDii
昌	JJf	曰日	JJf	砗	DLH	石车	DLH	枨	STAy	木丿七丶	STAy
娼	VJJg	女曰日	VJJg	扯	RHG	扌止	RHG	诚	YDNt	讠厂乙丿	YDnn
猖	QTJJ	犭丿曰日	QTJJ	彻	TAVN	彳七刀	TAVT	城	FDnt	土厂乙丿	FDnn
菖	AJJF	艹曰日	AJJF	坼	FRYy	土斤丶	FRYy	乘	TUXv	丿丬北	TUXv
阊	UJJD	门曰日	UJJD	掣	RMHR	一门丨手	TGMR	埕	FKGg	土口王	FKGg
鲳	QGJJ	鱼一曰日	QGJJ	撤	RYCt	扌一厶攵	RYCt	铖	QDNt	钅厂乙丿	QDNt
长	TAyi	丿七丶	TAyi	澈	IYCT	氵一厶攵	IYCT	惩	TGHN	彳一止心	TGHN
肠	ENRt	月乙丿	ENRt	**chen**				程	TKGG	禾口王	TKGG
苌	ATAy	艹丿七丶	ATAy	伧	WWBN	亻人巴	WWBN	裎	PUKg	衤丶口王	PUKg
尝	IPFc	一二厶	IPFc	抻	RJHh	扌日丨	RJHH	塍	EUDF	月丷大土	EUGF
偿	WIpc	亻一二厶	WIpc	郴	SSBh	木木阝	SSBh	醒	SGKG	西一口王	SGKG
常	IPKH	一口丨	IPKh	琛	GPWs	王一八木	GPws	澄	IWGU	氵癶一	IWGU
徜	TIMk	彳门口	TIMk	嗔	KFHW	口十且八	KFHW	橙	SWGU	木癶一	SWGU
嫦	VIPH	女一丨	VIPH	尘	IFF	小土	IFF	逞	KGPd	口王辶	KGPd
厂	DGT	厂一丿	DGT	臣	AHNh	匚丨一	AHNh	骋	CMGn	马由一乙	CGMn
场	FNRT	土乙丿	FNRT	陈	BAiy	阝七小	BAiy	秤	TGUh	禾一丨	TGUf
昶	YNIJ	丶乙水日	YNIJ	辰	DFEi	厂二	DFEi	**chi**			
惝	NIMk	忄门口	NIMk	沉	IPMn	氵一几	IPWn	吃	KTNn	口一乙	KTnn
敞	IMKT	门口攵	IMKT	忱	NPqn	忄一几	NPqn	哧	KFOy	口土小	KFOy
氅	IMKN	门口乙	IMKE	宸	PDFE	宀厂二	PDFE	蚩	BHGJ	凵一虫	BHGJ
怅	NTAy	忄丿七丶	NTAy	晨	JDfe	日厂二	JDfe	鸱	QAYG	匚七丶一	QAYG
畅	JHNR	日丨乙丿	JHNr	谌	YADN	讠艹三乙	YDWn	眵	HQQy	目夕夕	HQQy
邕	QOBx	巛一凵匕	OBXb	碜	DCDe	石厶大乡	DCDe	笞	TCKf	竹厶口	TCKf
倡	WJJG	亻曰日	WJJG	衬	PUFy	衤丶寸	PUFY	嗤	KBHJ	口凵丨虫	KBHJ
唱	KJJg	口曰日	KJJg	称	TQiy	禾勹小	TQIy	媸	VBHj	女凵丨虫	VBHJ
chao				龀	HWBX	止人凵匕	HWBX	痴	UTDK	疒大口	UTDK
抄	RITt	扌小丿	RITt	趁	FHWE	土止人乡	FHWE	螭	JYBC	虫文凵厶	JYRC
钞	QITt	钅小丿	QITt	榇	SUSy	木立木	SUSY	魑	RQCC	白儿厶厶	RQCC
超	FHVk	土止刀口	FHVk	谶	YWWG	讠人人一	YWWG	弛	XBn	弓也	XBN
晁	JIQB	日火儿	JQIu	**cheng**				池	IBn	氵也	IBN
巢	VJSu	巛日木	VJSu	柽	SCFG	木又土	SCFG	驰	CBN	马也	CGBN
朝	FJEg	十早月一	FJEg	蛏	JCFG	虫又土	JCFG	迟	NYPi	尸丶辶	NYPi
嘲	KFJe	口十早月	KFJe	撑	RIPr	扌一手	RIPr	茌	AWFF	艹亻士	AWFF
潮	IFJe	氵十早月	IFJe	瞠	HIPf	目一土	HIPf	持	RFfy	扌土寸	RFFy
吵	KItt	口小丿	KItt					墀	FNIh	土尸水丨	FNIg

踟	KHTK	口止宀口	KHTK
魔	TRHM	竹厂广几	TRHw
尺	NYI	尸乀③	NYI
侈	WQQy	亻夕夕◎	WQQy
齿	HWBj	止人凵⑪	HWBj
耻	BHg	耳止㊀	BHg
豉	GKUC	一口䒑又	GKUC
褫	PURM	衤冫厂几	PURW
彳	TTTH	彳丿丨	TTTH
叱	KXN	口匕②	KXN
斥	RYI	斤丶③	RYI
赤	FOu	土小③	FOu
饬	QNTL	𠂉乙一力	QNTE
炽	OKwy	火口八◎	OKWy
翅	FCNd	十又羽㊂	FCNd
敕	GKIT	一口小攵	SKTY
啻	UPMK	立宀冂口	YUPK
傺	WWFI	亻夕二小	WWFI
瘛	UDHN	疒三丨心	UDHN

chong			
充	YCqb	亠厶儿⑧	YCqb
冲	UKHh	冫口丨①	UKHh
忡	NKHh	忄口丨①	NKHh
茺	AYCq	艹亠厶儿	AYCq
舂	DWVf	三人臼㊁	DWEF
憧	NUJF	忄立日土	NUJF
艟	TEUF	丿舟立土	TUUF
虫	JHNY	虫丨乙、	JHNY
崇	MPFi	山宀二小	MPFi
宠	PDXb	宀ナ匕⑧	PDXy
铳	QYCq	钅亠厶儿	QYCq
重	TGJf	丿一日土	TGJF

chou			
抽	RMg	扌由㊀	RMg
瘳	UNWE	疒羽人彡	UNWE
仇	WVN	亻九②	WVN
俦	WDTF	亻三丿寸	WDTF
帱	MHDf	冂丨三寸	MHDf

惆	NMFk	忄冂土口	NMFk
绸	XMFk	纟冂土口	XMFk
畴	LDTf	田三丿寸	LDTf
愁	TONU	禾火心③	TONU
稠	TMFK	禾冂土口	TMFK
筹	TDTF	竹三丿寸	TDTF
酬	SGYH	西一丨	SGYh
踌	KHDF	口止三寸	KHDF
雔	WYYy	亻圭讠圭	WYYy
丑	NFD	乙土㊂	NHGg
瞅	HTOy	目禾火	HTOy
臭	THDU	丿目犬③	THDU

chu			
出	BMk	凵山⑪	BMk
初	PUVn	衤冫刀②	PUVt
樗	SFFN	木雨二乙	SFFN
刍	QVF	勹彐㊁	QVF
除	BWTy	阝人禾	BWGs
厨	DGKF	厂一口寸	DGKF
滁	IBWt	氵阝人禾	IBWs
锄	QEGL	钅目一力	QEGE
蜍	JWTy	虫人禾◎	JWGS
雏	QVWy	勹彐亻圭	QVWy
橱	SDGF	木厂一寸	SDGF
躇	KHAJ	口止艹日	KHAJ
蹰	KHDF	口止厂寸	KHDF
杵	STFH	木丿十①	STFH
础	DBMh	石凵山①	DBMh
储	WYFj	亻讠土日	WYFj
楮	SFTJ	木土丿日	SFTJ
楚	SSNh	木木乙龰	SSNh
褚	PUFJ	衤冫土日	PUFj
丁	FHK	二丨⑪	GSJ
处	THi	夂卜③	THi
怵	NSYy	忄木、◎	NSYy
绌	XBMh	纟凵山①	XBMh
搐	RYXL	扌亠幺田	RYXL
触	QEJY	勹用虫◎	QEJY
憷	NSSh	忄木木龰	NSSh

黜	LFOM	黑土灬山	LFOM
矗	FHFH	十且十且	FHFH

chuai			
揣	RMDj	扌山厂刂	RMDj
搋	RRHM	扌厂广几	RRHW
啜	KCCC	口又又又	KCCC
踹	KHMJ	口止山刂	KHMJ
膪	EUPK	月立宀口	EYUK

chuan			
川	KTHH	川丿丨丨	KTHH
氚	RNKJ	𠂉乙川⑪	RKK
穿	PWAT	宀八匚丿	PWAt
传	WFNY	亻二乙、	WFNy
舡	TEAg	丿舟工㊀	TUAG
船	TEMK	丿舟几口	TUWk
遄	MDMp	山厂冂辶	MDMP
椽	SXEy	木彑豕◎	SXEy
舛	QAHh	夕匚丨①	QGH
喘	KMDj	口山厂刂	KMDj
串	KKHk	口口丨⑪	KKHk
钏	QKH	钅川①	QKH

chuang			
创	WBJh	人巳刂①	WBJh
疮	UWBv	疒人巳⑧	UWBv
窗	PWTq	宀八丿夕	PWTq
床	YSI	广木③	OSi
闯	UCD	门马㊂	UCGD
怆	NWBn	忄人巳②	NWBn

chui			
吹	KQWy	口𠂊人◎	KQWy
炊	OQWy	火𠂊人◎	OQWy
垂	TGAf	丿一艹士	TGAF
陲	BTGF	阝丿一士	BTGF
捶	RTGF	扌丿一士	RTGF
棰	STGf	木丿一士	STGF
椎	SWYg	木亻圭㊀	SWYg
锤	QTGF	钅丿一士	QTGF
槌	SWNp	木亻口辶	SWNp

chun

汉字	编码	字根	编码
春	DWjf	三人日㊀	DWJf
椿	SDWJ	木三人日	SDWJ
蝽	JDWJ	虫三人日	JDWJ
纯	XGBn	纟一山乙	XGBn
唇	DFEK	厂二以口	DFEK
莼	AXGn	艹纟一乙	AXGn
淳	IYBg	氵古子㊀	IYBg
鹑	YBQg	古子勹一	YBQg
醇	SGYB	西一古子	SGYB
蠢	DWJJ	三人日虫	DWJJ

chuo

汉字	编码	字根	编码
踔	KHHJ	口止卜早	KHHJ
戳	NWYA	羽亻圭戈	NWYA
绰	XHJh	纟卜早①	XHJh
辍	LCCC	车又又又	LCCC
龊	HWBH	止人凵止	HWBH

ci

汉字	编码	字根	编码
疵	UHXv	疒止匕㊅	UHXv
词	YNGK	讠乙一口	YNGK
祠	PYNK	礻丶乙口	PYNK
茈	AHXb	艹止匕㊅	AHXb
茨	AUQW	艹丬人	AUQw
兹	UXXu	丷幺幺	UXXu
瓷	UQWN	丬人乙	UQWY
慈	UXXN	丷幺幺心	UXXN
辞	TDUH	丿古辛①	TDUH
磁	DUxx	石丷幺幺	DUXx
雌	HXWy	止匕亻圭	HXWy
鹚	UXXG	丷幺幺一	UXXG
糍	OUXx	米丷幺幺	OUXx
此	HXn	止匕㊄	HXn
次	UQWy	丬人	UQWy
刺	GMIj	一门小刂	SMJh
伺	WNGk	亻乙一口	WNGk
赐	MJQr	贝日勹丿	MJQr

cong

汉字	编码	字根	编码
匆	QRYi	勹丿丶㊄	QRYi
囱	TLQI	丿囗夕㊄	TLQi
从	WWy	人人	WWy
苁	AWWU	艹人人	AWWU
枞	SWWy	木人人	SWWy
葱	AQRN	艹勹丿心	AQRn
骢	CTLn	马丿囗心	CGTN
璁	GTLn	王丿囗心	GTLn
聪	BUKN	耳丷口心	BUKN
丛	WWGf	人人一	WWGf
淙	IPFI	氵宀二小	IPFI
琮	GPFi	王宀二小	GPFi

cou

汉字	编码	字根	编码
凑	UDWd	冫三人大	UDWd
楱	SDWD	木三人大	SDWD
腠	EDWd	月三人大	EDWd
辏	LDWd	车三人大	LDWd

cu

汉字	编码	字根	编码
粗	OEgg	米目一㊀	OEgg
徂	TEGG	彳目一㊀	TEGG
俎	GQEg	一夕目一	GQEG
促	WKHy	亻口止㊀	WKHy
猝	QTYF	犭丿亠十	QTYF
酢	SGTF	西一丿二	SGTF
蔟	AYTd	艹方丿大	AYTd
醋	SGAj	西一廿日	SGAJ
簇	TYTd	竹方丿大	TYTD
蹙	DHIH	厂上小止	DHIH
蹴	KHYN	口止古乙	KHYY

cuan

汉字	编码	字根	编码
氽	TYIU	丿丶水㊅	TYIU
撺	RPWH	扌宀八丨	RPWH
镩	QPWh	钅宀八丨	QPWH
蹿	KHPH	口止宀丨	KHPH
窜	PWKh	宀八口丨	PWKH
篡	THDC	竹目大厶	THDC
爨	WFMO	亻二门火	EMGO

cui

汉字	编码	字根	编码
崔	MWYf	山亻圭㊀	MWYf
催	WMWy	亻山亻圭	WMWy
摧	RMWy	扌山亻圭	RMWy
榱	SYKe	木亠口衣	SYKe
璀	GMWY	王山亻圭	GMWY
脆	EQDb	月⺈厂巳	EQDb
啐	KYWf	口亠人十	KYWF
悴	NYWf	忄亠人十	NYWF
淬	IYWf	氵亠人十	IYWF
萃	AYWf	艹亠人十	AYWf
毳	TFNN	丿二乙乙	EEEB
瘁	UYWf	疒亠人十	UYWf
翠	NYWf	羽亠人十	NYWF
粹	OYWf	米亠人十	OYWF

cun

汉字	编码	字根	编码
村	SFy	木寸㊀	SFy
皴	CWTC	厶八夂又	CWTb
存	DHBd	ナ丨子㊀	DHBd
忖	NFY	忄寸丶	NFY
寸	FGHY	寸一丨丶	FGHY

cuo

汉字	编码	字根	编码
搓	RUDa	扌丷⺹工	RUAG
磋	DUDa	石丷⺹工	DUAg
撮	RJBc	扌日耳又	RJBc
蹉	KHUA	口止丷工	KHUA
嵯	MUDa	山丷⺹工	MUAg
痤	UWWf	疒人人土	UWWf
矬	TDWf	亠大人土	TDWF
错	QAJg	钅廿日㊀	QAJg
醝	HLQA	卜口乂工	HLRA
脞	EWWf[86]	月人人土	EWWf
厝	DAJd	厂廿日㊀	DAJd
挫	RWWf	扌人人土	RWWf
措	RAJg	扌廿日㊀	RAJg
锉	QWWf	钅人人土	QWWf

da

汉字	编码	字根	编码
耷	DBF	大耳㊀	DBF
哒	KDPy	口大辶㊀	KDPy
搭	RAWK	扌艹人口	RAWK

塌	KAWK	口廿人口	KAWK	担	RJGg	扌日一	RJGg	忉	NVN	忄刀②	NVT
褟	PUAk	衤廿口	PUAk	眈	HPQn	目宀儿②	HPQn	氘	RNJj	𠂉乙刂⑪	RJK
达	DPi	大辶③	DPi	耽	BPQn	耳宀儿②	BPQn	导	NFu	巳寸②	NFu
妲	VJGg	女日一	VJGg	郸	UJFB	丷日十阝	UJFB	岛	QYNM	勹、乙山	QMK
怛	NJGg	忄日一	NJGg	聃	BMFG	耳门土一	BMFG	倒	WGCj	亻一厶刂	WGCj
沓	IJF	水日㊀	IJF	殚	GQUf	一夕丷十	GQUf	捣	RQYM	扌勹、山	RQMh
笪	TJGF	竹日一	TJGF	瘅	UUJF	疒丷日十	UUJF	祷	PYDf	衤、三寸	PYDf
答	TWgk	竹人一口	TWgk	箪	TUJF	竹丷日十	TUJF	蹈	KHEV	口止爫臼	KHEE
瘩	UAWk	疒廿人口	UAWk	僧	WQDy	亻丿厂言	WQDy	到	GCfj	一厶土刂	GCfj
靼	AFJG	廿単日一	AFJG	胆	EJgg	月日一	EJgg	悼	NHJH	忄⊦早①	NHJH
鞑	AFDP	廿単大辶	AFDp	疸	UJGd	疒日一	UJGd	焘	DTFO	三丿寸灬	DTFO
打	RSh	扌丁①	RSh	旦	JGF	日一	JGF	盗	UQWL	冫人皿	UQWL
大	DDdd	大大大大	DDdd	但	WJGg	亻日一	WJGg	道	UTHP	丷丿目辶	UThp
	dai			诞	YTHP	讠丿止廴	YTHp	稻	TEVg	禾爫臼	TEEg
呆	KSu	口木②	KSu	啖	KOOy	口火火	KOOy	纛	GXFi	丰口十小	GXHi
呔	KDYY	口大、、	KDYY	弹	XUJf	弓丷日十	XUJf		**de**		
歹	GQI	一夕③	GQI	惮	NUJf	忄丷日十	NUJf	得	TJgf	彳日一寸	TJgf
傣	WDWi	亻三人氺	WDWi	淡	IOoy	氵火火	IOoy	锝	QJGF	钅日一寸	QJGF
代	WAy	亻弋②	WAyy	萏	AQVF	艹勹臼	AQEf	德	TFLn	彳十罒心	TFLn
岱	WAMJ	亻弋山⑪	WAYM	蛋	NHJu	乙止虫	NHJu		**deng**		
弍	AAFD	弋十二	AFYi	氮	RNOo	𠂉乙火火	ROOi	灯	OSh	火丁①	OSH
绐	XCKg	纟厶口	XCKg	赕	MOOy	贝火火	MOOy	登	WGKU	癶一口丷	WGKU
迨	CKPd	厶口辶	CKPd		**dang**			噔	KWGU	口癶一丷	KWGU
带	GKPh	一川冖丨	GKPh	当	IVf	旦彐㊀	IVf	簦	TWGU	竹癶一丷	TWGU
待	TFFY	彳土寸、	TFFY	铛	QIVg	钅旦彐一	QIVg	蹬	KHWU	口止癶丷	KHWU
怠	CKNu	厶口心	CKNu	裆	PUIV	衤丷旦彐	PUIv	等	TFFU	竹土寸丷	TFfu
殆	GQCk	一夕厶口	GQCk	挡	RIVg	扌旦彐一	RIVg	戥	JTGA	日丿一戈	JTGA
玳	GWAy	王亻弋②	GWAy	党	IPKq	旦宀口儿	IPkq	邓	CBh	又阝①	CBh
贷	WAMu	亻弋贝	WAYM	谠	YIPq	讠旦宀儿	YIPq	凳	WGKM	癶一口几	WGKW
埭	FVIy	土彐氺②	FVIy	凼	IBK	水凵⑩	IBK	嶝	MWGu	山癶一丷	MWGu
袋	WAYE	亻弋𠆢衣	WAYE	宕	PDF	宀石㊀	PDF	瞪	HWGu	目癶一丷	HWGu
逮	VIPi	彐氺辶③	VIPi	砀	DNRt	石乙丿	DNRt	磴	DWGU	石癶一丷	DWGU
戴	FALW	十弋田八	FALW	荡	AINr	艹氵乙丿	AINr	镫	QWGU	钅癶一丷	QWGU
黛	WALo	亻弋罒灬	WAYO	档	SIvg	木旦彐一	SIvg		**di**		
骀	CCKg	马厶口	CGCK	菪	APDf	艹宀石㊀	APDf	低	WQAy	亻亻七、	WQAy
	dan				**dao**			瓬	UDQy	丷手匚、	UQAy
丹	MYD	冂丶三	MYd	刀	VNt	刀乙丿	VNT	堤	FJGH	土日一龰	FJGH
单	UJFJ	丷日十⑪	UJFJ	叨	KVN	口刀②	KVT	嘀	KUMd	口立冂古	KYUD

滴	IUMd	氵立冂古	IYUd
镝	QUMd	钅立冂古	QYUD
狄	QTOY	犭丿火⊙	QTOy
籴	TYOu	八米⊙	TYOu
的	Rqyy	白勹丶⊙	Rqyy
迪	MPd	由辶㊣	MPd
敌	TDTy	丿古攵⊙	TDTy
涤	ITSy	氵夂木⊙	ITSy
荻	AQTO	艹犭丿火	AQTO
笛	TMF	竹由㊣	TMF
觌	FNUQ	十乙丷儿	FNUQ
嫡	VUMd	女立冂古	VYUd
氏	QAYi	匚七丶⑤	QAYI
诋	YQAY	讠匚七丶	YQAY
邸	QAYB	匚七丶阝	QAYb
坻	FQAy	土匚七丶	FQAy
底	YQAy	广匚七丶	OQay
抵	RQAy	扌匚七丶	RQAy
柢	SQAy	木匚七丶	SQAy
砥	DQAY	石匚七丶	DQAy
骶	MEQY	皿月匚丶	MEQy
地	Fbn	土也㇈	Fbn
弟	UXHt	丷弓丨丿	UXHt
帝	UPmh	立冖冂丨	YUPH
娣	VUXt	女丷弓丿	VUXt
递	UXHP	丷弓丨辶	UXHP
第	TXht	竹弓丨丿	TXHt
谛	YUPH	讠立冖丨	YYUH
棣	SVIy	木彐水⊙	SVIy
睇	HUXT	目丷弓丿	HUXt
缔	XUPh	纟立冖丨	XYUh
蒂	AUPh	艹立冖丨	AYUh
碲	DUPH	石立冖丨	DYUH
dia			
嗲	KWQq	口八乂夕	KWRq
dian			
掂	RYHk	扌广卜口	ROHk
滇	IFHW	氵十且八	IFHW

颠	FHWM	十且八贝	FHWM
巅	MFHm	山十且贝	MFHm
癫	UFHM	疒十且贝	UFHm
典	MAWu	冂䒑八⊙	MAWu
点	HKOu	卜口灬⊙	HKOu
碘	DMAw	石冂䒑八	DMAw
踮	KHYK	口止广口	KHOK
电	JNv	日乙⑩	JNv
佃	WLg	亻田㊀	WLg
甸	QLd	勹田㊣	QLd
阽	BHKG	阝卜口㊀	BHKG
坫	FHKG	土卜口㊀	FHKg
店	YHKd	广卜口㊣	OHKd
垫	RVYF	扌九丶土	RVYF
玷	GHKg	王卜口㊀	GHKg
钿	QLG	钅田㊀	QLG
惦	NYHk	忄广卜口	NOHk
淀	IPGH	氵宀一止	IPGH
奠	USGD	丷西一大	USGD
殿	NAWc	尸共八又	NAWc
靛	GEPh	青月宀止	GEPH
癜	UNAc	疒尸共又	UNAc
簟	TSJj	竹西早㊣	TSJj
diao			
刁	NGD	乙一㊣	NGD
叼	KNGg	口乙一㊀	KNGg
凋	UMFk	冫冂土口	UMFk
貂	EEVk	豸刀口	EVKg
碉	DMFk	石冂土口	DMFk
雕	MFKY	冂土口隹	MFKY
鲷	QGMk	鱼一冂口	QGMk
吊	KMHj	口冂丨㊣	KMHj
钓	QQYY	钅勹丶⊙	QQYy
调	YMFk	讠冂土口	YMFk
掉	RHJh	扌卜早㊣	RHJh
锦	QKMH	钅口冂丨	QKMH
铫	QIQn	钅氵儿㇈	QQIy
die			
爹	WQQQ	八乂夕夕	WRQq

跌	KHRw	口止匚人	KHTG
迭	RWPi	匚人辶⑤	TGPi
垤	FGCf	土一厶土	FGCf
瓞	RCYW	厂厶丶人	RCYG
谍	YANs	讠艹乙木	YANs
喋	KANS	口艹乙木	KANs
堞	FANs	土艹乙木	FANs
揲	RANS	扌艹乙木	RANS
耋	FTXF	土丿匕土	FTXF
叠	CCCG	又又又一	CCCG
牒	THGs	丿丨一木	THGs
碟	DANS	石艹乙木	DANS
蝶	JANs	虫艹乙木	JANs
蹀	KHAS	口止艹木	KHAS
鲽	QGAs	鱼一艹木	QGAS
ding			
丁	SGH	丁一丨	SGH
仃	WSH	亻丁㊣	WSH
叮	KSH	口丁㊣	KSH
玎	GSH	王丁㊣	GSH
疔	USK	疒丁⑩	USK
盯	HSh	目丁㊣	HSh
钉	QSh	钅丁㊣	QSh
耵	BSH	耳丁㊣	BSH
酊	SGSh	西一丁㊣	SGSh
顶	SDMy	丁厂贝⊙	SDmy
鼎	HNDn	目乙丁乙	HNDn
订	YSh	讠丁㊣	YSh
定	PGhu	宀一止⊙	PGHu
啶	KPGH	口宀一止	KPGH
腚	EPGh	月宀一止	EPGh
碇	DPGH	石宀一止	DPGH
锭	QPgh	钅宀一止	QPgh
町	LSH	田丁㊣	LSH
diu			
丢	TFCu	丿土厶⊙	TFCu
铥	QTFC	钅丿土厶	QTFC
dong			
东	AIi	七小⑤	AIi

冬	TUU	夂冫㇏	TUu	胰	THGD	丿丨一大	THGD	墩	FYBt	土亠子攵	FYBt
咚	KTUY	口夂冫㇏	KTUY	狭	TRFD	丿才十大	CFNd	磴	DYBt	石亠子攵	DYBt
崇	MAIu	山七小㇀	MAIu	黩	LFOD	四土灬大	LFOD	蹲	KHUF	口止䒑寸	KHUF
氡	RNTU	㇕乙夂冫	RTUI	髑	MELj	罒月罒虫	MELj	盹	HGBn	目一凵乙	HGBn
鸫	AIQg	七小勹一	AIQg	独	QTJy	犭丿虫㇀	QTJy	趸	DNKh	厂乙口止	GQKh
董	ATGf	艹丿一土	ATGf	笃	TCF	𥫗马㇒	TCGf	沌	IGBn	氵一凵乙	IGBn
懂	NATf	忄艹丿土	NATf	堵	FFTj	土土丿日	FFTj	炖	OGBN	火一凵乙	OGBN
动	FCLn	二厶力㇆	FCEt	赌	MFTJ	贝土丿日	MFTJ	盾	RFHd	厂十目㇀	RFHd
冻	UAIy	冫七小㇀	UAIy	睹	HFTj	目土丿日	HFTj	砘	DGBn	石一凵乙	DGBn
侗	WMGK	亻门一口	WMGk	芏	AFF	艹土㇁	AFF	钝	QGBN	钅一凵乙	QGBN
垌	FMGk	土门一口	FMGk	妒	VYNT	女丶尸㇉	VYNT	顿	GBNM	一凵乙贝	GBNM
峒	MMGK	山门一口	MMGK	杜	SFG	木土㇁	SFG	遁	RFHP	厂十目辶	RFHP
恫	NMGk	忄门一口	NMGk	肚	EFG	月土㇁	EFg			duo	
栋	SAIy	木七小㇀	SAIy	度	YAci	广廿又㇀	OACi	多	QQu	夕夕㇀	QQu
洞	IMGK	氵门一口	IMGK	渡	IYAc	氵广廿又	IOac	咄	KBMh	口凵山丨	KBMh
胨	EAIy	月七小㇀	EAIy	镀	QYAc	钅广廿又	QOAc	哆	KQQy	口夕夕㇀	KQQy
胴	EMGk	月门一口	EMGk	蠹	GKHJ	一口丨虫	GKHJ	掇	PUCC	衤冫又又	PUCC
硐	DMGk	石门一口	DMGk			duan		夺	DFu	大寸㇀	DFu
		dou		端	UMDj	立山丁刂	UMdj	铎	QCFh	钅又二丨	QCGh
都	FTJB	土丿日阝	FTJB	短	TDGu	𠂉大一丷	TDGu	掇	RCCc	扌又又又	RCCc
兜	QRNQ	匚白㇆儿	RQNQ	段	WDMc	亻三几又	THDC	踱	KHYC	口止广又	KHOC
菟	AQRQ	艹匚白儿	ARQQ	断	ONrh	米乙斤丨	ONrh	朵	MSu	几木㇀	WSU
篼	TQRQ	𥫗匚白儿	TRQQ	缎	XWDc	纟亻三又	XTHc	哚	KMSy	口几木㇀	KWSY
抖	RUFH	扌冫十丨	RUFh	椴	SWDc	木亻三又	STHC	垛	FMSy	土几木㇀	FWSy
钭	QUFh	钅冫十丨	QUFh	煅	OWDc	火亻三又	OTHC	缍	XTGf	纟丿一土	XTGF
陡	BFHy	阝土止㇀	BFHy	锻	QWDc	钅亻三又	QTHc	躲	TMDS	丿门三木	TMDS
蚪	JUFH	虫冫十丨	JUFH	簖	TONR	𥫗米乙斤	TONR	剁	MSJh	几木刂丨	WSJh
斗	UFK	冫十Ⅲ	UFk			dui		沲	ITBn	氵一也㇒	ITBn
豆	GKUf	一口丷㇁	GKUf	堆	FWYg	土亻隹㇁	FWYg	椭	SPXn	木宀匕乙	SPXn
逗	GKUP	一口丷辶	GKUP	队	BWy	阝人㇀	BWy	堕	BDEF	阝𠂇月土	BDEF
痘	UGKU	疒一口丷	UGKU	对	CFy	又寸㇀	CFy	舵	TEPX	丿舟宀匕	TUPx
窦	PWFD	宀八十大	PWFD	兑	UKQB	丷口儿⑥	UKQB	惰	NDAe	忄𠂇工月	NDAe
		du		怼	CFNu	又寸心㇀	CFNU	跺	KHMs	口止几木	KHWS
嘟	KFTB	口土丿阝	KFTB	碓	DWYG	石亻隹㇁	DWYG			e	
督	HICH	上小又目	HICH	憝	YBTN	亠子攵心	YBTN	屙	NBSk	尸阝丁口	NBSk
毒	GXGU	龶口一冫	GXU	镦	QYBt	钅亠子攵	QYBt	婀	VBSk	女阝丁口	VBSk
读	YFNd	讠十乙大	YFNd			dun		讹	YWXN	讠亻匕㇉	YWXN
渎	IFND	氵十乙大	IFND	吨	KGBn	口一凵乙	KGBn	俄	WTRt	亻丿扌丿	WTRy
椟	SFNd	木十乙大	SFNd	敦	YBTy	亠子攵㇀	YBTy				

娥	VTRt	女丿扌	VTRy
峨	MTRt	山丿扌	MTRy
莪	ATRt	艹丿扌	ATRy
锇	QTRT	钅丿扌	QTRY
鹅	TRNG	丿扌乙一	TRNG
蛾	JTRt	虫丿扌	JTRy
额	PTKM	宀夂口贝	PTKM
厄	DBV	厂巴〇	DBV
呃	KDBn	口厂巴乙	KDBn
扼	RDBn	扌厂巴乙	RDBn
苊	ADBb	艹厂巴〇	ADBb
轭	LDBn	车厂巴乙	LDBn
垩	GOGF	一业一土	GOFf
恶	GOGN	一业一心	GONu
饿	QNTt	饣乙丿丿	QNTY
鄂	KKFB	口口二阝	KKFB
谔	YKKN	讠口口乙	YKKN
萼	AKKN	艹口口乙	AKKN
愕	NKKn	忄口口乙	NKKn
遏	JQWP	日勹人辶	JQWp
腭	EKKn	月口口乙	EKKn
锷	QKKN	钅口口乙	QKKN
鹗	KKFG	口口二一	KKFG
颚	KKFM	口口二贝	KKFM
噩	GKKK	王口口口	GKKK
鳄	QGKN	鱼一口乙	QGKn

ei			
诶	YCTd	讠厶𠂉大	YCTd

en			
恩	LDNu	口大心〇	LDNu
蒽	ALDN	艹口大心	ALDN
摁	RLDn	扌口大心	RLDN

er			
儿	QTn	儿丿乙	QTn
而	DMJj	丆冂丨丨	DMjj
鸸	DMJG	丆冂丨一	DMJG
鲕	QGDJ	鱼一丆丨	QGDJ
尔	QIU	𠂊小〇	QIu

耳	BGHg	耳一丨一	BGHg
迩	QIPi	𠂊小辶〇	QIPI
洱	IBG	氵耳一	IBG
饵	QNBG	饣乙耳一	QNBG
珥	GBG	王耳一	GBG
铒	QBG	钅耳一	QBG
二	FGg	二一一	FGG
贰	AFMi	弋二贝〇	AFMy

fa			
发	NTCy	乙丿又丶	NTCy
乏	TPI	丿之〇	TPu
伐	WAT	亻戈①	WAY
垡	WAFF	亻戈土二	WAFF
罚	LYjj	罒讠刂①	LYjj
阀	UWAe	门亻戈〇	UWAi
筏	TWAr	竹亻戈〇	TWAu
法	IFcy	氵土厶〇	IFCy
砝	DFCY	石土厶〇	DFCY
珐	GFCy	王土厶〇	GFCy

fan			
帆	MHMy	门丨几丶	MHWy
番	TOLf	丿米田	TOLf
幡	MHTL	门丨丿田	MHTL
翻	TOLN	丿米田羽	TOLN
藩	AITL	艹氵丿田	AITL
凡	MYi	几丶〇	WYI
矾	DMYy	石几丶〇	DWYy
钒	QMYY	钅几丶〇	QWYY
烦	ODMy	火丆贝〇	ODMy
樊	SQQD	木乂乂大	SRRD
蕃	ATOl	艹丿米田	ATOl
燔	OTOl	火丿米田	OTOl
繁	TXGI	𠂈幺一小	TXTI
蹯	KHTL	口止丿田	KHTL
蘩	ATXI	艹𠂈幺小	ATXI
反	RCi	厂又〇	RCi
返	RCPi	厂又辶〇	RCPi
犯	QTBn	犭丿巴乙	QTBn
泛	ITPy	氵丿之	ITPy

饭	QNRc	饣乙厂又	QNRc
范	AIBb	艹氵巴〇	AIBb
贩	MRcy	贝厂又〇	MRCy
畈	LRCy	田厂又〇	LRCy
梵	SSMy	木木几丶	SSWy

fang			
方	YYgn	方丶一乙	YYgt
邡	YBH	方阝①	YBH
坊	FYN	土方乙	FYt
芳	AYb	艹方〇	AYr
枋	SYN	木方乙	SYT
钫	QYN	钅方乙	QYT
防	BYn	阝方乙	BYT
妨	VYn	女方乙	VYt
房	YNYv	丶尸方〇	YNYe
肪	EYN	月方乙	EYt
鲂	QGYN	鱼一方乙	QGYT
仿	WYN	亻方乙	WYT
访	YYN	讠方乙	YYT
纺	XYn	纟方乙	XYt
舫	TEYN	丿舟方乙	TUYT
放	YTy	方攵〇	YTy

fei			
飞	NUI	乙冫〇	NUI
妃	VNN	女巳乙	VNN
非	DJDd	三刂三〇	HDhd
啡	KDJd	口三刂三	KHDD
绯	XDJD	纟三刂三	XHDd
菲	ADJd	艹三刂三	AHDd
扉	YNDD	丶尸三三	YNHD
蜚	DJDJ	三刂三虫	HDHJ
霏	FDJD	雨三刂三	FHDd
鲱	QGDD	鱼一三三	QGHD
肥	ECn	月巴乙	ECn
淝	IECn	氵月巴乙	IECn
腓	EDJD	月三刂三	EHDd
匪	ADJD	匚三刂三	AHDD
诽	YDJd	讠三刂三	YHDd
悱	NDJD	忄三刂三	NHDD

斐	DJDY	三刂三文	HDHY
榧	SADD	木匚三三	SAHd
翡	DJDN	三刂三羽	HDHN
篚	TADD	竹匚三三	TAHd
芾	AGMh	艹一冂丨	AGMh
吠	KDY	口犬⊙	KDY
废	YNTY	广乙丿丶	ONTy
沸	IXJh	氵弓刂⦶	IXJh
狒	QTXj	犭丿弓刂	QTXJ
肺	EGMh	月一冂丨	EGMh
费	XJMu	弓刂贝⊙	XJMu
痱	UDJD	疒三刂三	UHDd
镄	QXJm	钅弓刂贝	QXJm
fen			
分	WVb	八刀⊗	WVr
吩	KWVn	口八刀⊘	KWVt
纷	XWVn	纟八刀⊘	XWVt
芬	AWVb	廾八刀⊗	AWVr
玢	GWVn	王八刀⊘	GWVt
氛	RNWv	𠂉乙八刀	RWVe
酚	SGWv	西一八刀	SGWv
坟	FYy	土文⊙	FYY
汾	IWVn	氵八刀⊘	IWVt
棼	SSWv	木木八刀	SSWV
焚	SSOu	木木火⊙	SSOu
鼢	VNUV	臼乙氵刀	ENUV
粉	OWvn	米八刀⊘	OWVt
份	WWVn	亻八刀⊘	WWVt
奋	DLF	大田⊜	DLF
忿	WVNU	八刀心⊙	WVNU
偾	WFAm	亻十艹贝	WFAm
愤	NFAm	忄十艹贝	NFAm
粪	OAWU	米艹八⊙	OAWu
鲼	QGFM	鱼一十贝	QGFM
瀵	IOLw	氵米田八	IOLw
feng			
丰	DHk	三丨⦀	DHK
风	MQi	几乂⊙	WRi
沣	IDHh	氵三丨⦶	IDHh

枫	SMQy	木几乂⊙	SWRy
封	FFFY	土土寸⊙	FFFY
疯	UMQi	疒几乂⊙	UWRi
砜	DMQY	石几乂⊙	DWRY
峰	MTDh	山夂三丨	MTDh
烽	OTdh	火夂三丨	OTDh
葑	AFFF	艹土土寸	AFFF
锋	QTDh	钅夂三丨	QTDh
蜂	JTDh	虫夂三丨	JTDh
酆	DHDB	三丨三阝	MDHb
冯	UCg	冫马⊖	UCGg
逢	TDHp	夂三丨辶	TDHp
缝	XTDP	纟夂三辶	XTDP
讽	YMQy	讠几乂⊙	YWRy
唪	KDWh	口三人丨	KDWG
凤	MCi	几又⊙	WCI
奉	DWFh	三人二丨	DWGj
俸	WDWH	亻三人丨	WDWG
fo			
佛	WXJh	亻弓刂⦶	WXJh
fou			
缶	RMK	𠂉山⦀	TFBK
否	GIKf	一小口⊜	DHKF
fu			
夫	FWi	二人⊙	GGGY
呋	KFWy	口二人⊙	KGY
肤	EFWy	月二夫⊙	EGY
趺	KHFw	口止二人	KHGY
麸	GQFW	龶夕二人	GQGY
稃	TEBG	禾爫子⊖	TEBG
跗	KHWF	口止亻寸	KHWF
孵	QYTB	𠂇丶丿子	QYTB
敷	GEHT	一月丨攵	SYTY
弗	XJK	弓刂⦀	XJK
伏	WDY	亻犬⊙	WDY
凫	QYNM	勹丶乙几	QWB
孚	EBF	爫子⊜	EBF
扶	RFWy	扌二人⊙	RGY

芙	AFWU	艹二人⊙	AGU
怫	NXJh	忄弓刂⦶	NXJh
拂	RXJH	扌弓刂⦶	RXJH
服	EBcy	月卩又⊙	EBcy
绂	XDCy	纟𠂇又⊙	XDCy
绋	XXJh	纟弓刂⦶	XXJh
苻	AWFU	艹亻寸⊙	AWFU
俘	WEBg	亻爫子⊖	WEBg
氟	RNXj	𠂉乙弓刂	RXJK
祓	PYDC	礻丶𠂇又	PYDY
罘	LGIu	罒一小⊙	LDHu
茯	AWDu	艹亻犬⊙	AWDu
郛	EBBh	爫子阝⦶	EBBh
浮	IEBg	氵爫子⊖	IEBg
砩	DXJh	石弓刂⦶	DXJh
莩	AEBF	艹爫子⊜	AEBf
蚨	JFWy	虫二人⊙	JGY
菔	AEBC	艹月卩又	AEBC
涪	IUKg	氵立口⊖	IUKg
匐	QGKL	勹一口田	QGKL
桴	SEBg	木爫子⊖	SEBg
符	TWFu	竹亻寸⊙	TWFu
艴	XJQc	弓刂⺈巴	XJQc
袱	PUWD	礻冫亻犬	PUWD
幅	MHGl	冂丨一田	MHGl
福	PYGl	礻丶一田	PYGl
蜉	JEBg	虫爫子⊖	JEBg
辐	LGKl	车一口田	LGKl
幞	MHOy	冂丨业乀	MHOg
蝠	JGKL	虫一口田	JGKL
黻	OGUC	业一丷又	OIDy
抚	RFQn	扌二儿⊘	RFQn
甫	GEHy	一月丨丶	SGHY
府	YWFi	广亻寸⊙	OWFi
拊	RWFy	扌亻寸⊙	RWFy
斧	WQRj	八乂斤⦶	WRRj
俯	WYWf	亻广亻寸	WOWf
釜	WQFu	八乂干丷	WRFu

辅	LGEY	车一月、	LSY
腑	EYWf	月广寸	EOWf
滏	IWQu	氵八乂丷	IWRu
腐	YWFW	广寸人	OWFW
黼	OGUY	业一丷丶	OISy
父	WQU	八乂丷	WRU
讣	YHY	讠卜丶	YHY
付	WFY	亻寸丶	WFY
妇	VVg	女ヨ一	VVg
负	QMu	夕贝丷	QMu
附	BWFy	阝亻寸丶	BWFy
咐	KWFy	口亻寸丶	KWFy
阜	WNNF	丿コ コ十	TNFj
驸	CWFy	马亻寸丶	CGWF
复	TJTu	一日夂丷	TJTu
赴	FHHi	土止卜丶	FHHi
副	GKLj	一口田刂	GKLj
傅	WGEf	亻一月寸	WSFy
富	PGKl	宀一口田	PGKl
赋	MGAh	贝一弋止	MGAy
缚	XGEf	纟一月寸	XSfy
腹	ETJt	月一日夂	ETJt
鲋	QGWf	鱼一亻寸	QGWF
赙	MGEf	贝一月寸	MSFy
蝮	JTJt	虫一日夂	JTJt
鳆	QGTT	鱼一一夂	QGTT
覆	STTt	西彳一夂	STTt
馥	TJTt	禾日一夂	TJTt

ga

旮	VJF	九日一	VJF
嘎	KDHa	口厂目戈	KDHa
钆	QNN	钅乙乙	QNN
尜	IDIu	小大小丷	IDIu
噶	KAJn	口艹日乙	KAJn
乫	EIU	乃小丷	BIU
尬	DNWj	尢乙人刂	DNWj

gai

该	YYNW	讠一乙人	YYNW

陔	BBYN	阝一乙人	BYNW
垓	FYNW	土一乙人	FYNw
赅	MYNw	贝一乙人	MYNw
改	NTY	己攵丶	NTy
丐	GHNv	一卜乙㠯	GHNv
钙	QGHn	钅一卜乙	QGHN
盖	UGLf	丷王皿一	UGLf
溉	IVCq	氵ヨム儿	IVAq
戤	ECLA	乃又皿戈	BCLA
概	SVCq	木ヨム儿	SVAq

gan

干	FGGH	千一一丨	FGGH
甘	AFD	艹二三	FGHG
杆	SFH	木干丨	SFH
肝	EFh	月干丨	EFH
坩	FAFG	土艹二一	FFG
泔	IAFg	氵艹二一	IFG
苷	AAFf	艹艹二一	AFF
柑	SAFg	木艹二一	SFG
竿	TFJ	𥫗干⑪	TFJ
疳	UAFd	疒艹二三	UFD
酐	SGFH	西一千丨	SGFH
尴	DNJL	尢乙刂皿	DNJl
秆	TFH	禾干丨	TFH
赶	FHFK	土止干⑩	FHFK
敢	NBty	乙耳攵丶	NBty
感	DGKN	厂一口心	DGKN
澉	INBt	氵乙耳攵	INBT
橄	SNBt	木乙耳攵	SNBt
擀	RFJf	扌日十干	RFJf
旰	JFH	日干丨	JFH
矸	DFH	石干丨	DFH
绀	XAFg	纟艹二一	XFG
淦	IQG	氵金一	IQG
赣	UJTm	立早夂贝	UJTm

gang

冈	MQI	冂乂丶	MRi
刚	MQJh	冂乂刂丨	MRJh

岗	MMQu	山冂乂丷	MMRu
纲	XMqy	纟冂乂丶	XMRy
肛	EAg	月工一	EAg
缸	RMAg	𠂢山工一	TFBA
钢	QMQy	钅冂乂丶	QMRy
罡	LGHf	皿一止一	LGHf
港	IAWN	氵艹八巳	IAWN
杠	SAG	木工一	SAG
筻	TGJQ	𥫗一日乂	TGJR
戆	UJTN	立早夂心	UJTN

gao

皋	RDFJ	白大十⑪	RDFJ
羔	UGOu	丷王灬丷	UGOU
高	YMkf	亠冂口一	YMKf
槔	SRDf	木白大十	SRDf
睾	TLFF	丿皿土十	TLFF
膏	YPKe	亠宀口月	YPKe
篙	TYMK	𥫗亠冂口	TYMK
糕	OUGO	米丷王灬	OUGO
杲	JSU	日木丷	JSU
搞	RYMk	扌亠冂口	RYmk
缟	XYMk	纟亠冂口	XYMk
槁	SYMK	木亠冂口	SYMK
稿	TYMk	禾亠冂口	TYMk
镐	QYMk	钅亠冂口	QYMk
藁	AYMS	艹亠冂木	AYMS
告	TFKF	丿土口一	TFKF
诰	YTFK	讠丿土口	YTFK
部	TFKB	丿土口阝	TFKB
锆	QTFK	钅丿土口	QTFK

ge

戈	AGNT	戈一乙丿	AGNY
圪	FTNn	土丿乙㐄	FTNN
纥	XTNn	纟丿乙㐄	XTNN
疙	UTNv	疒丿乙㠯	UTNv
哥	SKSk	丁口丁口	SKSK
胳	ETKg	月夂口一	ETKg
袼	PUTK	衤丿夂口	PUTK

鸽	WGKG	人一口一	WGKG
割	PDHJ	宀三刂刂	PDHJ
搁	RUTk	扌门夂口	RUTk
歌	SKSW	丁口丁人	SKSw
阁	UTKd	门夂口㊀	UTKd
革	AFj	廿甲⑪	AFj
格	STkg	木夂口㊀	STKg
鬲	GKMH	一口冂丨	GKMH
葛	AJQn	艹日勹乙	AJQn
隔	BGKh	阝一口丨	BGKh
嗝	KGKH	口一口丨	KGKH
塥	FGKh	土一口丨	FGKh
搿	RWGR	手人一手	RWGR
膈	EGKh	月一口丨	EGKh
镉	QGKH	钅一口丨	QGKH
骼	METk	罒月夂口	METk
肐	LKSK	力口丁口	EKSK
舸	TESk	丿舟丁口	TUSk
个	WHj	人丨⑪	WHj
各	TKf	夂口㊀	TKf
蛤	JTNn	虫丿乙㊁	JTNn
硌	DTKg	石夂口㊀	DTKg
铬	QTKg	钅夂口㊀	QTKg
颌	WGKM	人一口贝	WGKM
略	KTKg	口夂口㊀	KTKg
仡	WTNn	亻丿乙㊁	WTNN

	gei		
给	XWgk	纟人一口	XWgk

	gen		
根	SVEy	木彐以⊙	SVy
跟	KHVe	口止彐以	KHVy
哏	KVEy	口彐以⊙	KVY
亘	GJGf	一日一	GJGf
艮	VEI	彐以①	VNGY
茛	AVEu	艹彐以⊙	AVU

	geng		
更	GJQi	一日乂⑤	GJRi
庚	YVWi	广彐人⑤	OVWi

耕	DIFj	三小二刂	FSFJ
赓	YVWM	广彐人贝	OVWM
羹	UGOD	丷王灬大	UGOD
哽	KGJq	口一日乂	KGJr
埂	FGJq	土一日乂	FGJR
绠	XGJq	纟一日乂	XGJr
耿	BOy	耳火⊙	BOy
梗	SGJQ	木一日乂	SGJR
鲠	QGGQ	鱼一一乂	QGGR

	gong		
工	Aaaa	工工工工	Aaaa
弓	XNGn	弓乙一乙	XNGn
公	WCu	八厶⑥	WCu
功	ALn	工力⑦	AEt
攻	ATy	工攵⊙	ATy
供	WAWy	亻廿八⊙	WAWy
肱	EDCy	月ナ厶⊙	EDCy
宫	PKkf	宀口口㊀	PKkf
恭	AWNU	共八小⑥	AWNU
蚣	JWCy	虫八厶⊙	JWCy
躬	TMDX	丿门三弓	TMDX
龚	DXAw	尢匕共八	DXYW
觥	QEIq	角用⺌儿	QEIq
巩	AMYy	工几丶⊙	AWYY
汞	AIU	工水⑥	AIU
拱	RAWy	扌共八⊙	RAWy
珙	GAWy	王共八⊙	GAWy
共	AWu	共八⑥	AWu
贡	AMu	工贝⑤	AMu

	gou		
勾	QCI	勹厶③	QCI
佝	WQKg	亻勹口㊀	WQKG
沟	IQCy	氵勹厶⊙	IQcy
钩	QQCy	钅勹厶⊙	QQcy
缑	XWNd	纟亻彐大	XWNd
篝	TFJF	竹二刂土	TAMF
鞲	AFFF	廿甲二土	AFAF
岣	MQKg	山勹口㊀	MQKg

狗	QTQk	犭丿勹口	QTQk
苟	AQKF	艹勹口㊀	AQKF
枸	SQKg	木勹口㊀	SQKG
笱	TQKf	竹勹口㊀	TQKf
构	SQcy	木勹厶⊙	SQcy
诟	YRGk	讠厂一口	YRGk
购	MQCy	贝勹厶⊙	MQCy
垢	FRgk	土厂一口	FRgk
够	QKQQ	勹口夕夕	QKQQ
媾	VFJf	女二刂土	VAMf
彀	FPGC	士冖一又	FPGC
遘	FJGP	二刂一辶	AMFP
觏	FJGQ	二刂一儿	AMFQ

	gu		
估	WDg	亻古㊀	WDg
咕	KDG	口古㊀	KDG
姑	VDg	女古㊀	VDg
孤	BRcy	子厂厶丶	BRcy
沽	IDG	氵古㊀	IDG
轱	LDG	车古㊀	LDG
鸪	DQYG	古勹丶一	DQGg
菇	AVDf	艹女古㊀	AVDf
菰	ABRy	艹子厂丶	ABRY
蛄	JDG	虫古㊀	JDG
觚	QERy	⺌用厂丶	QERy
辜	DUJ	古辛⑪	DUj
酤	SGDG	西一古㊀	SGDG
毂	FPLc	士冖车又	FPLc
箍	TRAh	竹扌匚丨	TRAh
鸹	MEQg	罒月勹一	MEQG
古	DGHg	古一丨一	DGHg
汩	IJG	氵日㊀	IJG
诂	YDG	讠古㊀	YDG
谷	WWKf	八人口㊀	WWKf
股	EMCy	月几又⊙	EWCy
牯	TRDG	丿扌古㊀	CDG
骨	MEf	罒月㊀	MEf
罟	LDF	罒古㊀	LDF

钴	QDG	钅古⊖	QDG
蛊	JLF	虫皿⊖	JLF
鸪	TFKG	丿土口一	TFKG
鼓	FKUC	士口⺍又	FKUC
蝦	DNHc	古コ丨又	DNHc
臌	EFKC	月士口又	EFKC
瞽	FKUH	士口⺍目	FKUH
固	LDD	口古⊜	LDD
故	DTY	古攵⊙	DTy
顾	DBdm	厂巳⼚贝	DBDm
崮	MLDf	山口古⊖	MLDf
梏	STFK	木丿土口	STFK
牿	TRTK	丿扌丿口	CTFk
雇	YNWY	、尸亻圭	YNWy
痼	ULDd	疒口古⊜	ULDd
铟	QLDG	钅口古一	QLDg
鲴	QGLD	鱼一口古	QGLD

gua

瓜	RCYi	厂厶乀⊙	RCYi
呱	KRCy	口厂厶乀	KRCy
刮	TDJH	丿古刂①	TDJH
胍	ERCy	月厂厶乀	ERCy
鸹	TDQg	丿古勹一	TDQG
剐	KMWJ	口冂人刂	KMWJ
寡	PDEv	宀⼚月刀	PDEv
卦	FFHY	土土卜⊙	FFHY
诖	YFFG	讠土土⊖	YFFG
挂	RFFG	扌土土⊖	RFFG
栝	STDG	木丿古⊖	STDG
褂	PUFH	衤⼃土卜	PUFH

guai

乖	TFUx	丿十⺰匕	TFUx
拐	RKLn	扌口力⊘	RKET
怪	NCfg	忄又土⊖	NCfg

guan

关	UDu	⺍大⊙	UDU
观	CMqn	又冂儿⊘	CMqn
官	PNhn	宀コ丨コ	PNf

冠	PFQF	一二儿寸	PFQF
倌	WPNn	亻宀ココ	WPNg
棺	SPNn	木宀ココ	SPNg
鳏	QGLI	鱼一皿氺	QGLI
馆	QNPn	⺈乙宀コ	QNPn
管	TPnn	⺮宀ココ	TPNf
贯	XFMu	母十贝⊙	XMu
惯	NXFm	忄母十贝	NXM
掼	RXFm	扌母十贝	RXMy
涫	IPNn	氵宀ココ	IPNg
盥	QGIl	⺍一水皿	EILf
灌	IAKy	氵⺫口圭	IAKy
鹳	AKKG	⺺口口一	AKKG
罐	RMAY	⽸山⺺圭	TFBY

guang

光	IQb	⺍儿⑯	IGqb
咣	KIQn	口⺍儿⊘	KIGq
桄	SIQN	木⺍儿⊘	SIGQ
胱	EIQn	月⺍儿⊘	EIGq
广	YYGT	广、一丿	OYgt
犷	QTYT	犭丿广丿	QTOT
逛	QTGP	犭丿王辶	QTGP

gui

归	JVg	刂ヨ⊖	JVg
圭	FFF	土土⊖	FFF
妫	VYLy	女、力、	VYEy
龟	QJNb	⺈日乙⑯	QJNb
规	FWMq	二人冂儿	GMQn
皈	RRCY	白厂又乀	RRCY
闺	UFFD	门土土⊜	UFFd
硅	DFFg	石土土⊖	DFFG
瑰	GRQc	王白儿厶	GRQc
鲑	QGFF	鱼一土土	QGFF
宄	PVB	宀九⑯	PVB
轨	LVn	车九乙	LVn
庋	YFCi	广十又⊙	OFCi
匦	ALVv	匚车九⑯	ALVv
诡	YQDb	讠⺈厂巳	YQDb

癸	WGDu	癶一大⊙	WGDu
鬼	RQCi	白儿厶⊙	RQCi
晷	JTHK	日冬卜口	JTHK
簋	TVEL	⺮ヨ⺈皿	TVLf
刿	WFCJ	人二厶刂	WFCJ
剧	MQJH	山夕刂①	MQJH
柜	SANg	木匚コ⊖	SANg
炅	JOU	日火⊙	JOU
贵	KHGM	口丨一贝	KHGM
桂	SFFg	木土土⊖	SFFg
跪	KHQB	口止⺈巳	KHQB
鳜	QGDW	鱼一厂人	QGDW
桧	SWFc	木人二厶	SWFc

gun

衮	UCEU	六厶衣⊙	UCEU
绲	XJXx	纟日匕匕	XJXx
辊	LJxx	车日匕匕	LJxx
滚	IUCe	氵六厶衣	IUCe
磙	DUCe	石六厶衣	DUCe
鲧	QGTI	鱼一丿小	QGTI
棍	SJXx	木日匕匕	SJXx

guo

呙	KMWU	口冂人⊙	KMWU
埚	FKMw	土口冂人	FKMW
郭	YBBh	亩子阝①	YBBh
崞	MYBg	山亩子⊖	MYBg
聒	BTDg	耳丿古⊖	BTDg
锅	QKMw	钅口冂人	QKMw
蝈	JLGy	虫口王、	JLGy
国	Lgyi	口王、⊙	Lgyi
帼	MHLy	冂丨口、	MHLy
掴	RLGY	扌口王、	RLGY
虢	EFHM	⺫寸广儿	EFHW
馘	UTHG	⺍丿目一	UTHG
果	JSi	日木⊙	JSi
椁	SYBg	木亩子⊖	SYBg
蜾	JJSy	虫日木、	JJSy
裹	YJSE	亠日木衣	YJSE
过	FPi	寸辶⊙	FPi

涡	IKMw	氵口冂人	IKMw

ha

哈	KWGk	口人一口	KWGk
铪	QWGK	钅人一口	QWGK
蛤	JWgk	虫人一口	JWgk

hai

嗨	KITU	口氵一丷	KITX
还	GIPi	一小辶⑤	DHpi
孩	BYNW	子一乙人	BYNw
骸	MEYw	四月一人	MEYw
海	ITXu	氵一母丷	ITXy
胲	EYNW	月一乙人	EYNW
醢	SGDL	西一ナ皿	SGDL
亥	YNTW	一乙丿人	YNTW
骇	CYNW	马一乙人	CGYW
害	PDhk	宀三丨口	PDhk
氦	RNYW	二乙一人	RYNW

han

顸	FDMY	干厂贝⊙	FDMY
蚶	JAFg	虫廿二⊖	JFG
酐	SGAF	西一廿二	SGFg
憨	NBTN	乙耳夂心	NBTN
鼾	THLF	丿目田干	THLF
邗	FBH	干阝①	FBH
含	WYNK	人丶乙口	WYNK
邯	AFBh	廿二阝①	FBH
函	BIBk	了氺凵⑩	BIBk
晗	JWYK	日人丶口	JWYK
涵	IBIb	氵了氺凵	IBIb
焓	OWYk	火人丶口	OWYk
寒	PFJu	宀二刂丷	PAWu
韩	FJFH	十早二丨	FJFH
罕	PWFj	一八千⑪	PWFj
喊	KDGT	口厂一丿	KDGK
汉	ICy	氵又⊙	ICy
汗	IFH	氵干①	IFh
旱	JFJ	日干⑪	JFJ
悍	NJFh	忄日干①	NJFh

捍	RJFh	扌日干①	RJFH
焊	OJFh	火日干①	OJFh
菡	ABIB	艹了氺凵	ABIB
颔	WYNM	人丶乙贝	WYNM
撖	RNBT	扌乙耳夂	RNBT
憾	NDGN	忄厂一心	NDGN
撼	RDGN	扌厂一心	RDGN
翰	FJWn	十早人羽	FJWn
瀚	IFJN	氵十早羽	IFJN

hang

夯	DLB	大力⑩	DER
杭	SYMn	木一几⑫	SYWn
绗	XTFH	纟彳二丨	XTGS
航	TEYm	丿舟一几	TUYw
沆	IYMn	氵一几⑫	IYWN
颃	YMDM	一几厂贝	YWDm

hao

蒿	AYMk	艹古冂口	AYMk
嚆	KAYk	口艹古口	KAYk
薅	AVDF	艹女厂寸	AVDF
蚝	JTFn	虫丿二乙	JEN
毫	YPTn	古冖一乙	YPEb
嗥	KRDf	口白大十	KRDF
豪	YPEU	古冖一豕⑤	YPGe
嚎	KYPe	口古冖豕	KYPe
壕	FYPe	土古冖豕	FYPe
濠	IYPe	氵古冖豕	IYPe
好	VBg	女子⊖	VBg
郝	FOBh	土亦阝①	FOBh
号	KGNb	口一乙⑩	KGnb
昊	JGDu	日一大⑤	JGDu
浩	ITFK	氵丿土口	ITFK
耗	DITN	三小丿乙	FSEn
皓	RTFK	白丿土口	RTFK
颢	JYIM	日古小贝	JYIM
灏	IJYM	氵日古贝	IJYM

he

诃	YSKg	讠丁口⊖	YSKg
呵	KSKg	口丁口⊖	KSKg
喝	KJQn	口日匂乙	KJQn
嗬	KAWK	口艹亻口	KAWK
禾	TTTt	禾禾禾禾	TTTt
合	WGKf	人一口⊖	WGKF
何	WSKg	亻丁口⊖	WSKg
劾	YNTL	一乙丿力	YNTE
和	Tkg	禾口⊖	Tkg
河	ISKg	氵丁口⊖	ISKg
曷	JQWN	日勹人乙	JQWN
阂	UYNw	门一乙人	UYNw
核	SYNW	木一乙人	SYNw
盍	FCLF	土厶皿⊖	FCLf
荷	AWSK	艹亻丁口	AWSK
涸	ILDg	氵口古⊖	ILDg
盒	WGKL	人一口皿	WGKL
菏	AISk	艹氵丁口	AISK
蚵	JSKg	虫丁口⊖	JSKg
貉	EETK	四勹夂口	ETKG
阖	UFCl	门土厶皿	UFCl
翮	GKMN	一口冂羽	GKMN
贺	LKMu	力口贝⑤	EKMu
褐	PUJN	衤日乙	PUJN
赫	FOFo	土亦土亦	FOFo
鹤	PWYg	一亻圭一	PWYg
壑	HPGf	卜一一土	HPGf

hei

黑	LFOu	四土灬⑤	LFOu
嘿	KLFo	口四土灬	KLFo

hen

痕	UVEi	疒彐㇄⑤	UVI
狠	QTVe	犭丿彐㇄	QTVy
很	TVEy	彳彐㇄⊙	TVY
恨	NVey	忄彐㇄⊙	NVy

heng

亨	YBJ	古了⑪	YBJ
哼	KYBh	口古了①	KYBh
恒	NGJg	忄一日一	NGJg

桁	STFH	木亻二丨	STGs
珩	GTFh	王亻二丨	GTGs
横	SAMw	木艹由八	SAMw
衡	TQDH	彳鱼大丨	TQDs
蘅	ATQH	艹彳鱼丨	ATQS

hong

轰	LCCu	车又又②	LCCu
哄	KAWy	口艹八⊙	KAWy
訇	QYD	勹言三	QYD
烘	OAWy	火艹八⊙	OAWY
薨	ALPX	艹皿冖匕	ALPX
弘	XCY	弓厶丶	XCy
红	XAg	纟工⊖	XAg
宏	PDCu	宀ナ厶②	PDCu
闳	UDCi	门ナ厶③	UDCi
泓	IXCy	氵弓厶⊙	IXCy
洪	IAWy	氵艹八⊙	IAWy
荭	AXAf	艹纟工二	AXAf
虹	JAg	虫工⊖	JAG
鸿	IAQG	氵工勹一	IAQg
蕻	ADAW	艹县共八	ADAW
黉	IPAw	⺍冖艹八	IPAw
讧	YAG	讠工⊖	YAG

hou

侯	WNTd	亻コ⼂大	WNTd
喉	KWNd	口亻コ大	KWND
猴	QTWd	犭丿亻大	QTWd
瘊	UWNd	疒亻コ大	UWNd
篌	TWNd	竹亻コ大	TWNd
糇	OWNd	米亻コ大	OWNd
骺	MERk	骨月厂口	MERk
吼	KBNn	口子乙②	KBNn
后	RGkd	厂一口⊜	RGkd
厚	DJBd	厂日子⊜	DJBd
後	TXTy	彳幺夂⊙	TXTY
逅	RGKP	厂一口辶	RGKP
候	WHNd	亻丨コ大	WHNd
堠	FWND	土亻コ大	FWND
簹	IPQG	⺍冖鱼一	IPQG

hu

乎	TUHk	丿丷丨⑩	TUFK
呼	KTuh	口丿丷丨	KTUf
忽	QRNu	勹⼃心	QRNu
烀	OTUh	火丿丷丨	OTUf
轷	LTUH	车丿丷丨	LTUF
唿	KQRN	口勹⼃心	KQRN
惚	NQRn	忄勹⼃心	NQRn
滹	IHAH	氵广七丨	IHTF
囫	LQRe	口勹⼃②	LQRe
弧	XRCy	弓厂厶丶	XRCy
狐	QTRy	犭丿厂丶	QTRy
胡	DEg	古月⊖	DEG
壶	FPOg	士冖业一	FPOf
斛	QEUf	勹用丷十	QEUf
湖	IDEg	氵古月⊖	IDEg
猢	QTDE	犭丿古月	QTDE
葫	ADEF	艹古月二	ADEF
煳	ODEG	火古月⊖	ODEG
瑚	GDEg	王古月⊖	GDEg
鹕	DEQg	古月勹一	DEQg
槲	SQEF	木勹用十	SQEF
糊	ODEg	米古月⊖	ODEg
蝴	JDEg	虫古月⊖	JDEg
醐	SGDE	西一古月	SGDE
觳	FPGC	士冖一又	FPGC
虎	HAmv	广七几⑩	HWV
浒	IYTF	氵讠丿十	IYTF
唬	KHAM	口广七几	KHWN
琥	GHAm	王广七几	GHWn
互	GXgd	一彑一	GXd
户	YNE	丶尸②	YNE
沍	UGXg	冫一彑一	UGXG
护	RYNt	扌丶尸②	RYNt
沪	IYNt	氵丶尸②	IYNt
岵	MDG	山古⊖	MDG
怙	NDG	忄古⊖	NDG
祜	YNUf	丶尸丷十	YNUf

祜	PYDG	礻丶古⊖	PYDG
笏	TQRr	竹勹⼃⼃	TQRr
扈	YNKC	丶尸口巴	YNKC
瓠	DFNY	大二乙丶	DFNY
鹱	QYNC	勹丶乙又	QGAC

hua

花	AWXb	艹亻匕⑥	AWXb
华	WXFj	亻匕十⑩	WXFj
哗	KWXf	口亻匕十	KWXf
骅	CWXf	马亻匕十	CGWF
铧	QWXf	钅亻匕十	QWXf
滑	IMEg	氵冎月⊖	IMEg
猾	QTMe	犭丿冎月	QTME
化	WXn	亻匕②	WXn
划	AJh	戈刂①	AJh
画	GLbj	一田凵⑩	GLbj
话	YTDg	讠丿古⊖	YTDg
桦	SWXf	木亻匕十	SWXf
砉	DHDF	三丨石⊖	DHDF

huai

怀	NGIy	忄一小⊙	NDHy
徊	TLKg	彳口口⊖	TLKg
淮	IWYg	氵亻圭⊖	IWYg
槐	SRQc	木白儿厶	SRQc
踝	KHJS	口止日木	KHJS
坏	FGIy	土一小⊙	FDHy

huan

欢	CQWy	又⼃人⊙	CQWy
獾	QTAY	犭丿艹圭	QTAY
环	GGIy	王一小⊙	GDHy
洹	IGJg	氵一日一	IGJg
桓	SGJG	木一日一	SGJG
萑	AWYF	艹亻圭	AWYF
锾	QEFC	钅爫二又	QEGC
寰	PLGe	宀皿一衣	PLGe
缳	XLGE	纟皿一衣	XLGE
鬟	DELe	镸彡皿衣	DELe
缓	XEFc	纟爫二又	XEGC

字	码	拆分	码
幻	XNN	幺乙②	XNN
夐	QMDu	夕冂大③	QMDu
宦	PAHh	宀匚丨丨	PAHh
唤	KQMd	口夕冂大	KQMd
换	RQmd	扌夕冂大	RQmd
浣	IPFQ	氵宀二儿	IPFQ
涣	IQMd	氵夕冂大	IQMd
患	KKHN	口口丨心	KKHN
焕	OQMd	火夕冂大	OQMd
逭	PNHP	宀コ丨辶	PNPd
痪	UQMd	疒夕冂大	UQMd
泰	UDEu	丷大氺③	UGGe
漶	IKKN	氵口口心	IKKN
鲩	QGPq	鱼一宀儿	QGPQ
攌	RLGE	扌囬一衣	RLGe
圜	LLGe	囗囬一衣	LLGe

huang

字	码	拆分	码
育	YNEF	亠乙月㊀	YNEF
荒	AYNQ	艹亠乙儿	AYNK
慌	NAYq	忄艹亠儿	NAYk
皇	RGF	白王㊀	RGF
凰	MRGd	几白王㊀	WRGD
隍	BRGg	阝白王㊀	BRGg
黄	AMWu	共由八③	AMWu
徨	TRGg	彳白王㊀	TRGg
惶	NRGG	忄白王㊀	NRGG
湟	IRGG	氵白王㊀	IRGG
遑	RGPd	白王辶㊀	RGPd
煌	ORgg	火白王㊀	ORGG
潢	IAMw	氵共由八	IAMw
璜	GAMW	王共由八	GAMW
篁	TRGF	⺮白王㊀	TRGF
蝗	JRgg	虫白王㊀	JRGG
癀	UAMw	疒共由八	UAMw
磺	DAMw	石共由八	DAMW
簧	TAMW	⺮共由八	TAMW
蟥	JAMw	虫共由八	JAMw
鳇	QGRg	鱼一白王	QGRg

字	码	拆分	码
恍	NIQn	忄⺌儿②	NIGq
晃	JIqb	日⺌儿③	JIgq
谎	YAYq	讠艹亠儿	YAYk
幌	MHJQ	冂丨日儿	MHJQ

hui

字	码	拆分	码
灰	DOu	厂火③	DOU
诙	YDOy	讠厂火③	YDOy
咴	KDOy	口厂火③	KDOy
恢	NDOy	忄厂火③	NDOy
挥	RPLh	扌冖车①	RPLh
虺	GQJI	一儿虫③	GQJI
晖	JPLH	日冖车①	JPLH
辉	IQPL	⺌儿冖车	IGQL
麾	YSSN	广木木乙	OSSE
徽	TMGT	彳山一攵	TMGT
隳	BDAN	阝ナ工小	BDAN
回	LKD	囗口㊀	LKd
洄	ILKg	氵囗口㊀	ILKg
茴	ALKF	艹囗口㊀	ALKF
蛔	JLKg	虫囗口㊀	JLKg
悔	NTXu	忄丿母③	NTXy
卉	FAJ	十廾⑩	FAJ
汇	IAN	氵匚②	IAN
会	WFcu	人二厶③	WFCu
讳	YFNH	讠二乙丨	YFNH
哕	KMQy	口山夕③	KMQy
浍	IWFC	氵人二厶	IWFc
绘	XWFc	纟人二厶	XWFc
荟	AWFC	艹人二厶	AWFC
诲	YTXu	讠丿母㇏	YTXy
恚	FFNU	土土心③	FFNU
烩	OWFc	火人二厶	OWFC
贿	MDEg	贝ナ月㊀	MDEg
彗	DHDV	三丨三彐	DHDV
晦	JTXu	日丿母㇏	JTXy
秽	TMQy	禾山夕③	TMQy
喙	KXEy	口彑豕③	KXEy
惠	GJHn	一日丨心	GJHn

字	码	拆分	码
绩	XKHm	纟口丨贝	XKHM
毁	VAmc	白工几又	EAWc
彗	DHDn	三丨三心	DHDn
慧	AGJn	艹一日心	AGJn
蕙	JGJN	虫一日心	JGJN

hun

字	码	拆分	码
昏	QAJF	氏七日㊀	QAJF
荤	APLJ	艹一车⑩	APLj
婚	VQaj	女氏七日	VQaj
阍	UQAj	门氏七日	UQAJ
浑	IPLh	氵冖车①	IPLh
珲	GPLh	王冖车①	GPLh
馄	QNJX	夕乙日匕	QNJX
魂	FCRc	二厶白厶	FCRc
诨	YPLh	讠冖车①	YPLh
混	IJXx	氵日匕匕	IJXx
溷	ILEY	氵囗豕③	ILGE

huo

字	码	拆分	码
耠	DIWk	三小人口	FSWk
锪	QQRn	钅勹⺗心	QQRn
劐	AWYJ	艹亻圭刂	AWYJ
镬	QAWC	钅艹亻又	QAWC
藿	AFWY	艹雨亻圭	AFWY
嚯	PDHk	宀三丨口	PDHk
攉	RFWY	扌雨亻圭	RFWy
活	ITDg	氵丿古㊀	ITDg
火	OOOo	火火火火	OOOo
伙	WOy	亻火③	WOy
钬	QOY	钅火①	QOY
夥	JSQq	日木夕夕	JSQq
或	AKgd	戈口一㊀	AKgd
货	WXMu	亻匕贝③	WXMu
获	AQTd	艹犭丿犬	AQTD
祸	PYKW	礻丶口人	PYKW
惑	AKGN	戈口一心	AKGN
霍	FWYF	雨亻圭㊀	FWYF
镬	QAWC	钅艹亻又	QAWc
嚯	KFWY	口雨亻圭	KFWy

蟥	JAWC	虫艹亻又	JAWC
ji			
开	GJK	一川⑩	GJK
讥	YMN	讠几②	YWN
击	FMK	二山⑩	GBk
叽	KMN	口几②	KWN
饥	QNMn	饣乙几②	QNWn
乩	HKNn	卜口乙②	HKNn
圾	FEyy	土乃丶丶	FBYY
机	SMn	木几②	SWn
玑	GMN	王几②	GWN
肌	EMn	月几②	EWN
芨	AEYu	艹乃丶⊙	ABYu
矶	DMN	石几②	DWN
鸡	CQYg	又勹丶一	CQGg
咭	KFKG	口士口⊖	KFKG
迹	YOPi	亠小辶⊙	YOPi
剞	DSKJ	大丁口刂	DSKJ
唧	KVCB	口彐厶卩	KVBh
姬	VAHh	女匚丨丨	VAHh
屐	NTFC	尸彳十又	NTFC
积	TKWy	禾口八⊙	TKWy
笄	TGAJ	竹一廾⑩	TGAJ
基	ADwf	艹三八土	DWFf
绩	XGMy	纟责贝	XGMy
稘	TDNM	禾广乙山	TDNM
犄	TRDk	丿扌大口	CDSk
缉	XKBg	纟口耳⊖	XKBg
赍	FWWm	十人人贝	FWWm
畸	LDSk	田大丁口	LDSk
跻	KHYJ	口止文刂	KHYJ
箕	TADw	竹艹三八	TDWu
畿	XXAl	幺幺戈田	XXAl
稽	TDNJ	禾广乙日	TDNJ
齑	YDJJ	文三刂刂	YDJJ
羁	GJFF	一日十土	LBWf
激	IRYT	氵白方攵	IRYT
羁	LAFc	皿廿甲马	LAFg

及	EYi	乃丶⊙	BYi
吉	FKf	士口f	FKf
岌	MEYU	山乃丶⊙	MBYu
汲	IEYy	氵乃丶丶	IBYY
级	XEYy	纟乃丶丶	XByy
即	VCBh	彐厶卩①	VBH
极	SEyy	木乃丶丶	SBYy
亟	BKCg	了口又一	BKCg
佶	WFKG	亻士口⊖	WFKG
急	QVNu	勹彐心⊙	QVNu
笈	TEYU	竹乃丶⊙	TBYU
疾	UTDi	疒一大⊙	UTDi
戢	KBNT	口耳乙丿	KBNY
棘	GMII	一门小小	SMSm
殛	GQBg	一夕了一	GQBg
集	WYSu	亻圭木	WYSu
嫉	VUTd	女疒一大	VUTd
楫	SKBg	木口耳	SKBg
蒺	AUTd	艹疒一大	AUTd
辑	LKBg	车口耳	LKBg
瘠	UIWe	疒⺀人月	UIWe
蕺	AKBT	艹口耳丿	AKBY
籍	TDIJ	竹三小日	TFSj
几	MTN	几丿乙	WTN
己	NNGn	己乙一乙	NNGn
虮	JMN	虫几②	JWN
挤	RYJh	扌文刂①	RYJh
脊	IWEf	⺀人月f	IWEf
掎	RDSk	扌大丁口	RDSk
戟	FJAt	十早戈t	FJAy
嵴	MIWe	山⺀人月	MIWe
麂	YNJM	广彐刂几	OXXW
计	YFh	讠十①	YFh
记	YNn	讠己②	YNn
伎	WFCY	亻十又丶	WFCY
纪	XNn	纟己②	XNn
妓	VFCy	女十又丶	VFCy
忌	NNU	己心⊙	NNU

技	RFCy	扌十又丶	RFCy
芰	AFCU	艹十又U	AFCU
际	BFIy	阝二小⊙	BFIy
剂	YJJH	文刂刂①	YJJH
季	TBf	禾子f	TBF
嚌	KYJh	口文刂①	KYJh
既	VCAq	彐厶匚儿	VAqn
洎	ITHG	氵丿目	ITHG
济	IYJh	氵文刂①	IYJh
继	XOnn	纟米乙②	XOnn
觊	MNMQ	山己门儿	MNMq
寂	PHic	宀上小又	PHic
寄	PDSk	宀大丁口	PDSk
悸	NTBg	忄禾子⊖	NTBg
祭	WFIu	夕二小⊙	WFIu
蓟	AQGJ	艹鱼一刂	AQGj
暨	VCAG	彐厶匚一	VAQg
跽	KHNN	口止己心	KHNN
霁	FYJj	雨文刂⑩	FYJJ
鲚	QGYJ	鱼一文刂	QGYJ
稷	TLWt	禾田八夂	TLWt
鲫	QGVB	鱼一彐卩	QGVb
冀	UXLw	⺀北田八	UXLw
髻	DEFK	镸彡士口	DEFK
骥	CUXw	马⺀北八	CGUw
诘	YFKg	讠士口⊖	YFKg
藉	ADIj	艹三小日	AFSj
荠	AYJJ	艹文刂⑩	AYJJ
jia			
加	LKg	力口⊖	EKg
夹	GUWi	一丷人	GUDi
伽	WLKg	亻力口⊖	WEKg
佳	WFFG	亻土土⊖	WFFg
迦	LKPd	力口辶⊇	EKPd
枷	SLKg	木力口⊖	SEKg
浃	IGUw	氵一丷人	IGUD
珈	GLKg	王力口⊖	GEKg
家	PEu	宀豕⊙	PGeu

痂	ULKD	疒力口㊂	UEKD	笺	TGR	⺮戋②	TGAu	饯	QNGT	饣乙戋丿	QNGa

字	码1	拆	码2	字	码1	拆	码2	字	码1	拆	码2
痂	ULKD	疒力口㊂	UEKD	笺	TGR	⺮戋②	TGAu	饯	QNGT	饣乙戋丿	QNGa
筘	TLKF	⺮力口	TEKf	菅	APNN	艹宀コ一	APNf	剑	WGIj	人一丷刂	WGIj
袈	LKYe	力口二衣	EKYe	湔	IUEj	氵丷月刂	IUEj	伞	WARh	亻代⺀丨	WAYg
裕	PUWK	衤丷人口	PUWK	犍	TRVp	丿扌ヨ爻	CVGp	荐	ADHb	艹ナ丨子	ADHb
葭	ANHC	艹コ丨又	ANHC	缄	XDGt	纟厂一丿	XDGk	贱	MGT	贝戋②	MGAy
跏	KHLK	口止力口	KHEK	搛	RUVO	扌丷ヨ⺌	RUVW	健	WVFp	亻ヨ二爻	WVGp
嘉	FKUK	士口丷口	FKUK	煎	UEJO	丷月刂灬	UEJO	涧	IUJG	氵门日㊀	IUJG
镓	QPEy	钅宀豕⊙	QPGE	缣	XUVo	纟丷ヨ⺌	XUVw	舰	TEMQ	丿舟门儿	TUMq
岬	MLH	山甲①	MLH	蒹	AUVo	艹丷ヨ⺌	AUVw	渐	ILrh	氵车斤①	ILRh
郏	GUWB	一丷人阝	GUDB	鲣	QGJF	鱼一刂土	QGJF	谏	YGLi	讠一囗小	YSLg
英	AGUW	艹一丷人	AGUD	鹣	UVOG	丷ヨ⺌一	UVJG	楗	SVFP	木ヨ二爻	SVGp
恝	DHVN	三丨刀心	DHVN	鞯	AFAb	廿革艹子	AFAb	毽	TFNP	丿二乙爻	EVGP
戛	DHAr	厂目戈②	DHAu	囝	LBd	口子㊂	LBd	溅	IMGT	氵贝戋丿	IMGA
铗	QGUW	钅一丷人	QGUD	拣	RANW	扌七乙八	RANW	腱	EVFP	月ヨ二爻	EVGp
蛱	JGUw	虫一丷人	JGUd	枧	SMQN	木门儿②	SMQn	践	KHGt	口止戋丿	KHGa
频	GUWM	一丷人贝	GUDM	俭	WWGI	亻人一丷	WWGG	鉴	JTYQ	ㄐ丿、金	JTYq
甲	LHNH	甲丨乙丨	LHNH	柬	GLIi	一囗小㊀	SLd	键	QVFP	钅ヨ二爻	QVGP
胛	ELH	月甲①	ELH	茧	AJU	艹虫	AJU	僭	WAQJ	亻匚儿日	WAQJ
贾	SMU	西贝㊀	SMu	捡	RWGI	扌人一丷	RWGg	槛	SJTl	木ㄐ丿皿	SJTl
钾	QLH	钅甲①	QLH	笕	TMQB	⺮门儿⑩	TMQB	箭	TUEj	⺮丷月刂	TUEj
瘕	UNHc	疒コ丨又	UNHC	减	UDGt	冫厂一丿	UDGk	踺	KHVP	口止ヨ爻	KHVP
价	WWJh	亻人刀①	WWJh	剪	UEJV	丷月刂刀	UEJV				

<!-- jiang section header row for right column -->

驾	LKCf	力口马㊁	EKCg
架	LKSu	力口木㊀	EKSu
假	WNHc	亻コ丨又	WNHc
嫁	VPEy	女宀豕⊙	VPGe
稼	TPEy	禾宀豕⊙	TPGe

jian

戋	GGGT	戋一一丿	GAI
尖	IDu	小大㊀	IDu
奸	VFH	女干①	VFH
坚	JCFf	ㄐ又土㊁	JCff
歼	GQTf	一夕丿十	GQTF
间	UJd	门日㊂	UJd
肩	YNED	、尸月㊂	YNED
艰	CVey	又コ⺀⊙	CVy
兼	UVOu	丷コ小㊀	UVJw
监	JTYL	ㄐ丿、皿	JTYL

检	SWgi	木人一丷	SWGg
趼	KHGA	口止一廾	KHGA
睑	HWGI	目人一丷	HWGG
碱	DWGI	石人一丷	DWGG
裥	PUUJ	衤冫门日	PUUJ
锏	QUJG	钅门日㊀	QUJG
简	TUJf	⺮门日㊁	TUJf
谫	YUEv	讠丷月刀	YUEv
戬	GOGA	一业一戈	GOJA
碱	DDGt	石厂一丿	DDGk
翦	UEJN	丷月刂羽	UEJN
謇	PFJY	宀二刂言	PAWY
蹇	PFJH	宀二刂止	PAWH
见	MQB	门儿⑩	MQb
件	WRHh	亻二丨①	WTGh
建	VFHP	ヨ二丨爻	VGpk

jiang

江	IAg	氵工㊀	IAg
姜	UGVf	丷王女㊁	UGVf
将	UQFy	丬夕寸⊙	UQFy
茳	AIAf	艹氵工	AIAf
浆	UQIu	丬夕水㊀	UQIu
豇	GKUA	一口丷工	GKUA
僵	WGLg	亻一田一	WGLg
缰	XGLg	纟一田一	XGLg
礓	DGLg	石一田一	DGLg
疆	XFGg	弓土一一	XFGG
讲	YFJh	讠二刂①	YFJh
奖	UQDu	丬夕大㊀	UQDu
桨	UQSu	丬夕木㊀	UQSu
蒋	AUQf	艹丬夕寸	AUQf
耩	DIFF	三小二土	FSAF
匠	ARk	匚斤⑩	ARK

降	BTah	阝夂匚丨	BTgh	徽	TRYt	彳白方攵	TRYt	鲒	QGFK	鱼一士口	QGFK
泽	ITAh	氵夂匚丨	ITGh	缴	XRYt	纟白方攵	XRYt	羯	UDJN	丷⺸曰乙	UJQN
绛	XTAH	纟夂匚丨	XTGh	叫	KNhh	口乙丨①	KNhh	姐	VEGg	女月一①	VEgg
酱	UQSG	⺬夕西一	UQSG	峤	MTDJ	山丿大川	MTDJ	解	QEVh	⺈用刀丨	QEVg
犟	XKJH	弓口虫丨	XKJG	轿	LTDj	车丿大川	LTDj	介	WJj	人川①	WJj
糨	OXkj	米弓口虫	OXkj	较	LUqy	车六乂⊙	LUry	戒	AAK	戈廾⑩	AAK
		jiao		教	FTBT	土丿子攵	FTBT	芥	AWJj	艹人川①	AWJj
艽	AVB	艹九⑧	AVB	窖	PWTK	宀八丿口	PWTK	届	NMd	尸由㊂	NMd
交	UQu	六乂⑤	URu	醮	SGFB	西一土子	SGFB	界	LWJj	田人川①	LWJj
郊	UQBh	六乂阝①	URBh	醮	SGWO	西一亻灬	SGWO	疥	UWJk	疒人川⑩	UWJk
姣	VUQy	女六乂⊙	VURy	嚼	KELf	口罒皿寸	KELf	诫	YAAH	讠戈廾丨	YAAh
娇	VTDJ	女丿大川	VTDJ			**jie**		借	WAJg	亻艹曰一	WAJg
浇	IATq	氵七丿儿	IATq	阶	BWJh	阝人川丨	BWJh	蚧	JWJh	虫人川丨	JWJh
茭	AUQU	艹六乂⑤	AURu	疖	UBK	疒卩⑩	UBK	骱	MEWj	罒月人川	MEWj
骄	CTDJ	马丿大川	CGTj	皆	XXRf	匕比白㊀	XXRf			**jin**	
胶	EUqy	月六乂⊙	EUry	接	RUVg	扌立女㊀	RUVg	巾	MHK	冂丨⑩	MHK
椒	SHIc	木上小又	SHIc	秸	TFKG	禾士口㊀	TFKG	今	WYNB	人丶乙⑧	WYNb
焦	WYOu	亻圭灬⑤	WYOu	喈	KXXR	口匕比白	KXXR	斤	RTTh	斤丿丿丨	RTTh
蛟	JUqy	虫六乂⊙	JURy	嗟	KUDA	口丷⺸工	KUAg	金	QQQq	金金金金	QQQq
跤	KHUQ	口止六乂	KHUR	揭	RJQn	扌曰勹乙	RJQn	津	IVFH	氵ヨ二丨	IVGH
僬	WWYO	亻亻圭灬	WWYO	街	TFFH	彳土土丨	TFFS	矜	CBTN	マ卩丿乙	CNHN
鲛	QGUQ	鱼一六乂	QGUR	子	BNHG	了乙丨一	BNHG	衿	PUWN	衤人乙	PUWN
蕉	AWYo	艹亻圭灬	AWYO	节	ABj	艹卩①	ABj	筋	TELB	⺮月力⑧	TEER
礁	DWYo	石亻圭灬	DWYO	讦	YFH	讠干①	YFH	襟	PUSi	衤木小	PUSi
鹪	WYOG	亻圭灬一	WYOG	劫	FCLN	土厶力⑧	FCET	仅	WCY	亻又⊙	WCY
角	QEj	⺈用①	QEj	杰	SOu	木灬⑤	SOu	卺	BIGB	了氺一巴	BIGB
佼	WUQy	亻六乂⊙	WURy	拮	RFKg	扌士口㊀	RFKg	紧	JCxi	川又幺小	JCXi
侥	WATQ	亻七丿儿	WATq	洁	IFKg	氵士口㊀	IFKg	堇	AKGF	廿口⺸	AKGF
狡	QTUq	犭丿六乂	QTUr	结	XFkg	纟士口㊀	XFkg	谨	YAKg	讠廿口⺸	YAKg
绞	XUQy	纟六乂⊙	XURy	桀	QAHS	夕匚丨木	QGSu	锦	QRMh	钅白冂丨	QRMh
侥	QNUQ	⺈乙六乂	QNUR	捷	RGVh	扌一ヨ乀	RGVh	廑	YAKG	广廿口⺸	OAKg
皎	RUQy	白六乂⊙	RURy	婕	VGVh	女一ヨ乀	VGVh	觐	QNAG	⺈乙廿⺸	QNAG
矫	TDTJ	⺈大丿川	TDTJ	偈	WJQn	亻曰勹乙	WJQn	槿	SAKg	木廿口⺸	SAKg
脚	EFCB	月土厶卩	EFCB	颉	FKDm	士口厂贝	FKDm	瑾	GAKG	王廿口⺸	GAKG
铰	QUQy	钅六乂⊙	QURy	睫	HGVh	目一ヨ乀	HGVh	尽	NYUu	尸丶丷⑤	NYUu
搅	RIPQ	扌⺌冖儿	RIPQ	截	FAWy	十戈亻圭	FAWY	劲	CALn	又工力⑧	CAEt
剿	VJSJ	巛日木刂	VJSJ	碣	DJQn	石曰勹乙	DJQn	进	FJpk	二刂辶⑩	FJPk
敫	RYTY	白方攵⊙	RYTY	竭	UJQN	立曰勹乙	UJQN	近	RPk	斤辶⑩	RPk

妗	VWyn	女人丶乙	VWyn
荩	ANYU	艹尸丶冫	ANYu
晋	GOGJ	一业一日	GOJf
浸	IVPc	氵ヨ冖又	IVPc
烬	ONYu	火尸丶冫	ONYu
赆	MNYu	贝尸丶冫	MNYu
缙	XGOJ	纟一业日	XGOj
禁	SSFi	木木二小	SSFi
靳	AFRh	廿串斤①	AFRh
觐	AKGQ	廿口丰儿	AKGQ
噤	KSSI	口木木小	KSSI

jing

茎	ACAf	艹又工㊀	ACAf
京	YIU	亠小⑥	YIU
泾	ICAg	氵又工㊀	ICAg
泾	Xcag	纟又工㊀	XCAg
经	AGAj	艹一廾刂	AGAj
惊	NYIY	忄亠小⑤	NYIY
旌	YTTG	方⺈丿丰	YTTG
菁	AGEF	艹一丰月	AGEf
晶	JJJf	日日日㊀	JJJf
腈	EGEG	月丰月㊀	EGEG
睛	HGeg	目丰月㊀	HGeg
粳	OGJq	米一日乂	OGJr
兢	DQDq	古儿古儿	DQDq
精	OGEg	米丰月㊀	OGEG
鲸	QGYi	鱼一亠小	QGYi
井	FJK	二刂⑪	FJK
阱	BFJh	阝二刂①	BFJh
到	CAJH	又工刂丨	CAJH
胼	EFJh	月二刂①	EFJh
颈	CADm	又工厂贝	CADm
景	JYIu	日亠小⑥	JYIu
儆	WAQT	亻艹勹攵	WAQt
憬	NJYi	忄日亠小	NJYi
警	AQKY	艹勹口言	AQKy
净	UQVh	冫勹ヨ丨	UQVh
迳	XCAG	弓又工㊀	XCAG

径	TCAg	彳又工㊀	TCAg
迳	CAPd	又工辶㊂	CAPd
胫	ECAg	月又工㊀	ECAg
痉	UCAd	疒又工㊂	UCAd
竞	UKQB	立口儿⑧	UKQb
婧	VGEg	女丰月㊀	VGEg
竟	UJQb	立日儿⑧	UJQb
敬	AQKt	艹勹口攵	AQKT
靓	GEMq	丰月门儿	GEMq
靖	UGEg	立丰月㊀	UGEg
境	FUJq	土立日儿	FUJq
猄	QTUQ	犭丿立儿	QTUQ
静	GEQh	丰月⺈丨	GEQh
镜	QUJq	钅立日儿	QUJq

jiong

迥	MKPd	冂口辶㊂	MKPd
扃	YNMK	丶尸门口	YNMK
炯	OMKg	火门口㊀	OMKg
窘	PWVK	宀八ヨ口	PWVK

jiu

纠	XNHh	纟乙丨①	XNHh
究	PWVb	宀八九⑧	PWVb
鸠	VQYG	九勹丶一	VQGg
赳	FHNH	土止乙丨	FHNH
阄	UQJn	门勹日乙	UQJn
啾	KTOy	口禾火⑤	KTOy
揪	RTOy	扌禾火⑤	RTOY
鬏	DETO	镸彡禾火	DETO
九	VTn	九丿乙	VTn
久	QYi	丿丶⑤	QYi
灸	QYOu	丿丶火⑥	QYOu
玖	GQYy	王丿丶⑤	GQYy
韭	DJDG	三刂三一	HDHG
酒	ISGG	氵酉一㊀	ISGG
旧	HJg	丨日㊀	HJg
臼	VTHg	白丿丨一	ETHg
咎	THKf	夂卜口㊁	THKf
疚	UQYi	疒丿丶⑤	UQYi

枢	SAQY	木匚乂丶	SAQy
柏	SVG	木白㊀	SEG
厩	DVCq	厂彐厶儿	DVAq
救	FIYT	十氺丶攵	GIYT
就	YIdn	亠小尢乙	YIdy
舅	VLLb	白田力⑧	ELEr
傃	WYIn	亻亠小乙	WYIY
鹫	YIDG	亠小尢一	YIDG

ju

苴	AEGf	艹且一	AEGf
驹	CQKg	马勹口㊀	CGQk
居	NDd	尸古㊂	NDd
狙	QTEG	犭丿且一	QTEg
拘	RQKg	扌勹口㊀	RQKg
疽	UEGd	疒且一㊂	UEGd
掬	RQOy	扌勹米⑤	RQOy
椐	SNDg	木尸古㊀	SNDg
琚	GNDg	王尸古㊀	GNDg
锔	QNNK	钅尸乙口	QNNK
裾	PUND	衤冫尸古	PUND
雎	EGWy	且一亻丰	EGWy
鞠	AFQo	廿串勹米	AFQO
鞫	AFQY	廿串勹言	AFQY
局	NNKd	尸乙口㊂	NNKd
桔	SFKg	木士口㊀	SFKg
菊	AQOu	艹勹米⑥	AQOu
橘	SCBK	木マ冂口	SCNK
咀	KEGg	口且一㊀	KEGg
沮	IEGg	氵且一㊀	IEGg
举	IWFh	丷八二丨	IGWG
矩	TDAn	⺈大匚乙	TDAn
苣	AKKF	艹匚口匚	AKKF
榉	SIWh	木丷八丨	SIGg
榘	TDAS	⺈大匚木	TDAS
龃	HWBG	止人一一	HWBG
踽	KHTY	口止丿丶	KHTY
句	QKD	勹口㊂	QKD
巨	AND	匚コ㊂	AND

字	编码	字根	简码
诓	YANG	讠匚⇒⊖	YANG
拒	RANg	扌匚⇒⊖	RANg
苣	AANf	艹匚⇒	AANf
具	HWu	且八②	HWu
炬	OANg	火匚⇒⊖	OANg
钜	QANg	钅匚⇒⊖	QANG
俱	WHWy	亻且八②	WHWy
倨	WNDg	亻尸古⊖	WNDg
剧	NDJh	尸古刂①	NDJh
惧	NHWy	忄且八②	NHWy
据	RNDg	扌尸古⊖	RNDg
距	KHAn	口止匚⇒	KHAn
锯	TRHW	丿扌且八	CHwy
飓	MQHw	几乂且八	WRHw
锯	QNDg	钅尸古⊖	QNDg
窭	PWOv	宀八米女	PWOv
聚	BCTi	耳又丿水	BCIu
屦	NTOV	尸彳米女	NTOV
踞	KHND	口止尸古	KHND
遽	HAEp	虍七豕辶	HGEP
醵	SGHE	西一虍豕	SGHE

juan

字	编码	字根	简码
涓	IKEg	氵口月⊖	IKEg
捐	RKEg	扌口月⊖	RKEg
娟	VKEg	女口月⊖	VKEg
鹃	KEQg	口月勹一	KEQg
镌	QWYE	钅亻圭乃	QWYB
蠲	UWLJ	䒑八皿虫	UWLJ
卷	UDBB	䒑大巳⑧	UGBb
锩	QUDB	钅䒑大巳	QUGB
倦	WUDb	亻䒑大巳	WUGB
桊	UDSu	䒑大木	UGSu
狷	QTKE	犭丿口月	QTKE
绢	XKEg	纟口月⊖	XKEg
隽	WYEB	亻圭乃⑧	WYBr
眷	UDHF	䒑大目⊖	UGHF
鄄	SFBh	西土阝①	SFBh

jue

字	编码	字根	简码
噘	KDUw	口厂䒑人	KDUW

字	编码	字根	简码
撅	RDUW	扌厂䒑人	RDUW
孑	BYI	了丶③	BYI
决	UNwy	冫⇒人②	UNWy
诀	YNWY	讠⇒人	YNWY
抉	RNWY	扌⇒人	RNWy
玨	GGYy	王王丶②	GGYy
绝	XQCn	纟⺈巴②	XQCn
觉	IPMQ	⺍冖门儿	IPMq
倔	WNBm	亻尸凵山	WNBm
崛	MNBM	山尸凵山	MNBM
掘	RNBM	扌尸凵山	RNBm
桷	SQEh	木⺈用①	SQEh
觖	QENw	⺈用乙人	QENw
厥	DUBw	厂䒑凵人	DUBw
劂	DUBJ	厂䒑凵刂	DUBJ
谲	YCBK	讠マ卩口	YCNK
獗	QTDW	犭丿厂人	QTDW
蕨	ADUw	艹厂䒑人	ADUW
噱	KHAE	口虍七豕	KHGE
橛	SDUw	木厂䒑人	SDUw
爵	ELVf	爫皿ヨ寸	ELVf
镢	QDUW	钅厂䒑人	QDUW
蹶	KHDW	口止厂人	KHDW
矍	HHWc	目目亻又	HHWC
爝	OELf	火爫皿寸	OELf
攫	RHHc	扌目目又	RHHc

jun

字	编码	字根	简码
军	PLj	冖车①	PLj
君	VTKD	ヨ丿口⊖	VTKf
均	FQUg	土勹冫⊖	FQUg
钧	QQUG	钅勹冫⊖	QQUG
鞯	PLHc	冖车广又	PLBY
菌	ALTu	艹口禾	ALTu
筠	TFQU	竹土勹冫	TFQU
麇	YNJT	广ヨ刂禾	OXXT
俊	WCWt	亻厶八夂	WCWt
郡	VTKB	ヨ丿口阝	VTKB
峻	MCWt	山厶八夂	MCwt

字	编码	字根	简码
捃	RVTk	扌ヨ丿口	RVTk
浚	ICWT	氵厶八夂	ICWT
骏	CCWt	马厶八夂	CGCT
竣	UCWt	立厶八夂	UCWt

ka

字	编码	字根	简码
咖	KLKg	口力口⊖	KEKg
咔	KHHY	口上卜⊖	KHHY
喀	KPTk	口宀夂口	KPTk
卡	HHU	上卜③	HHU
佧	WHHy	亻上卜⊖	WHHy
胩	EHHy	月上卜⊖	EHHy

kai

字	编码	字根	简码
开	GAk	一卅⑩	GAk
揩	RXXR	扌匕匕白	RXXR
铜	QUGA	钅门一卅	QUGA
凯	MNMn	山己几②	MNWn
剀	MNJh	山己刂①	MNJh
垲	FMNn	土山己②	FMNn
恺	NMNn	忄山己②	NMNn
铠	QMNn	钅山己②	QMNn
慨	NVCq	忄ヨ厶儿	NVAq
蒈	AXXR	艹匕匕白	AXXR
楷	SXxr	木匕匕白	SXxr
锴	QXXr	钅匕匕白	QXXr
忾	NRNn	忄𠂉乙②	NRN

kan

字	编码	字根	简码
刊	FJH	干刂①	FJh
勘	ADWL	艹三八力	DWNE
龛	WGKX	人一口匕	WGKY
堪	FADn	土艹三乙	FDWn
戡	ADWA	艹三八戈	DWNA
坎	FQWy	土勹人⊖	FQWy
侃	WKQn	亻口儿⊖	WKKN
砍	DQWy	石勹人⊖	DQWy
莰	AFQW	艹土勹人	AFQW
槛	SJT1	木刂⺊皿	SJT1
看	RHF	𠂇目⊖	RHf
阚	UNBt	门乙耳攵	UNBt

| 瞰 | HNBt | 目乙耳攵 | HNBt |

kang

康	YVIi	广ヨ氺⑤	OVIi
慷	NYVi	忄广ヨ氺	NOVI
糠	OYVI	米广ヨ氺	OOVI
扛	RAG	扌工㊀	RAG
亢	YMB	亠几⑫	YWB
伉	WYMn	亻亠几⑫	WYWn
抗	RYMN	扌亠几⑫	RYWn
闶	UYMV	门亠几⑫	UYWV
炕	OYMn	火亠几⑫	OYWn
钪	QYMN	钅亠几⑫	QYWn

kao

尻	NVV	尸九⑫	NVV
考	FTGn	土丿一乙	FTGn
拷	RFTn	扌土丿乙	RFTn
栲	SFTN	木土丿乙	SFTN
烤	OFTn	火土丿乙	OFTn
铐	QFTN	钅土丿	QFTN
犒	TRYK	丿扌古口	CYMk
靠	TFKD	丿土口三	TFKD

ke

苛	ASkf	艹丁口㊀	ASKf
坷	FSKg	土丁口㊀	FSKg
珂	GSKg	王丁口㊀	GSKg
轲	LSKg	车丁口㊀	LSKg
柯	SSKg	木丁口㊀	SSKg
科	TUfh	禾丷十①	TUFH
疴	USKD	疒丁口㊀	USKD
钶	QSKg	钅丁口㊀	QSKg
稞	SJSy	木日木㊉	SJSy
颏	YNTM	亠乙丿贝	YNTM
稞	TJSY	禾日木㊉	TJSY
窠	PWJs	宀八日木	PWJs
颗	JSDm	日木丁贝	JSDm
瞌	HFCL	目土厶皿	HFCL
磕	DFCl	石土厶皿	DFCl
蚵	JTUf	虫禾丷士	JTUf
髁	MEJs	骨月日木	MEJs

壳	FPMb	士冖几⑫	FPWb
咳	KYNW	口亠乙人	KYNW
可	SKd	丁口㊃	SKd
岢	MSKf	山丁口㊀	MSKf
渴	IJQn	氵日勹乙	IJQn
克	DQb	古儿⑫	DQb
刻	YNTj	亠乙丿刂	YNTj
客	PTkf	宀夂口㊀	PTkf
恪	NTKG	忄夂口㊀	NTKG
课	YJSy	讠日木㊉	YJSy
氪	RNDQ	气乙古儿	RDQv
骒	CJsy	马日木㊉	CGJs
缂	XAFH	纟廿甲①	XAFh
嗑	KFCL	口土厶皿	KFCL
溘	IFCL	氵土厶皿	IFCL
锞	QJSy	钅日木㊉	QJSy

ken

肯	HEf	止月㊁	HEf
垦	VEFf	ヨ以土㊁	VFF
恳	VENU	ヨ以心㊄	VNu
啃	KHEg	口止月㊀	KHEg
裉	PUVE	衤ヨ以	PUVY

keng

坑	FYMn	土亠几⑫	FYWn
吭	KYMn	口亠几⑫	KYWn
铿	QJCf	钅刂又土	QJCf

kong

空	PWaf	宀八工㊁	PWaf
倥	WPWa	亻宀八工	WPWa
崆	MPWa	山宀八工	MPWa
箜	TPWa	竹宀八工	TPWa
孔	BNN	子乙⑫	BNN
恐	AMYN	工几丶心	AWYn
控	RPWa	扌宀八工	RPWa

kou

芤	ABNb	艹子乙⑫	ABNb
眍	HAQy	目匚乂㊉	HARy
抠	RAQy	扌匚乂㊉	RARy
口	KKKK	口口口口	KKKK

叩	KBH	口卩①	KBH
扣	RKg	扌口㊀	RKg
寇	PFQC	宀二几又	PFQC
筘	TRKf	竹扌口㊀	TRKf
蔻	APFC	艹宀二又	APFC

ku

刳	DFNJ	大二乙刂	DFNJ
哭	KKDU	口口犬㊄	KKDU
枯	SDg	木古㊀	SDG
堀	FNBM	土尸山山	FNBM
窟	PWNm	宀八尸山	PWNm
骷	MEDG	骨月古㊀	MEDG
苦	ADF	艹古㊁	ADf
库	YLK	广车⑩	OLk
绔	XDFn	纟大二乙	XDFN
誊	IPTk	⸝冖一口	IPTk
裤	PUYl	衤丷广车	PUOl
酷	SGTK	西一丿口	SGTk

kua

夸	DFNb	大二乙⑫	DFNB
侉	WDFn	亻大二乙	WDFn
垮	FDFN	土大二乙	FDFN
挎	RDFN	扌大二乙	RDFN
胯	EDFn	月大二乙	EDFn
跨	KHDn	口止大乙	KHDn

kuai

蒯	AEEJ	艹月月刂	AEEJ
块	FNWy	土コ人㊉	FNWy
快	NNWy	忄コ人㊉	NNWy
侩	WWFC	亻人二厶	WWFC
郐	WFCB	人二厶阝	WFCB
哙	KWFC	口人二厶	KWFC
狯	QTWC	犭丿人厶	QTWC
脍	EWFc	月人二厶	EWFc
筷	TNNw	竹忄コ人	TNNW

kuan

宽	PAmq	宀廿门儿	PAMq
髋	MEPQ	骨月宀儿	MEPq
款	FFIw	士二小人	FFIw

kuang

字	编码	拆分	编码
匡	AGD	匚王⊜	AGD
哐	KAGg	口匚王⊖	KAGg
诓	YAGG	讠匚王⊖	YAGG
筐	TAGf	⺮匚王⊖	TAGf
狂	QTGg	犭丿王⊖	QTGG
诳	YQTg	讠犭丿王	YQTg
夼	DKJ	大川⑪	DKJ
邝	YBH	广阝①	OBH
圹	FYT	土广⊘	FOT
纩	XYT	纟广⊘	XOT
况	UKQn	冫口儿⊕	UKQN
旷	JYT	日广⊘	JOT
矿	DYT	石广⊘	DOt
贶	MKQn	贝口儿⊕	MKQn
框	SAGG	木匚王⊖	SAGG
眶	HAGg	目匚王⊖	HAGG

kui

字	编码	拆分	编码
亏	FNV	二乙⑯	FNB
岿	MJVf	山丿彐⊖	MJVf
悝	NJFG	忄日土⊖	NJFG
盔	DOLf	ナ火皿⊖	DOLf
窥	PWFQ	宀二人儿	PWGq
奎	DFFF	大土土	DFFf
逵	FWFP	土八土辶	FWFp
馗	VUTH	九丷丿目	VUTH
喹	KDFf	口大土土	KDFf
揆	RWGD	扌癶一大	RWGD
葵	AWGd	艹癶一大	AWGd
暌	JWGD	日癶一大	JWGD
魁	RQCF	白儿厶十	RQCF
睽	HWGD	目癶一大	HWGD
蝰	JDFF	虫大土土	JDFF
夔	UHTt	丷止丿夂	UTHT
傀	WRQc	亻白儿厶	WRQC
跬	KHFF	口止土土	KHFf
匮	AKHm	匚口丨贝	AKHm
喟	KLEg	口田月⊖	KLEg
愦	NKHM	忄口丨贝	NKHM

字	编码	拆分	编码
愧	NRQc	忄白儿厶	NRQc
溃	IKHm	氵口丨贝	IKHm
蒉	AKHM	艹口丨贝	AKHM
馈	QNKm	夕乙口贝	QNKm
篑	TKHM	⺮口丨贝	TKHM
聩	BKHm	耳口丨贝	BKHm

kun

字	编码	拆分	编码
坤	FJHH	土日丨①	FJHH
昆	JXxb	日匕匕⑯	JXxb
琨	GJXx	王日匕匕	GJXx
锟	QJXx	钅日匕匕	QJXx
髡	DEGQ	镸彡一儿	DEGQ
醌	SGJX	西一日匕	SGJX
悃	NLSy	忄口木⊙	NLSy
捆	RLSy	扌口木⊙	RLSy
阃	ULSi	门口木⊙	ULSi
困	LSi	口木③	LSi

kuo

字	编码	拆分	编码
扩	RYt	扌广⊘	ROt
括	RTDg	扌丿古⊖	RTDg
蛞	JTDG	虫丿古⊖	JTDG
阔	UITd	门氵丿古	UITd
廓	YYBb	广亠子阝	OYBb

la

字	编码	拆分	编码
拉	FUg	土立⊖	FUg
垃	RUg	扌立⊖	RUg
啦	KRUg	口扌立⊖	KRUg
邋	VLQp	巛口乂辶	VLRp
旯	JVB	日九⑯	JVB
砬	DUG	石立⊖	DUG
喇	KGKj	口一口刂	KSKJ
剌	GKIJ	一口小刂	SKJh
腊	EAJg	月艹日⊖	EAJG
瘌	UGKJ	疒一口刂	USKJ
蜡	JAJg	虫艹日⊖	JAJg
辣	UGKi	辛一口小	USKG

lai

字	编码	拆分	编码
来	GOi	一米③	GUsi
莱	AGOu	艹一米⊙	AGUS
涞	IGOy	氵一米⊙	IGUs
崃	MGOy	山一米⊙	MGUS
徕	TGOy	彳一米⊙	TGUS
铼	QGOY	钅一米⊙	QGUS
赉	GOMu	一米贝⊙	GUSM
睐	HGOy	目一米⊙	HGUs
赖	GKIM	一口小贝	SKQm
濑	IGKM	氵一口贝	ISKM
癞	UGKM	疒一口贝	USKM
籁	TGKM	⺮一口贝	TSKM

lan

字	编码	拆分	编码
兰	UFF	丷二⊖	UDF
岚	MMQU	山几乂⊙	MWRu
拦	RUFg	扌丷二⊖	RUDg
栏	SUFg	木丷二⊖	SUDg
婪	SSVf	木木女⊖	SSVf
阑	UGLI	门一田小	USLd
蓝	YUGi	讠门一小	YUSl
澜	IUGi	氵门一小	IUSl
褴	PUJL	衤丨皿	PUJL
斓	YUGI	文门一小	YUSL
篮	TJTL	⺮丨皿	TJTL
镧	QUGI	钅门一小	QUSl
览	JTYQ	刂丶儿	JTYq
揽	RJTq	扌刂丶儿	RJTq
缆	XJTq	纟刂丶儿	XJTq
榄	SJTQ	木刂丶儿	SJTQ
漤	ISSV	氵木木女	ISSV
罱	LFMf	罒十门十	LFMf
懒	NGKM	忄一口贝	NSKm
烂	OUFG	火丷二⊖	OUDg
滥	IJTl	氵刂皿	IJTl

lang

字	编码	拆分	编码
啷	KYVb	口丶彐阝	KYVb
郎	YVCB	丶彐㔾阝	YVBh
狼	QTYe	犭丿丶㇇	QTYV

莨	AYVe	艹、ヨ以	AYVu	螺	VLXi	女田幺小	VLXi	璃	GYBc	王文凵ㄙ	GYRc

莨	AYVe	艹、ヨ以	AYVu
廊	YYVb	广、ヨ阝	OYVB
琅	GYVe	王、ヨ以	GYVy
榔	SYVb	木、ヨ阝	SYVb
稂	TYVe	禾、ヨ以	TYVy
银	QYVE	钅、ヨ以	QYVY
螂	JYVb	虫、ヨ阝	JYVb
朗	YVCe	、ヨㄙ月	YVEg
阆	UYVe	门、ヨ以	UYVi
浪	IYVe	氵、ヨ以	IYVy
菠	AIYE	艹氵、以	AIYV

lao

捞	RAPl	扌艹一力	RAPe
劳	APLb	艹一力⑤	APEr
牢	PRHj	宀二丨⑩	PTGj
唠	KAPl	口艹一力	KAPe
崂	MAPl	山艹一力	MAPE
痨	UAPL	疒艹一力	UAPE
锘	QAPl	钅艹一力	QAPe
醪	SGNE	西一羽彡	SGNE
老	FTXb	土丿匕	FTXb
佬	WFTx	亻土丿匕	WFTx
姥	VFTx	女土丿匕	VFTx
栳	SFTX	木土丿匕	SFTX
铑	QFTX	钅土丿匕	QFTX
涝	IAPl	氵艹一力	IAPe
烙	OTKg	火夂口一	OTKg
耢	DIAL	三小艹力	FSAe
酪	SGTK	西一夂口	SGTK

le

仂	WLN	亻力⑫	WET
肋	ELn	月力⑫	EET
乐	QIi	㇉小③	TNIi
叻	KLN	口力⑫	KET
泐	IBLn	氵阝力⑫	IBEt
勒	AFLn	廿革力⑫	AFEt
鳓	QGAL	鱼一廿力	QGAE

lei

雷	FLF	雨田㊀	FLf

螺	VLXi	女田幺小	VLXi
缧	XLXI	纟田幺小	XLXi
檑	SFLg	木雨田㊀	SFLg
镭	QFLg	钅雨田㊀	QFLg
蠃	YNKY	亠乙口、	YEUY
耒	DII	三小③	FSI
诔	YDIY	讠三小③	YFSY
垒	CCCF	ㄙㄙㄙ土	CCCF
磊	DDDf	石石石㊀	DDDf
蕾	AFLF	艹雨田㊀	AFLf
儡	WLLl	亻田田田	WLLl
泪	IHG	氵目一	IHG
类	ODu	米大③	ODu
累	LXiu	田幺小③	LXiu
酹	SGEf	西一寸	SGEf
擂	RFLg	扌雨田㊀	RFLg
嘞	KAFl	口廿革力	KAFe

leng

塄	FLYn	土皿方⑫	FLYt
棱	SFWt	木土八夂	SFWt
楞	SLyn	木皿方⑫	SLYt
冷	UWYC	冫人、マ	UWYc
愣	NLYn	忄皿方⑫	NLYt

li

厘	DJFD	厂日土㊀	DJFD
离	YBmc	文凵冂ㄙ	YRBc
狸	QTJF	犭丿日土	QTJF
梨	TJSu	禾刂木③	TJSu
莉	ATJj	艹禾刂⑩	ATJj
骊	CGmy	马一冂、	CGGy
犁	TJRh	禾刂二丨	TJTG
喱	KDJF	口厂日土	KDJf
鹂	GMYG	一冂、一	GMYG
漓	IYBC	氵文凵ㄙ	IYRc
缡	XYBc	纟文凵ㄙ	XYRc
蓠	AYBC	艹文凵ㄙ	AYRC
蜊	JTJh	虫禾刂⑩	JTJH
嫠	FITv	二小攵女	FTDv

璃	GYBc	王文凵ㄙ	GYRc
鲡	QGGY	鱼一一、	QGGy
黎	TQTi	禾勹丿水	TQTi
篱	TYBc	竹文凵ㄙ	TYRc
罹	LNWy	皿忄亻圭	LNWy
蔾	ATQi	艹禾勹水	ATQi
藜	TQTO	禾勹丿灬	TQTO
蠡	XEJj	彑豖虫虫	XEJj
礼	PYNN	礻、乙⑫	PYNN
李	SBf	木子㊀	SBf
里	JFD	日土㊀	JFD
俚	WJFg	亻日土㊀	WJFg
哩	KJFg	口日土㊀	KJFg
娌	VJFG	女日土㊀	VJFG
逦	GMYP	一冂、辶	GMYP
理	GJFg	王日土㊀	GJFg
锂	QJFg	钅日土㊀	QJFg
鲤	QGJF	鱼一日土	QGJF
澧	IMAu	氵门卄	IMAu
醴	SGMU	西一门卄	SGMU
鳢	QGMU	鱼一门卄	QGMU
力	LTn	力乙	ENt
历	DLv	厂力⑳	DEe
厉	DDNv	厂厂乙⑳	DGQe
立	UUUu	立立立	UUUu
吏	GKQi	一口乂③	GKRi
丽	GMYy	一冂、	GMYy
利	TJH	禾刂	TJH
励	DDNL	厂厂乙力	DGQE
呖	KDLn	口厂力⑫	KDEt
坜	FDLn	土厂力⑫	FDET
沥	IDLn	氵厂力⑫	IDET
苈	ADLb	艹厂力⑫	ADER
例	WGQj	亻一夕刂	WGQj
戾	YNDi	、尸犬③	YNDi
枥	SDLn	木厂力⑫	SDEt
疠	UDNV	疒厂乙⑳	UGQE
隶	VII	ヨ水③	VII

字	码	字根	码
俐	WTJh	亻利刂①	WTJh
俪	WGMY	亻一门丶	WGMY
栎	SQIy	木亻小①	STNI
疬	UDLv	疒厂力㊣	UDEe
荔	ALLl	艹力力力	AEEe
轹	LQIy	车亻小	LTNi
郦	GMYB	一门丶阝	GMYB
栗	SSU	西木㊣	SSU
猁	QTTj	犭丿利刂	QTTJ
砺	DDDN	石厂厂乙	DDGQ
砾	DQIy	石亻小①	DTNi
苙	AWUF	艹亻立㊣	AWUF
喋	KYND	口丶尸犬	KYND
笠	TUF	⺮立㊣	TUF
粒	OUG	米立㊣	OUg
粝	ODDn	米厂厂乙	ODGQ
蛎	JDDn	虫厂厂乙	JDGQ
傈	WSSy	亻西木①	WSSy
疠	UTJk	疒利刂㊣	UTJk
詈	LYF	罒言㊣	LYF
跞	KHQI	口止亻小	KHTI
雳	FDLB	雨厂力阝	FDEr
溧	ISSY	氵西木①	ISSY
篥	TSSu	⺮西木㊣	TSSu

lia
俩	WGMw	亻一门人	WGMW

lian
奁	DAQu	大匚乂㊣	DARu
连	LPK	车辶㊣	LPk
帘	PWMh	宀八门丨	PWMh
怜	NWYC	忄人丶マ	NWYC
涟	ILPy	氵车辶①	ILPy
莲	ALPu	艹车辶㊣	ALPu
联	BUdy	耳⺊大①	BUdy
裢	PULp	衤⺍车辶	PULp
廉	YUVo	广⺍ヨ小	OUVw
鲢	QGLP	鱼一车辶	QGLP
濂	IYUo	氵广⺍小	IOUw

臁	EYUo	月广⺍小	EOUw
镰	QYUo	钅广⺍小	QOUW
蠊	JYUo	虫广⺍小	JOUW
敛	WGIT	人一⺍夂	WGIT
琏	GLPy	王车辶①	GLPy
脸	EWgi	月人一⺍	EWGg
裣	PUWI	衤⺀人⺍	PUWG
蔹	AWGT	艹人一夂	AWGT
练	XANw	纟七乙八	XANw
炼	OANW	火七乙八	OANW
恋	YONu	亠⺀心㊣	YONu
殓	GQWi	一夕人⺍	GQWg
链	QLPy	钅车辶①	QLPy
楝	SGLi	木一罒小	SSLg
潋	IWGT	氵人一夂	IWGT

liang
良	YVei	丶ヨㄴ㊣	YVi
莨	AYVe	艹丶ヨㄴ	AYVu
凉	UYIY	冫古小①	UYIY
梁	IVWs	氵刀八木	IVWo
椋	SYIY	木古小①	SYIY
粮	OYVe	米丶ヨㄴ	OYVy
梁	FIVs	土氵刀木	FIVs
踉	KHYE	口止丶ㄴ	KHYV
两	GMWW	一门人人	GMWW
魉	RQCW	白儿厶人	RQCW
亮	YPMb	亠冖几⑧	YPwb
谅	YYIy	讠古小①	YYIy
辆	LGMw	车一门人	LGMw
晾	JYIY	日古小①	JYIY
量	JGjf	曰一日土	JGjf

liao
辽	BPk	了辶㊣	BPk
疗	UBK	疒了㊣	UBk
聊	BQTb	耳匚丿卩	BQTb
僚	WDUi	亻大⺍小	WDi
寥	PNWe	宀羽人彡	PNWe
廖	YNWe	广羽人彡	ONWE

潦	IDUI	氵大⺍小	IDUI
嘹	KDUI	口大⺍小	KDUi
寮	PDUi	宀大⺍小	PDUi
獠	QTDI	犭丿大小	QTDI
撩	RDUi	扌大⺍小	RDUi
缭	XDUi	纟大⺍小	XDUi
燎	ODUI	火大⺍小	ODUI
镣	QDUi	钅大⺍小	QDUi
鹩	DUJG	大⺍日一	DUJG
钌	QBH	钅了①	QBH
蓼	ANWe	艹羽人彡	ANWe
了	Bnh	了乙丨	BNH
尥	DNQy	尢乙勹①	DNQy
料	OUfh	米⺀十①	OUFh
撂	RLTk	扌田夂口	RLTk

lie
咧	KGQj	口一夕刂	KGQj
列	GQjh	一夕刂①	GQJh
劣	ITLb	小力⑧	ITER
洌	UGQj	冫一夕刂	UGQj
冽	IGQj	冫一夕刂	IGQJ
埒	FEFy	土爫寸①	FEFy
烈	GQJO	一夕刂灬	GQJO
捩	RYND	扌丶尸犬	RYND
猎	QTAj	犭丿⺿日	QTAJ
裂	GQJE	一夕刂衣	GQJE
趔	FHGJ	土止一刂	FHGJ
躐	KHVN	口止彐乙	KHVN
鬣	DEVN	镸彡巛乙	DEVn

lin
拎	RWYC	扌人丶マ	RWYC
邻	WYCB	人丶マ阝	WYCB
林	SSy	木木①	SSy
临	JTYj	丨丿一⺁	JTYJ
啉	KSSy	口木木①	KSSy
淋	ISSy	氵木木①	ISSy
琳	GSSy	王木木⑧	GSSy
粼	OQAB	米夕匚巛	OQGB

字	码	拆	码
蟒	MOQh	山米夕丨	MOQg
邋	OQAp	米夕匚辶	OQGp
辚	LOqh	车米夕丨	LOQg
霖	FSSu	雨木木⊙	FSSu
瞵	HOQh	目米夕丨	HOQg
磷	DOQh	石米夕丨	DOQg
鳞	QGOh	鱼一米丨	QGOg
麟	YNJH	广コ川丨	OXXG
凛	UYLi	冫亠口小	UYLi
廪	YYLI	广亠口小	OYLi
懔	NYLi	忄亠口小	NYLi
檩	SYLI	木亠口小	SYLI
吝	YKF	文口⊖	YKF
赁	WTFM	亻丿士贝	WTFM
蔺	AUWy	艹门亻圭	AUWy
膦	EOQh	月米夕丨	EOQg
躏	KHAY	口止艹圭	KHAY

ling

字	码	拆	码
灵	VOu	ヨ火⊙	VOu
伶	WWYC	亻人丶マ	WWYC
囹	LWYc	口人丶マ	LWYc
岭	MWYC	山人丶マ	MWYC
泠	IWYC	氵人丶マ	IWYC
苓	AWYC	艹人丶マ	AWYC
玲	GWYc	王人丶マ	GWYc
柃	SWYC	木人丶マ	SWYC
瓴	WYCN	人丶マ乙	WYCY
凌	UFWt	冫土八夂	UFWt
铃	QWYC	钅人丶マ	QWYC
陵	BFWt	阝土八夂	BFWt
棂	SVOy	木ヨ火⊙	SVOy
绫	XFWt	纟土八夂	XFWt
羚	UDWC	丷尹人マ	UWYC
翎	WYCN	人丶マ羽	WYCN
聆	BWYC	耳人丶マ	BWYC
菱	AFWT	艹土八夂	AFWT
蛉	JWYC	虫人丶マ	JWYC
零	FWYC	雨人丶マ	FWyc

字	码	拆	码
龄	HWBC	止人口マ	HWBC
鲮	QGFT	鱼一土夂	QGFT
酃	FKKb	雨口口阝	FKKb
领	WYCM	人丶マ贝	WYCM
令	WYCu	人丶マ⊙	WYCu
另	KLb	口力⑧	KEr
吟	KWYC	口人丶マ	KWYC

liu

字	码	拆	码
溜	IQYL	氵匚丶田	IQYL
熘	OQYL	火匚丶田	OQYL
刘	YJh	文刂①	YJh
浏	IYJH	氵文刂①	IYJH
流	IYCq	氵亠厶儿	IYCk
留	QYVL	匚丶刀田	QYVL
琉	GYCq	王亠厶儿	GYCk
硫	DYCq	石亠厶儿	DYCk
旒	YTYQ	方⁻亠厶儿	YTYK
遛	QYVP	匚丶刀辶	QYVP
馏	QNQL	乞乙匚田	QNQL
骝	CQYL	马匚丶田	CGQL
榴	SQYl	木匚丶田	SQYl
瘤	UQYL	疒匚丶田	UQYL
镏	QQYL	钅匚丶田	QQYL
鎏	IYCQ	氵亠厶金	IYCQ
柳	SQTb	木匚丿卩	SQTb
绺	XTHk	纟夂卜口	XTHK
锍	QYCQ	钅亠厶儿	QYCK
六	UYgy	六丶一	UYgy
鹨	NWEG	羽人彡一	NWEG

lo

字	码	拆	码
咯	KTKg	口夂口⊖	KTKg

long

字	码	拆	码
龙	DXv	ナ匕⑧	DXyi
咙	KDXn	口ナ匕⑧	KDXy
泷	IDXn	氵ナ匕⑧	IDXy
茏	ADXb	艹ナ匕⑧	ADXy
栊	SDXn	木ナ匕⑧	SDXy
珑	GDXn	王ナ匕⑧	GDXy

字	码	拆	码
胧	EDXn	月ナ匕⑧	EDXy
砻	DXDf	ナ匕石⊖	DXYD
笼	TDXb	⺮ナ匕⑧	TDXy
聋	DXBf	ナ匕耳⊖	DXYB
隆	BTGg	阝夂一丰	BTGg
癃	UBTG	疒阝夂丰	UBTG
窿	PWBg	宀八阝丰	PWBG
陇	BDXn	阝ナ匕⑧	BDXy
垄	DXFf	ナ匕土⊖	DXYF
垅	FDXn	土ナ匕⑧	FDXy
拢	RDXn	扌ナ匕⑧	RDXy

lou

字	码	拆	码
娄	OVf	米女⊖	OVF
蒌	AOvf	艹米女⊖	AOVF
喽	KOVg	口米女⊖	KOV
楼	SOVg	木米女⊖	SOVg
耧	DIOv	三小米女	FSOv
蝼	JOVg	虫米女⊖	JOVg
髅	MEOv	皿月米女	MEOv
嵝	MOvg	山米女⊖	MOVg
搂	ROvg	扌米女⊖	ROVg
篓	TOVf	⺮米女⊖	TOVf
陋	BGMn	阝一门乙	BGMn
漏	INFY	氵尸雨丶	INFy
瘘	UOVd	疒米女	UOVd
镂	QOVg	钅米女⊖	QOVG
露	FKHK	雨口止口	FKHK

lu

字	码	拆	码
噜	KQGj	口鱼一日	KQGJ
撸	RQGj	扌鱼一日	RQGj
卢	HNe	卜尸③	HNr
芦	AYNR	艹丶尸③	AYNr
庐	YYNE	广丶尸③	OYNE
垆	FHNT	土卜尸③	FHNT
泸	IHNt	氵卜尸③	IHNT
炉	OYNt	火丶尸③	OYNt
栌	SHNT	木卜尸③	SHNT
胪	TEHN	月卜尸③	EHNt
轳	LHNT	车卜尸③	LHNT

鸬	HNQg	卜尸勹一	HNQg	偻	WOVG	亻米女㊀	WOVG	猡	QTLQ	犭丿罒夕	QTLQ
舻	TEHn	丿舟卜尸	TUHN	铝	QKKg	钅口口㊀	QKKg	脶	EKMw	月口门人	EKMW
颅	HNDM	卜尸厂贝	HNDM	屡	NOvd	尸米女⑱	NOvd	萝	ALQu	艹罒夕	ALQu
鲈	QGHN	鱼一卜尸	QGHN	缕	XOVg	纟米女㊀	XOVg	逻	LQPi	罒夕辶	LQPi
卤	HLqi	卜口乂①	HLru	膂	YTEE	方⸆⟋月	YTEE	椤	SLQy	木罒夕⊙	SLQy
房	HALV	广七力⑱	HEE	褛	PUOv	礻冫米女	PUOV	锣	QLQy	钅罒夕⊙	QLQy
掳	RHAl	扌广七力	RHEt	履	NTTt	尸彳⸆夂	NTTt	箩	TLQu	⺮罒夕	TLQU
鲁	QGJf	鱼一日㊣	QGJf	律	TVFH	彳ヨ二丨	TVGh	骡	CLXi	马田幺小	CGLi
橹	SQGj	木鱼一日	SQGj	虑	HANi	广七心⑤	HNi	镙	QLXi	钅田幺小	QLXi
镥	QQGj	钅鱼一日	QQGj	绿	XViy	纟ヨ水⊙	XVIy	螺	JLXi	虫田幺小	JLXi
陆	BFMh	阝二山①	BGBh	氯	RNVi	气乙ヨ水	RVIi	裸	PUJS	礻冫日木	PUJS
录	VIu	ヨ水㊀	VIu	滤	IHAN	氵广七心	IHNY	瘰	ULXi	疒田幺小	ULXi
赂	MTKg	贝夂口㊀	MTKg	**luan**				蠃	YNKY	一乙口、	YEJy
辂	LTKG	车夂口㊀	LTKG	李	YOBf	一小子㊀	YOBf	泺	IQIyv	氵仁小⊙	ITNI
渌	IVIy	氵ヨ水⊙	IVIy	峦	YOMj	一小山⑪	YOMj	洛	ITKg	氵夂口㊀	ITKg
逯	VIPI	ヨ水辶⑤	VIPI	娈	YOVf	一小女㊀	YOVf	络	XTKg	纟夂口㊀	XTKg
鹿	YNJx	广コ刂匕	OXXv	孪	YORj	一小手⑪	YORj	荦	APRh	艹一冖丨	APTg
禄	PYVi	礻、ヨ水	PYVi	栾	YOSu	一小木㊀	YOSu	骆	CTKg	马夂口㊀	CGTK
碌	DVIy	石ヨ水⊙	DVIy	鸾	YOQg	一小勹一	YOQg	珞	GTKg	王夂口㊀	GTKg
路	KHTk	口止夂口	KHTk	脔	YOMW	一小门人	YOMW	落	AITk	艹氵夂口	AITK
潞	IYNX	氵广コ匕	IOXx	滦	IYOS	氵一小木	IYOS	摞	RLXi	扌田幺小	RLXi
戮	NWEa	羽人彡戈	NWEa	銮	YOQF	一小金㊀	YOQf	漯	ILXi	氵田幺小	ILXi
辘	LYNx	车广コ匕	LOXx	卵	QYTy	𠂈、丿	QYTY	雒	TKWY	夂口亻圭	TKWY
潞	IKHK	氵口止口	IKHK	乱	TDNn	丿古乙②	TDNn	**m**			
璐	GKHK	王口止口	GKHK	**lüe**				呒	KFQn	口二儿②	KFQn
簏	TYNX	⺮广コ匕	TOXx	掠	RYIY	扌古小⊙	RYIY	**ma**			
鹭	KHTG	口止夂一	KHTG	略	LTKg	田夂口㊀	LTKg	吗	KCG	口马㊀	KCGg
麓	SSYX	木木广匕	SSOX	锊	QEFy	钅爫寸	QEFy	嘛	KYss	口广木木	KOss
氇	TFNJ	丿二乙日	EQGj	**lun**				妈	VCg	女马㊀	VCgg
僇	WJSy	亻日木⊙	WJSy	抡	RWXn	扌人匕②	RWXn	嬷	VYSc	女广木厶	VOSc
lü				仑	WXB	人匕⑱	WXB	麻	YSSi	广木木	OSSi
驴	CYNT	马、尸⑦	CGYN	伦	WWXn	亻人匕②	WWXn	蟆	JAJD	虫艹日大	JAJD
闾	UKKD	门口口㊣	UKKD	囵	LWXV	囗人匕⑱	LWXV	马	CNng	马乙一	CGd
榈	SUKK	木门口口	SUKK	沦	IWXn	氵人匕②	IWXn	犸	QTCG	犭丿马	QTCg
吕	KKf	口口㊀	KKf	纶	XWXn	纟人匕②	XWXn	玛	GCG	王马㊀	GCGg
侣	WKKg	亻口口㊀	WKKg	轮	LWXn	车人匕②	LWXn	码	DCG	石马㊀	DCGg
捋	REFY	扌爫寸	REFy	论	YWXn	讠人匕②	YWXn	蚂	JCG	虫马⊙	JCGg
旅	YTEY	方⸆⟋⟍	YTEy	**luo**				杩	SCG	木马㊀	SCGg
稆	TKKg	禾口口㊀	TKKg	罗	LQu	罒夕㊀	LQu	骂	KKCf	口口马	KKCg

mai		
埋 FJFg	土日土⊖	FJFg
霾 FEEF	雨四彡土	FEJf
买 NUDU	乙丶大⊙	NUDU
荬 ANUD	艹乙丶大	ANUD
劢 DNLn	厂乙力②	GQET
迈 DNPv	厂乙辶③	GQPe
麦 GTU	龶夂①	GTu
唛 KGTy	口龶夂①	KGTy
卖 FNUD	十乙丶大	FNUD
脉 EYNI	月丶乙八	EYNi

man		
颟 AGMM	艹一门贝	AGMM
蛮 YOJu	亠小虫①	YOJu
馒 QNJC	𠂤乙曰又	QNJC
瞒 HAGW	目艹一人	HAgw
鞔 AFQQ	廿革⺈儿	AFQQ
鳗 QGJC	鱼一曰又	QGJC
满 IAGW	氵艹一人	IAGW
螨 JAGW	虫艹一人	JAGW
曼 JLCu	曰罒又②	JLCu
谩 YJLc	讠曰罒又	YJLc
墁 FJLc	土曰罒又	FJLc
幔 MHJC	门丨曰又	MHJC
慢 NJLc	忄曰罒又	NJLc
漫 IJLC	氵曰罒又	IJLC
缦 XJLc	纟曰罒又	XJLc
蔓 AJLc	艹一罒又	AJLc
熳 OJLc	火曰罒又	OJLc
镘 QJLc	钅曰罒又	QJLc

mang		
忙 NYNN	忄亠乙⊛	NYNn
邙 YNBh	亠乙阝丨	YNBh
芒 AYNb	艹亠乙⊛	AYNB
盲 YNHf	亠乙目⊖	YNHf
氓 YNNA	亠乙𢎛七	YNNA
茫 AIYn	艹氵亠乙	AIYn
硭 DAYn	石艹亠乙	DAYn
莽 ADAj	艹犬廾⑩	ADAj

漭 IADA	氵艹犬廾	IADa
蟒 JADA	虫艹犬廾	JADa

mao		
猫 QTAL	犭丿艹田	QTAl
毛 TFNv	丿二乙⊛	ETGN
矛 CBTr	マ阝丿①	CNHT
牦 TRTN	丿扌乙	CEN
茅 ACBT	艹マ阝丿	ACNt
旄 YTTN	方⼂丿乙	YTEN
锚 QALg	钅艹田⊖	QALg
髦 DETN	镸彡丿乙	DEEB
蝥 CBTJ	マ阝丿虫	CNHJ
蟊 CBTJ	マ阝丿虫	CNHJ
卯 QTBH	𠂎丿卩①	QTBH
峁 MQTb	山𠂎丿卩	MQTb
泖 IQTb	氵𠂎丿卩	IQTB
茆 AQTB	艹𠂎丿卩	AQTB
昴 JQTb	曰𠂎丿卩	JQTb
铆 QQTb	钅𠂎丿卩	QQTb
茂 ADNt	艹一厂乙丿	ADU
冒 JHF	曰目⊖	JHF
贸 QYVm	𠂎丶刀贝	QYVm
耄 FTXN	土丿匕乙	FTXE
袤 YCBE	亠マ阝㐆	YCNe
帽 MHJh	门丨曰目	MHJh
瑁 GJHG	王曰目⊖	GJHG
瞀 CBTH	マ阝丿目	CNHH
貌 EERQ	爫彡白儿	ERqn
懋 SCBN	木マ阝心	SCNN

me		
么 TCu	丿厶②	TCu

mei		
没 IMcy	氵几又⊙	IMcy
枚 STY	木攵⊙	STy
玫 GTy	王攵⊙	GTY
眉 NHD	尸目⊜	NHD
莓 ATXu	艹⼂母丶	ATXu
梅 STXu	木⼂母丶	STXy
媒 VAFs	女艹二木	VFSy

媚 MNHg	山尸目⊖	MNHg
湄 INHg	氵尸目⊖	INHg
猸 QTNH	犭丿尸目	QTNH
楣 SNHg	木尸目⊖	SNHg
煤 OAfs	火艹二木	OFSy
酶 SGTU	西一⼂丶	SGTX
镅 QNHg	钅尸目⊖	QNHG
鹛 NHQg	尸目勹一	NHQg
霉 FTXU	雨⼂母丶	FTXU
每 TXGu	𠂉母一	TXu
美 UGDU	丷王大①	UGDU
浼 IQKq	氵⺈口儿	IQKq
镁 QUGd	钅丷王大	QUGd
妹 VFIy	女二小⊙	VFY
昧 JFIy	日二小⊙	JFY
袂 PUNw	礻丬㇇人	PUNw
嵋 VNHg	女尸目⊖	VNHg
寐 PNHI	宀乙丨小	PUFU
魅 RQCI	白儿厶小	RQCF

men		
们 WUn	亻门②	WUn
门 UYHn	门丶丨②	UYHn
扪 RUN	扌门②	RUN
钔 QUN	钅门②	QUN
闷 UNI	门心③	UNi
焖 OUNy	火门心⊙	OUNy
懑 IAGN	氵艹一心	IAGN

meng		
萌 AJEf	艹日月⊖	AJEf
虻 JYNn	虫亠乙②	JYNN
盟 JELf	日月皿⊖	JELf
甍 ALPN	艹皿一乙	ALPY
瞢 ALPH	艹皿一目	ALPH
朦 EAPe	月艹一㐆	EAPe
檬 SAPe	木艹一㐆	SAPe
礞 DAPe	石艹一㐆	DAPe
艨 TEAE	丿舟艹㐆	TUAe
勐 BLLn	子皿力②	BLEt
猛 QTBL	犭丿子皿	QTBL

汉字	编码	拆分	编码
蒙	APGe	艹冖一豕	APFe
孟	BLF	子皿㊀	BLF
锰	QBLg	钅子皿㊀	QBLg
艋	TEBL	丿舟子皿	TUBl
蜢	JBLg	虫子皿㊀	JBLg
懞	NALh	忄艹皿目	NALh
蠓	JAPe	虫艹一豕	JAPE
梦	SSQu	木木夕㊀	SSQu

mi

汉字	编码	拆分	编码
咪	KOY	口米㊀	KOY
弥	XQIy	弓𠂤小㊀	XQIy
迷	OPi	米辶㊂	OPi
祢	PYQi	礻𠂤小	PYQI
猕	QTXI	犭丿弓小	QTXi
谜	YOPY	讠米辶㊀	YOPY
醚	SGOp	西一米辶	SGOp
糜	YSSO	广木木米	OSSO
縻	YSSI	广木木小	OSSI
麋	YNJO	广⊐刂米	OXXO
靡	YSSD	广木木三	OSSD
蘼	AYSD	艹广木三	AOSD
米	OYty	米丶丿	OYTy
半	GJGH	一刂一丨	HGHG
弭	XBG	弓耳㊀	XBG
敉	OTY	米攵㊀	OTY
脒	EOy	月米㊀	EOY
眯	HOy	目米㊀	HOY
糸	XIU	幺小㊂	XIU
汨	IJG	氵日㊀	IJG
宓	PNTR	宀心丿丿	PNTR
泌	INTt	氵心丿㊀	INTt
觅	EMQb	爫冂儿㊀	EMqb
秘	TNtt	禾心丿㊀	TNtt
密	PNTm	宀心丿山	PNTm
幂	PJDh	冖日大丨	PJDh
谧	YNTL	讠心丿皿	YNTL
嘧	KPNm	口宀心山	KPNm
蜜	PNTJ	宀心丿虫	PNTJ

mian

汉字	编码	拆分	编码
绵	XRmh	纟白门丨	XRmh
眠	HNAn	目尸七㊄	HNAn
棉	SRMh	木白门丨	SRMh
免	QKQb	勹口儿㊀	QKQb
沔	IGHn	氵一丨乙	IGHn
勉	QKQL	勹口儿力	QKQE
眄	HGHn	目一丨乙	HGHN
娩	VQKq	女勹口儿	VQKq
冕	JQKq	冂勹口儿	JQKq
湎	IDMd	氵厂门三	IDLf
缅	XDMD	纟厂门三	XDLf
腼	EDMD	月厂门三	EDLf
面	DMjd	厂门刂三	DLjf
黾	KJNb	口日乙㊀	KJNb
渑	IKJn	氵口日乙	IKJn

miao

汉字	编码	拆分	编码
喵	KALg	口艹田㊀	KALg
苗	ALF	艹田㊉	ALf
描	RALg	扌艹田㊀	RALg
瞄	HALg	目艹田㊀	HALg
鹋	ALQG	艹田勹一	ALQG
杪	SITt	木小丿㊀	SITt
眇	HITt	目小丿㊀	HITt
秒	TItt	禾小丿㊀	TItt
淼	IIIU	水水水㊂	IIIU
渺	IHIT	氵目小丿	IHIT
缈	XHIt	纟目小丿	XHIt
藐	AEEq	艹四夕儿	AERq
邈	EERP	四夕白辶	ERQP
妙	VITt	女小丿㊀	VITt
庙	YMD	广由㊀	OMD
缪	XNWe	纟羽人彡	XNWe

mie

汉字	编码	拆分	编码
乜	NNV	乙乙㊃	NNV
咩	KUDh	口丷手①	KUH
灭	GOI	一火㊂	GOI
蔑	ALDT	艹皿厂丿	ALAw

汉字	编码	拆分	编码
篾	TLDT	竹皿厂丿	TLAw
蠛	JALt	虫艹皿丿	JALw

min

汉字	编码	拆分	编码
民	Nav	尸七㊨	Nav
岷	MNAn	山尸七㊄	MNAn
玟	GYY	王文㊀	GYY
苠	ANAb	艹尸七㊨	ANAb
珉	GNAn	王尸七㊄	GNAn
缗	XNAj	纟尸七日	XNAj
皿	LHNg	皿丨乙一	LHNg
闵	UYI	门文㊂	UYI
抿	RNAn	扌尸七㊄	RNAn
泯	INAn	氵尸七㊄	INAn
闽	UJI	门虫㊂	UJI
悯	NUYy	忄门文㊀	NUYy
敏	TXGT	𠂉口一攵	TXTy
愍	NATN	尸七攵心	NATN
鳘	TXGG	𠂉口一一	TXTG

ming

汉字	编码	拆分	编码
名	QKf	夕口㊀	QKf
明	JEg	日月㊀	JEg
鸣	KQYg	口勹、一	KQGg
茗	AQKF	艹夕口	AQKF
冥	PJUu	冖日六㊂	PJUu
铭	QQKg	钅夕口㊀	QQKg
溟	IPJU	氵冖日六	IPJu
暝	JPJU	日冖日六	JPJU
瞑	HPJu	目冖日六	HPJu
酩	SGQK	西一夕口	SGQK
命	WGKB	人一口卩	WGKB

miu

汉字	编码	拆分	编码
谬	YNWE	讠羽人彡	YNWE

mo

汉字	编码	拆分	编码
摸	RAJD	扌艹日大	RAJD
谟	YAJd	讠艹日大	YAJd
膜	VAJD	女艹日大	VAJD
馍	QNAD	𠂊乙艹大	QNAD
摹	AJDR	艹日大手	AJDR
模	SAJd	木艹日大	SAJd

字	码	拆分	码
膜	EAJD	月艹日大	EAJD
麽	YSSC	广木木厶	OSSC
摩	YSSR	广木木手	OSSR
磨	YSSD	广木木石	OSSD
蘑	AYSd	艹广木石	AOsd
魔	YSSC	广木木厶	OSSC
抹	RGSy	扌一木⊙	RGSy
末	GSi	一木③	GSi
殁	GQMC	一夕几又	GQWC
沫	IGSy	氵一木⊙	IGSy
茉	AGSu	艹一木	AGSu
陌	BDJg	阝厂日⊖	BDJg
秣	TGSy	禾一木⊙	TGSY
莫	AJDu	艹日大	AJDu
寞	PAJd	宀艹日大	PAJd
漠	IAJd	氵艹日大	IAJd
蓦	AJDC	艹日大马	AJDG
貊	EEDj	四豸厂日	EDJG
墨	LFOF	四土灬土	LFOF
瘼	UAJD	疒艹日大	UAJD
镆	QAJD	钅艹日大	QAJD
默	LFOD	四土灬犬	LFOD
貘	EEAd	四豸艹大	EAJD
糖	DIYd	三小广石	FSOD

mou

字	码	拆分	码
哞	KCRh	ロ厶二|	KCTG
牟	CRHj	厶二|⑩	CTGJ
侔	WCRh	亻厶二|	WCTG
眸	HCRh	目厶二|	HCtg
谋	YAFs	讠艹二木	YFSy
蛑	JCRh	虫厶二|	JCTg
鍪	CBTQ	マ卩丿金	CNHQ
某	AFSu	艹二木⊖	FSu

mu

字	码	拆分	码
毪	TFNH	丿二乙|	ECTg
母	XGUi	口一丶③	XNNY
亩	YLF	亠田⊖	YLf
牡	TRFG	丿扌土⊖	CFG
姆	VXgu	女口一丶	VXy

字	码	拆分	码
拇	RXGu	扌口一丶	RXY
木	SSSS	木木木木	SSSS
仫	WTCY	亻丿厶⊙	WTCy
目	HHHH	目目目目	HHHh
沐	ISY	氵木⊙	ISY
坶	FXGu	土口一丶	FXy
牧	TRTy	丿扌攵⊙	CTY
苜	AHF	艹目	AHF
钼	QHG	钅目⊖	QHG
慕	AJDL	艹日大力	AJDE
墓	AJDF	艹日大土	AJDF
幕	AJDH	艹日大|	AJDH
睦	HFwf	目土八土	HFwf
慕	AJDN	艹日大小	AJDN
暮	AJDJ	艹日大日	AJDJ
穆	TRIe	禾白小彡	TRIe

n

字	码	拆分	码
唔	KGKG	ロ五口⊖	KGKg
嗯	KLDN	ロ口大心	KLDN

na

字	码	拆分	码
拿	WGKR	人一口手	WGKR
镎	QWGR	钅人一手	QWGR
哪	KVfb	ロ刀二阝	KNGB
那	VFBh	刀二阝①	NGbh
纳	XMWy	纟冂人⊙	XMWy
肭	EMWy	月冂人⊙	EMWy
娜	VVFb	女刀二阝	VNGb
衲	PUMW	衤冫冂人	PUMW
钠	QMWy	钅冂人⊙	QMWy
捺	RDFI	扌大二小	RDFI
呐	KMWy	ロ冂人⊙	KMWy

nai

字	码	拆分	码
乃	ETN	乃丿乙	BNT
芳	AEB	艹乃⑥	ABR
奶	VEn	女乃⑥	VBT
氖	RNEb	气乙乃⑥	RBE
俫	WBG	亻耳⊖	WBG
奈	DFIu	大二小③	DFIu

字	码	拆分	码
奈	SFIU	木二小③	SFIU
耐	DMJF	厂门刂寸	DMJF
萘	ADFI	艹大二小	ADFI
鼐	EHNn	乃目乙乙	BHNn

nan

字	码	拆分	码
囡	LVD	口女⊖	LVD
男	LLb	田力⑥	LEr
南	FMuf	十冂艹十	FMuf
难	CWyg	又亻圭⊖	CWyg
喃	KFMf	ロ十冂十	KFMf
楠	SFMf	木十冂十	SFMf
赧	FOBC	土小卩又	FOBC
腩	EFMf	月十冂十	EFMf
蝻	JFMf	虫十冂十	JFMf

nang

字	码	拆分	码
囔	KGKE	ロ一口伙	KGKE
囊	GKHe	一口|伙	GKHe
馕	QNGE	夕乙一伙	QNGE
曩	JYKe	日一口伙	JYKe
攮	RGKE	扌一口伙	RGKE

nao

字	码	拆分	码
孬	GIVb	一小女子	DHVB
呶	KVCy	ロ女又⊙	KVCy
挠	RATQ	扌七儿	RATq
硇	DTLq	石丿囗乂	DTLr
铙	QATq	钅七儿	QATq
猱	QTCS	犭丿マ木	QTCS
蛲	JATQ	虫七儿	JATQ
垴	FYBH	土文凵①	FYRb
恼	NYBh	忄文凵①	NYRb
脑	EYBh	月文凵①	EYRb
瑙	GVTq	王巛丿乂	GVTr
闹	UYMh	门一门|	UYMh
淖	IHJh	氵卜早①	IHJh

ne

字	码	拆分	码
呢	KNXn	ロ尸匕⑥	KNXn
讷	YMWy	讠冂人⊙	YMWy

nei

字	码	拆分	码
馁	QNEv	夕乙四女	QNEv

内	MWi	门人③	MWi

nen

| 恁 | WTFN | 亻丿士心 | WTFN |
| 嫩 | VGKt | 女一口攵 | VSKt |

neng

| 能 | CExx | ム月匕匕 | CExx |

ni

妮	VNXn	女尸匕②	VNXn
尼	NXv	尸匕⑯	NXv
坭	FNXn	土尸匕②	FNXn
怩	NNXn	忄尸匕②	NNXn
泥	INXn	氵尸匕②	INXn
倪	WVQn	亻白儿②	WEQn
铌	QNXn	钅尸匕②	QNXn
猊	QTVQ	犭丿白儿	QTEQ
霓	FVQb	雨白儿②	FEQb
鲵	QGVQ	鱼一白儿	QGEq
伲	WNXn	亻尸匕②	WNXn
你	WQiy	亻ク小③	WQiy
拟	RNYw	扌乙丶人	RNYw
旎	YTNX	方ス尸匕	YTNX
昵	JNXn	日尸匕②	JNXn
逆	UBTp	ⅤⅢ丿辶	UBTP
匿	AADK	匚艹ナ口	AADk
溺	IXUu	氵弓冫冫	IXUu
睨	HVQn	目白儿②	HEQn
腻	EAFm	月弋二贝	EAFy

nian

拈	RHKG	扌卜口⊖	RHKg
蔫	AGHO	艹一止灬	AGHo
年	RHfk	⌒|十⑯	TGj
鲇	QGHK	鱼一卜口	QGHK
鲶	QGWN	鱼一人心	QGWn
黏	TWIK	禾人氺口	TWIK
捻	RWYN	扌人丶心	RWYN
辇	FWFL	二人二车	GGLJ
撵	RFWL	扌二人车	RGGl
碾	DNAe	石尸艹以	DNAe

廿	AGHg	廿一|一	AGHG
念	WYNN	人丶乙心	WYNN
埝	FWYN	土人丶心	FWYN
粘	OHkg	米卜口⊖	OHKG

niang

| 娘 | VYVe | 女、ヨ以 | VYVy |
| 酿 | SGYE | 西一丶以 | SGYV |

niao

鸟	QYNG	ク丶乙一	QGD
茑	AQYG	艹ク丶一	AQGF
袅	QYNE	ク丶乙以	QYEU
嬲	LLVl	田力女力	LEVe
尿	NII	尸水③	NIi
脲	ENIy	月尸水③	ENIy

nie

捏	RJFG	扌日土⊖	RJFg
陧	BJFg	阝日土一	BJFg
涅	IJFG	氵日土一	IJFG
聂	BCCu	耳又又③	BCCu
臬	THSu	丿目木③	THSu
啮	KHWB	口止人凵	KHWB
嗫	KBCc	口耳又又	KBCc
镊	QBCc	钅耳又又	QBCc
镍	QTHS	钅丿目木	QTHS
颞	BCCM	耳又又贝	BCCM
蹑	KHBc	口止耳又	KHBC
孽	AWNB	艹亻口子	ATNB
蘖	AWNS	艹亻口木	ATNS

nin

| 您 | WQIN | 亻ク小心 | WQIN |

ning

宁	PSj	宀丁⑩	PSj
咛	KPSh	口宀丁①	KPSh
拧	RPSh	扌宀丁①	RPSh
狞	QTPs	犭丿宀丁	QTPs
柠	SPSh	木宀丁①	SPSh
聍	BPSh	耳宀丁①	BPSh
甯	PNEj	宀心用⑩	PNEj

凝	UXTh	冫匕ス走	UXTh
佞	WFVg	亻二女一	WFVg
泞	IPSh	氵宀丁①	IPSh

niu

妞	VNFg	女乙土⊖	VNHG
牛	RHK	⌒|⑩	TGK
忸	NNFg	忄乙土⊖	NNHG
扭	RNFg	扌乙土⊖	RNHg
狃	QTNF	犭丿乙土	QTNG
纽	XNFg	纟乙土⊖	XNHG
钮	QNFg	钅乙土⊖	QNHg
拗	RXLn	扌幺力②	RXEt

nong

农	PEI	一以③	PEi
侬	WPEy	亻一以③	WPEy
哝	KPEy	口一以③	KPEy
浓	IPEy	氵一以③	IPEy
脓	EPEy	月一以③	EPEY
弄	GAJ	王廾⑩	GAJ

nou

| 耨 | DIDf | 三小厂寸 | FSDf |

nu

奴	VCY	女又③	VCY
孥	VCBF	女又子③	VCBf
驽	VCCf	女又马⊖	VCCg
努	VCLb	女又力②	VCEr
弩	VCXb	女又弓②	VCXb
胬	VCMW	女又门人	VCMW
怒	VCNu	女又心③	VCNu

nü

女	VVVv	女女女女	VVVv
钕	QVG	钅女⊖	QVG
恧	DMJN	ア门‖心	DMJN
衄	TLNF	丿皿乙土	TLNG

nuan

| 暖 | JEFc | 日四二又 | JEGC |

nüe

| 疟 | UAGD | 疒匚一⊖ | UAGd |

虐	HAAg	广七匚一	HAGd

nuo

挪	RVFb	扌刀二阝	RNGB
傩	WCWY	亻又亻圭	WCWY
诺	YADk	讠艹ナ口	YADk
喏	KADK	口艹ナ口	KADK
搦	RXUu	扌弓冫冫	RXUu
锘	QADk	钅艹ナ口	QADk
懦	NFDJ	忄雨厂川	NFDj
糯	OFDj	米雨厂川	OFDJ

o

喔	KNGF	口尸一土	KNGF
噢	KTMD	口丿冂大	KTMD
哦	KTRt	口丿扌丿	KTRy

ou

讴	YAQy	讠匚乂⊙	YARy
欧	AQQw	匚乂乡人	ARQw
殴	AQMc	匚乂几又	ARWc
瓯	AQGN	匚乂一乙	ARGy
鸥	AQQG	匚乂勹一	ARQG
呕	KAQY	口匚乂⊙	KARY
偶	WJMy	亻日冂丶	WJMy
耦	DIJy	三小日丶	FSJy
藕	ADIY	艹三小丶	AFSY
怄	NAQy	忄匚乂⊙	NARy
沤	IAQy	氵匚乂⊙	IARy

pa

趴	KHWy	口止八⊙	KHWy
啪	KRRg	口扌白一	KRRg
葩	ARCb	艹白巴⊛	ARCb
扒	RWY	扌八⊙	RWY
杷	SCN	木巴⊙	SCN
爬	RHYC	厂丨八巴	RHYC
耙	DICn	三小巴⊙	FSCn
琶	GGCb	王王巴⊛	GGCb
筢	TRCb	⺮扌巴⊛	TRCB
帕	MHRg	冂丨白一	MHRg
怕	NRg	忄白一	NRg

pai

拍	RRG	扌白一	RRG
俳	WDJD	亻三川三	WHDd
徘	TDJD	彳三川三	THDD
排	RDJd	扌三川三	RHDd
牌	THGF	丿丨一十	THGF
哌	KREy	口厂氏⊙	KREy
派	IREy	氵厂氏⊙	IREy
湃	IRDf	氵扌三十	IRDF
蒎	AIRe	艹氵厂氏	AIRe

pan

潘	ITOL	氵丿米田	ITOl
攀	SQQr	木乂乂手	SRRr
爿	NHDE	乙丨丆⊛	UNHT
盘	TELf	丿舟皿一	TULf
磐	TEMD	丿舟几石	TUWD
蹒	KHAW	口止艹人	KHAW
蟠	JTOL	虫丿米田	JTOl
判	UDJH	⺍丆刂①	UGJH
泮	IUFh	氵⺍十①	IUGH
叛	UDRC	⺍丆厂又	UGRC
盼	HWVn	目八刀⊛	HWVT
畔	LUFh	田⺍十①	LUGh
袢	PUUf	衤⺍⺍十	PUUg
襻	PUSR	衤⺍木手	PUSR

pang

乒	RGYu	斤、一⊙	RYU
滂	IUPy	氵立一方	IYUY
仿	TYN	彳方⊛	TYT
庞	YDXv	广ナ匕⊛	ODXy
逄	TAHp	夂匚丨辶	TGPK
旁	UPYb	立一方⊛	YUPy
螃	JUPy	虫立一方	JYUy
耪	DIUY	三小立方	FSYY
胖	EUFh	月⺍十①	EUGh

pao

抛	RVLn	扌九力⊛	RVEt
脬	EEBg	月爫子一	EEBg

pei

刨	QNJH	勹巳刂①	QNJH
咆	KQNn	口勹巳⊛	KQNn
庖	YQNv	广勹巳⊛	OQNV
狍	QTQN	犭丿勹巳	QTQN
炮	OQNn	火勹巳⊛	OQNn
袍	PUQn	衤⺀勹巳	PUQn
匏	DFNN	大二乙巳	DFNN
跑	KHQn	口止勹巳	KHQn
泡	IQNn	氵勹巳⊛	IQNn
疱	UQNv	疒勹巳⊛	UQNv

pei

呸	KGIg	口一小一	KDHG
胚	EGIg	月一小一	EDHg
醅	SGUK	西一立口	SGUK
陪	BUKg	阝立口一	BUKg
培	FUKg	土立口一	FUKg
赔	MUKg	贝立口一	MUKg
锫	QUKG	钅立口一	QUKG
裴	DJDE	三川三衣	HDHE
沛	IGMH	氵一冂丨	IGMH
佩	WMGh	亻几一丨	WWGH
帔	MHHC	冂丨广又	MHBy
旆	YTGh	方⸝一丨	YTGh
配	SGNn	西一己⊛	SGNn
辔	XLXk	纟车纟口	LXXK
霈	FIGh	雨氵一丨	FIGh

pen

喷	KFAm	口十艹贝	KFAm
盆	WVLf	八刀皿一	WVLf
溢	IWVL	氵八刀皿	IWVL

peng

怦	NGUh	忄一⺍丨	NGUf
抨	RGUH	扌一⺍丨	RGUF
砰	DGUh	石一⺍丨	DGUf
烹	YBOu	亠了灬⊙	YBOu
嘭	KFKE	口士口彡	KFKEv
朋	EEg	月月一	EEg
堋	FEEg	土月月一	FEEg

字	码	拆	码	字	码	拆	码	字	码	拆	码
彭	FKUE	士口丷彡	FKUE	攀	FKUF	士口丷十	FKUF		pie		
棚	SEEg	木月月㇐	SEEg	匹	AQV	匚儿⑱	AQv	气	RNTR	𠂉乙丿②	RTE
硼	DEEg	石月月㇐	DEEG	庀	YXV	广匕⑱	OXV	撇	RUMT	扌丷冂攵	RITY
蓬	ATDP	艹夂三辶	ATDP	仳	WXXn	亻匕匕②	WXXN	瞥	UMIH	丷冂小目	ITHF
鹏	EEQg	月月勹㇐	EEQg	圮	FNN	土己②	FNN	苤	AGIg	艹一小一	ADHG
澎	IFKE	氵土口彡	IFKE	痞	UGIk	疒一小口	UDHk		pin		
篷	TTDP	竹夂三辶	TTDP	擗	RNKu	扌尸口辛	RNKu	拼	RUAh	扌丷廾①	RUAh
膨	EFKe	月士口彡	EFKe	癖	UNKu	疒尸口辛	UNKu	姘	VUAh	女丷廾①	VUAh
蟛	JFKe	虫士口彡	JFKe	足	NHI	乙龰③	NHI	拚	RCAh	扌厶廾①	RCAH
捧	RDWh	扌三人丨	RDWg	屁	NXXv	尸匕匕⑱	NXXv	贫	WVMu	八刀贝③	WVDu
碰	DUOg	石丷业一	DUOg	淠	ILGJ	氵田一刂	ILGJ	嫔	VPRw	女宀斤八	VPRw
	pi			媲	VTLx	女丿囗比	VTLx	频	HIDm	止小厂贝	HHDm
丕	GIGF	一小一㇐	DHGD	睥	HRtf	目白丿十	HRtf	品	KKKf	口口口㇐	KKKf
批	RXxn	扌匕匕②	RXXn	僻	WNKu	亻尸口辛	WNKu	榀	SKKk	木口口口	SKKk
纰	XXXN	纟匕匕②	XXXn	甓	NKUN	尸口辛乙	NKUY	牝	TRXn	丿扌匕②	CXn
邳	GIGB	一小一阝	DHGB	譬	NKUY	尸口辛言	NKUY	聘	BMGn	耳由一乙	BMGn
坯	FGIG	土一小一	FDHG		pian				ping		
披	RHCy	扌广又⊙	RBY	偏	WYNA	亻丶尸艹	WYNA	乒	RGTr	斤一丿②	RTR
砒	DXXn	石匕匕②	DXXn	编	TRYA	丿扌丶艹	CYNa	傍	WMGN	亻由一乙	WMGN
铍	QHCy	钅广又⊙	QBY	篇	TYNA	竹丶尸艹	TYNa	娉	VMGN	女由一乙	VMGN
劈	NKUV	尸口辛刀	NKUV	翩	YNMN	丶尸门羽	YNMN	平	GUhk	一丷丨⑪	GUFk
癖	KNKu	口尸口辛	KNKu	骈	CUah	马丷廾①	CGUA	评	YGUh	讠一丷丨	YGUf
霹	FNKu	雨尸口辛	FNKu	胼	EUAh	月丷廾①	EUAh	凭	WTFM	亻丿士几	WTFM
皮	HCi	广又③	BNTY	蹁	KHYA	口止丶艹	KHYA	坪	FGUh	土一丷丨	FGUf
芘	AXXb	艹匕匕⑱	AXXb	谝	YYNA	讠丶尸艹	YYNA	苹	AGUh	艹一丷丨	AGUF
枇	SXXN	木匕匕②	SXXN	骗	THGn	丿丨一乙	THGn	屏	NUAk	尸丷廾⑪	NUAk
毗	LXXn	田匕匕②	LXXn	骗	CYNA	马丶尸艹	CGYA	枰	SGUh	木一丷丨	SGUf
疲	UHCi	疒广又③	UBI		piao			瓶	UAGn	丷廾一乙	UAGY
蚍	JXXN	虫匕匕②	JXXN	飘	SFIQ	西二小乂	SFIR	萍	AIGH	艹氵一丨	AIGf
郫	RTFB	白丿十阝	RTFB	剽	SFIJ	西二小刂	SFIJ	鲜	QGGh	鱼一一丨	QGGF
陴	BRTf	阝白丿十	BRTf	漂	ISFi	氵西二小	ISFi		po		
啤	KRTf	口白丿十	KRTf	缥	XSFi	纟西二小	XSFI	泊	IRg	氵白㇐	IRG
埤	FRTf	土白丿十	FRTf	螵	JSFi	虫西二小	JSFi	钋	QHY	钅卜⊙	QHY
琵	GGXx	王王匕匕	GGXx	瓢	SFIY	西二小丶	SFIY	坡	FHCy	土广又⊙	FBy
脾	ERTf	月白丿十	ERTf	殍	GQEB	一夕爫子	GQEB	泼	INTY	氵乙丿丶	INTY
黑	LFCO	黑土厶灬	LFCO	瞟	HSFi	目西二小	HSFi	颇	HCDm	广又厂贝	BDMy
蜱	JRTf	虫白丿十	JRTf	票	SFIU	西二小⊙	SFIu	婆	IHCV	氵广又女	IBVf
貔	EETX	爫乛丿匕	ETLx	嘌	KSFi	口西二小	KSFi	鄱	TOLB	丿米田阝	TOLB
				嫖	VSFi	女西二小	VSFi	皤	RTOL	白丿米田	RTOL

字	编码	字根	编码
巨	AKD	匚口⊟	AKD
钜	QAKg	钅匚口⊟	QAKg
筐	TAKF	⺮匚口⊜	TAKF
迫	RPD	白辶⊟	RPD
珀	GRG	王白⊟	GRg
破	DHCy	石广又⊙	DBy
粕	ORG	米白⊟	ORg
魄	RRQC	白白儿厶	RRQC

pou

字	编码	字根	编码
剖	UKJh	立口刂①	UKJh
掊	RUKg	扌立口①	RUKG
裒	YVEU	亠臼⿰衣	YEEu

pu

字	编码	字根	编码
攴	HCU	卜又⊙	HCU
仆	WHY	亻卜⊙	WHY
扑	RHY	扌卜⊙	RHY
脯	EGEy	月一月丶	ESY
铺	QGEy	钅一月丶	QSY
匍	QGEY	勹一月丶	QSI
莆	AGEy	艹一月丶	ASu
菩	AUKF	艹立口⊜	AUKf
葡	AQGy	艹勹一	AQSu
蒲	AIGY	艹氵一	AISu
璞	GOGY	王业一丶	GOUy
濮	IWOy	氵亻业丶	IWOg
镤	QOGy	钅业一丶	QOUG
朴	SHY	木卜⊙	SHY
圃	LGEY	囗一月丶	LSI
埔	FGEY	土一月丶	FSY
浦	IGEY	氵一月丶	ISy
普	UOgj	⺍业一日	UOjf
溥	IGEF	氵一月寸	ISFY
谱	YUOj	讠⺍业日	YUOj
氆	TFNJ	丿二乙日	EUOj
镨	QUOj	钅⺍业日	QUOj
璞	KHOy	口止业丶	KHOG
瀑	IJAi	氵日共水	IJAi
曝	JJAi	日日共水	JJAi

qi

字	编码	字根	编码
七	AGn	七一乙	AGn
沏	IAVn	氵七刀②	IAVt
妻	GVhv	一ヨ丨女	GVhv
凄	UGVV	冫一ヨ女	UGVV
栖	SSG	木西⊟	SSG
桤	SMNN	木山己②	SMNn
戚	DHIt	厂上小丿	DHII
萋	AGVv	艹一ヨ女	AGVv
期	ADWE	艹三八月	DWEg
欺	ADWW	艹三八人	DWQw
喊	KDHT	口厂上丿	KDHI
槭	SDHT	木厂上丿	SDHI
柒	IASu	氵七木⊙	IASu
漆	ISWi	氵木人氺	ISWi
蹊	KHED	口止四大	KHED
亓	FJJ	二刂⑪	FJJ
祁	PYBh	礻丶阝丨	PYBh
齐	YJJ	文刂⑪	YJJ
圻	FRH	土斤①	FRH
岐	MFCy	山十又丶	MFCy
茋	AQAb	艹匚七⑯	AQAb
其	ADWu	艹三八	DWu
奇	DSKF	大丁口⊟	DSKF
歧	HFCy	止十又丶	HFCy
祈	PYRh	礻丶斤①	PYRh
耆	FTXJ	土丿匕日	FTXJ
脐	EYJh	月文刂丨	EYJh
颀	RDMy	斤厂贝⊙	RDMY
崎	MDSk	山大丁口	MDSk
淇	IADW	氵艹三八	IDWY
畦	LFFg	田土土⊟	LFFg
萁	AADW	艹艹三八	ADWU
骐	CADW	马艹三八	CGDW
骑	CDSk	马大丁口	CGDK
棋	SADw	木艹三八	SDWy
琦	GDSk	王大丁口	GDSk
琪	GADw	王艹三八	GDWy

字	编码	字根	编码
祺	PYAw	礻丶艹八	PYDW
蛴	JYJh	虫文刂丨	JYJh
旗	YTAw	方⼓艹八	YTDW
綦	ADWI	三艹八小	DWXi
蜞	JADw	虫艹三八	JDWy
蕲	AUJR	艹丷日斤	AUJR
鳍	QGFJ	鱼一土日	QGFJ
麒	YNJW	广コ刂八	OXXW
乞	TNB	𠂉乙⑯	TNB
企	WHF	人止⊜	WHF
屺	MNN	山己②	MNN
岂	MNb	山己⑯	MNb
芑	ANB	艹己⑯	ANB
启	YNKd	丶尸口⊟	YNKd
杞	SNN	木己②	SNN
起	FHNv	土止己⑯	FHNv
绮	XDSk	纟大丁口	XDSk
气	RNB	𠂉乙⑯	RTGn
讫	YTNN	讠𠂉乙②	YTNn
汔	ITNn	氵𠂉乙②	ITNN
迄	TNPv	𠂉乙辶⑯	TNPV
弃	YCAj	亠厶廾⑪	YCAj
汽	IRNn	氵𠂉乙②	IRn
泣	IUG	氵立⊟	IUG
契	DHVd	三丨刀大	DHVd
砌	DAVn	石七刀②	DAVt
葺	AKBf	艹口耳⊜	AKBf
碛	DGMy	石龶贝丶	DGMy
器	KKDk	口口犬口	KKDk
憩	TDTN	丿古丿心	TDTN
欹	DSKW	大丁口人	DSKW

qia

字	编码	字根	编码
掐	RQVg	扌⺈臼⊟	RQEg
袷	PUWK	礻冫人口	PUWK
葜	ADHD	艹三丨大	ADHD
洽	IWGk	氵人一口	IWGk
恰	NWGK	忄人一口	NWgk
髂	MEPk	罒月宀口	MEPk

qian

千	TFK	丿十(川)	TFK
仟	WTFH	亻丿十(丨)	WTFH
阡	BTFh	阝丿十(丨)	BTFh
扦	RTFH	扌丿十(丨)	RTFH
芊	ATFj	艹丿十(刂)	ATFj
迁	TFPk	丿十辶(川)	TFPk
佥	WGIF	人一䒑(二)	WGIG
岍	MGAH	山一廾(丨)	MGAH
钎	QTFh	钅丿十(丨)	QTFH
牵	DPRh	大冖𠂉丨	DPTg
悭	NJCf	忄刂又土	NJCf
铅	QMKg	钅几口(一)	QWKg
谦	YUVo	讠䒑彐小	YUVw
愆	TIFN	彳氵二心	TIGN
签	TWGI	竹人一䒑	TWGG
骞	PFJC	宀二刂马	PAWG
搴	PFJR	宀二刂手	PAWR
褰	PFJE	宀二刂衣	PAWE
前	UEjj	䒑月刂(刂)	UEjj
钤	QWYN	钅人丶乙	QWYN
虔	HAYi	虍文七(氵)	HYi
钱	QGt	钅戋(丿)	QGay
钳	QAFg	钅艹二(一)	QFG
乾	FJTn	十早𠂉乙	FJTn
掮	RYNE	扌丶尸月	RYNE
箝	TRAF	竹扌艹二	TRFF
潜	IFWj	氵二人日	IGGJ
黔	LFON	黑土灬乙	LFON
浅	IGT	氵戋(丿)	IGAy
肷	EQWy	月𠂊人(丶)	EQWy
慊	NUVo	忄䒑彐小	NUVw
遣	KHGP	口丨一辶	KHGP
谴	YKHP	讠口丨辶	YKHP
缱	XKHP	纟口丨辶	XKHp
欠	QWu	𠂊人(冫)	QWu
芡	AQWu	艹𠂊人(冫)	AQWu
茜	ASF	艹西(二)	ASF
倩	WGEG	亻龶月(一)	WGEG
堑	LRFf	车斤土(二)	LRFf
嵌	MAFw	山艹二人	MFQw
椠	LRSu	车斤木(冫)	LRSu
歉	UVOW	䒑彐小人	UVJW

qiang

呛	KWBn	口人㔾(乙)	KWBn
羌	UDNB	丷𡗗乙(巛)	UNV
戕	NHDA	乙丨𠂆戈	UAY
枪	SWBn	木人㔾乙	SWBn
戗	WBAt	人㔾戈(丿)	WBAy
跄	KHWB	口止人㔾	KHWB
腔	EPWa	月宀八工	EPWa
蜣	JUDN	虫丷𡗗乙	JUNn
锖	QGEG	钅龶月(一)	QGEG
锵	QUQF	钅丬夕寸	QUQf
镪	QXKj	钅弓口虫	QXKj
强	XKjy	弓口虫(丶)	XKjy
墙	FFUK	土十䒑口	FFUK
嫱	VFUK	女十䒑口	VFUK
蔷	AFUk	艹十䒑口	AFUk
樯	SFUk	木十䒑口	SFUk
抢	RWBn	扌人㔾(乙)	RWBn
羟	UDCA	丷𡗗又工	UCAG
襁	PUXj	礻冫弓虫	PUXj
炝	OWBn	火人㔾(乙)	OWBn

qiao

悄	NIeg	忄⺌月(一)	NIeg
峤	MTDJ	山丿大川	MTDJ
硗	DATq	石七丿儿	DATq
跷	KHAQ	口止七儿	KHAQ
劁	WYOJ	亻主灬刂	WYOJ
敲	YMKC	亠冂口又	YMKC
锹	QTOy	钅禾火(丶)	QTOY
橇	STFn	木丿二乙	SEEE
缲	XKKs	纟口口木	XKKs
乔	TDJj	丿大川(刂)	TDJj
侨	WTDj	亻丿大川	WTDj
荞	ATDJ	艹丿大川	ATDJ
桥	STDj	木丿大(刂)	STDj
谯	YWYO	讠亻主灬	YWYO
憔	NWYO	忄亻主灬	NWYO
鞒	AFTJ	廿串丿川	AFTJ
樵	SWYO	木亻主灬	SWYO
瞧	HWYo	目亻主灬	HWYo
巧	AGNN	工一乙(乙)	AGNN
愀	NTOy	忄禾火(丶)	NTOy
俏	WIEg	亻⺌月(一)	WIEg
诮	YIEg	讠⺌月(一)	YIEg
峭	MIeg	山⺌月(一)	MIeg
窍	PWAN	宀八工乙	PWAN
翘	ATGN	七丿一羽	ATGN
撬	RTFN	扌丿二乙	REEe
鞘	AFIE	廿串⺌月	AFIE

qie

切	AVn	七刀(乙)	AVt
趄	FHEg	土止月一	FHEg
茄	ALKF	艹力口(二)	AEKf
且	EGd	目一(三)	EGd
妾	UVF	立女(二)	UVF
怯	NFCY	忄土厶(丶)	NFCY
窃	PWAV	宀八七刀	PWAV
挈	DHVR	三丨刀手	DHVR
惬	NAGw	忄匚一人	NAGd
箧	TAGW	竹匚一人	TAGD
锲	QDHd	钅三丨大	QDHd
郄	QDCb	乂𠂇厶阝	RDCB

qin

钦	QQWy	钅𠂊人(丶)	QQWy
亲	USu	立木(冫)	USu
侵	WVPc	亻彐冖又	WVPc
衾	WYNE	人丶乙衣	WYNE
芩	AWYN	艹人丶乙	AWYN
芹	ARJ	艹斤(刂)	ARJ
秦	DWTu	三人禾(冫)	DWTu
琴	GGWn	王王人乙	GGWn
禽	WYBc	人文凵厶	WYRC
勤	AKGL	廿口龶力	AKGe
嗪	KDWT	口三人禾	KDWT

字	编码	字根	编码
溱	IDWt	氵三人禾	IDWT
嗪	KWYC	口人文厶	KWYC
搝	RWYC	扌人文厶	RWYC
榛	SWYC	木人文厶	SWYC
蓁	JDWT	虫三人禾	JDWT
镤	QVPc	钅ヨ一又	QVPc
寝	PUVC	宀丬ヨ又	PUVC
吣	KNY	口心〇	KNY
沁	INy	氵心〇	INy
揪	RQQw	扌夕夕人	RQQw
罨	SJJ	西早⑪	SJJ

qing

字	编码	字根	编码
青	GEF	龶月㇀	GEF
氢	RNCa	𠂆乙又工	RCAd
轻	LCag	车又工㇀	LCag
倾	WXDm	亻匕厂贝	WXDm
卿	QTVB	𠂊丿ヨ卩	QTVB
圊	LGED	口龶月㊀	LGED
清	IGEg	氵龶月㊀	IGEg
蜻	JGEG	虫龶月㊀	JGEG
鲭	QGGE	鱼一龶月	QGGE
情	NGEg	忄龶月㊀	NGEg
晴	JGEg	日龶月㊀	JGEg
氰	RNGE	𠂆乙龶月	RGEd
擎	AQKR	艹勹口手	AQKR
檠	AQKS	艹勹口木	AQKS
黥	LFOI	㘫士灬小	LFOI
苘	AMKf	艹门口㇀	AMKf
顷	XDmy	匕厂贝〇	XDmy
请	YGEg	讠龶月㊀	YGEg
馨	FNMY	士尸几言	FNWY
庆	YDi	广大③	ODI
綮	YNTI	丶尸攵小	YNTI
箐	TGEf	⺮龶月㇀	TGEf
磬	FNMD	士尸几石	FNWD
罄	FNMM	士尸几山	FNWB

qiong

字	编码	字根	编码
邛	ABH	工阝①	ABH
穷	PWLb	宀八力⑫	PWEr
穹	PWXb	宀八弓⑫	PWXb
茕	APNf	艹冖乙十	APNF
筇	TABj	⺮工阝⑪	TABj
琼	GYIY	王古小㇀	GYIY
蛩	AMYJ	工几丶虫	AWYJ
恐	AMYH	工几丶忄	AWYH
銎	AMYQ	工几丶金	AWYQ

qiu

字	编码	字根	编码
丘	RGD	斤一㊀	RTHg
邱	RGBh	斤一阝①	RBH
秋	TOy	禾火〇	TOy
湫	ITOY	氵禾火㇀	ITOY
蚯	JRGG	虫斤一一	JRg
楸	STOy	木禾火㇀	STOy
鳅	QGTO	鱼一禾火	QGTO
囚	LWI	口人③	LWI
犰	QTVN	犭丿九	QTVN
求	FIYi	十水丶③	GIYi
虬	JNN	虫乙〇	JNN
泅	ILWy	氵口人㇀	ILWy
俅	WFIY	亻十水丶	WGIY
酋	USGF	丷西一㇀	USGF
逑	FIYP	十水丶辶	GIYP
球	GFIy	王十水丶	GGIy
赇	MFIy	贝十水丶	MGIy
巯	CAYq	又工㇀儿	CAYK
遒	USGP	丷西一辶	USGP
裘	FIYE	十水丶衣	GIYE
蝤	JUSg	虫丷西一	JUSg
鼽	THLV	丿目田九	THLV
糗	OTHD	米丿目犬	OTHD

qu

字	编码	字根	编码
区	AQi	匚乂③	ARi
曲	MAd	冂卄㊀	MAd
岖	MAQy	山匚乂	MARy
诎	YBMH	讠山山①	YBMh
驱	CAQy	马匚乂	CGAr
屈	NBMk	尸山山⑩	NBMk
祛	PYFC	礻丶土厶	PYFC
蛆	JEGG	虫目一一	JEGG

字	编码	字根	编码
躯	TMDQ	丿门三乂	TMDR
蚰	JMAg	虫门卄㊀	JMAg
趋	FHQv	土龰勹ヨ	FHQv
魈	FWWO	十人人米	SWWO
黢	LFOT	㘫土灬夂	LFOT
劬	QKLn	勹口力⑫	QKET
胸	EQKg	月勹口㊀	EQKg
鸲	QKQG	勹口勹一	QKQG
渠	IANS	氵匚コ木	IANS
蕖	AIAS	艹氵匚木	AIAS
磲	DIAS	石氵匚木	DIAs
璩	GHAE	王⺊七豕	GHGE
瞿	HHWY	目目亻㇀	HHWy
蘧	AHAp	艹⺊七辶	AHGp
氍	HHWN	目目亻乙	HHWE
癯	UHHy	疒目目㇀	UHHy
衢	THHH	彳目目	THHs
蠼	JHHC	虫目目又	JHHC
取	BCy	耳又〇	BCy
娶	BCVf	耳又女㇀	BCVf
龋	HWBY	止人凵㇀	HWBY
去	FCU	土厶③	FCU
阒	UHDi	门目犬③	UHDI
觑	HAOQ	卢七业儿	HOMq
趣	FHBc	土龰耳又	FHBc

quan

字	编码	字根	编码
圈	LUDb	囗丷大巳	LUGB
悛	NCWt	忄厶八夂	NCWt
全	WGf	人王㇀	WGf
权	SCy	木又〇	SCy
诠	YWGg	讠人王一	YWGg
泉	RIU	白水③	RIu
荃	AWGF	艹人王㇀	AWGF
拳	UDRj	丷大手⑪	UGRj
辁	LWGG	车人王一	LWGG
痊	UWGd	疒人王大	UWGd
铨	QWGg	钅人王一	QWGg
筌	TWGF	⺮人王㇀	TWGF
蜷	JUDB	虫丷大巳	JUGB

字	编码	字根	编码
醛	SGAG	西一艹王	SGAG
鬈	DEUb	镸彡艹巳	DEUb
颧	AKKm	艹口口贝	AKKm
犬	DGTY	犬一丿丶	DGTY
畎	LDY	田犬丶	LDY
绻	XUDB	纟艹大巳	XUGB
劝	CLn	又力②	CET
券	UDVb	艹大刀②	UGVr
que			
缺	RMNw	仁山彐人	TFBw
炔	ONWy	火彐人②	ONWy
瘸	ULKW	疒力口人	UEKW
却	FCBh	土厶卩①	FCBh
确	DQEh	石⺈用①	DQEh
阕	UWGD	门癶一大	UWGD
鹊	AJQG	昔日勹一	AJQG
悫	FPMN	士冖几心	FPWN
雀	IWYF	小亻圭②	IWYF
qun			
群	VTKd	彐丿口羊	VTKU
逡	CWTp	厶八夂辶	CWTP
裙	PUVK	衤⼀彐口	PUVK
ran			
然	QDou	夕犬灬②	QDou
蚺	JMFg	虫门土⊖	JMFG
髯	DEMf	镸彡门土	DEMf
燃	OQDO	火夕犬灬	OQDo
冉	MFD	门土⊜	MFD
苒	AMFf	艹门土⊜	AMf
染	IVSu	氵九木②	IVSu
rang			
让	YHg	讠上⊖	YHg
禳	PYYE	衤丶亠⼋	PYYE
瓤	YKKY	亠口口乀	YKKY
穰	TYKe	禾亠口⼋	TYKe
嚷	KYKe	口亠口⼋	KYKe
壤	FYKe	土亠口⼋	FYKe
攘	RYKe	扌亠口⼋	RYKe
rao			
荛	AATq	艹七丿儿	AATq

字	编码	字根	编码
饶	QNAq	饣乙七儿	QNAq
桡	SATq	木七丿儿	SATq
娆	VATq	女七丿儿	VATq
扰	RDNn	扌ナ乙②	RDNy
绕	XATq	纟七丿儿	XATq
re			
惹	ADKN	艹ナ口心	ADKN
热	RVYO	扌九丶灬	RVYO
ren			
人	Wwww	人人人人	WWWW
仁	WFG	亻二⊖	WFG
壬	TFD	丿士⊜	TFD
忍	VYNU	刀丶心	VYNu
荏	AWTF	艹亻丿士	AWTf
稔	TWYN	禾人丶心	TWYN
刃	VYI	刀丶③	VYI
认	YWy	讠人②	YWy
仞	WVYy	亻刀丶②	WVYy
任	WTFg	亻丿士⊖	WTFg
纫	XVYy	纟刀丶②	XVYy
妊	VTFg	女丿士⊖	VTFg
韧	LVYy	车刀丶②	LVYy
韌	FNHY	二乙丨丶	FNHY
饪	QNTF	饣乙丿士	QNTF
衽	PUTF	衤⼀丿士	PUTF
葚	AADN	艹廿三乙	ADWN
reng			
扔	REn	扌乃②	RBT
仍	WEn	亻乃②	WBT
ri			
日	JJJJ	日日日日	JJJJ
rong			
戎	ADE	戈ナ②	ADE
肜	EET	月彡②	EET
茸	ABF	艹耳⊜	ABF
狨	QTAD	犭丿戈ナ	QTAD
荣	APSu	艹冖木②	APSu
绒	XADt	纟戈ナ②	XADt
容	PWWk	宀八人口	PWWk
嵘	MAPS	山艹一木	MAPs

字	编码	字根	编码
溶	IPWK	氵宀八口	IPWK
蓉	APWk	艹宀八口	APWk
榕	SPWk	木宀八口	SPWk
熔	OPWk	火宀八口	OPWk
蝾	JAPS	虫艹一木	JAPs
融	GKMj	一口门虫	GKMj
冗	PMB	冖几②	PWB
rou			
柔	CBTS	乛卩丿木	CNHS
揉	RCBS	扌乛卩木	RCNS
糅	OCBs	米乛卩木	OCNS
蹂	KHCS	口止乛木	KHCS
鞣	AFCS	廿革乛木	AFCS
肉	MWWi	门人人③	MWWi
ru			
如	VKg	女口⊖	VKg
茹	AVKf	艹女口⊜	AVKf
铷	QVKg	钅女口⊖	QVKg
儒	WFDj	亻雨⺕⏚	WFDj
嚅	KFDj	口雨⺕⏚	KFDj
孺	BFDj	子雨⺕⏚	BFDj
濡	IFDj	氵雨⺕⏚	IFDj
蕠	AFDJ	艹雨⺕⏚	AFDJ
襦	PUFJ	衤⼀雨⏚	PUFJ
蠕	JFDJ	虫雨⺕⏚	JFDJ
颥	FDMM	雨⺕门贝	FDMM
汝	IVG	氵女⊖	IVG
乳	EBNn	爫子乙②	EBNn
辱	DFEF	厂二⼕寸	DFEF
入	TYi	丿丶③	TYi
洳	IVKG	氵女口⊖	IVKG
溽	IDFF	氵厂二寸	IDFF
缛	XDFF	纟厂二寸	XDFf
薅	ADFF	艹厂二寸	ADFF
褥	PUDF	衤⼀厂寸	PUDF
蜗	JMWY	虫门人②	JMWY
偌	WADK	亻艹ナ口	WADK
ruan			
阮	BFQn	阝二儿②	BFQn

朊	EFQn	月二儿②	EFQn
软	LQWy	车ㄣ人⊙	LQWy

rui

蕤	AETG	艹豕丿圭	AGEG
蕊	ANNn	艹心心心	ANNn
芮	AMWU	艹门人⑤	AMWU
枘	SMWy	木门人⊙	SMWy
锐	QUKq	钅ソ口儿	QUKq
瑞	GMDj	王山厂刂	GMDj
睿	HPGH	卜冖一目	HPGH

run

闰	UGd	门王㈢	UGD
润	IUGG	氵门王㈢	IUGG

ruo

若	ADKf	艹ナ口㈢	ADKf
偌	WADk	亻艹ナ口	WADk
弱	XUxu	弓冫弓冫	XUxu
箬	TADk	⺮艹ナ口	TADk

sa

仨	WDG	亻三㈢	WDG
撒	RAEt	扌艹月攵	RAEt
洒	ISg	氵西㈢	ISG
卅	GKK	一川Ⅲ	GKK
飒	UMQY	立几乂⊙	UWRY
脎	EQSy	月乂木⊙	ERSy
萨	ABUt	艹阝立丿	ABUt

sai

腮	ELNY	月田心⊙	ELNy
塞	PFJF	宀二刂土	PAWF
噻	KPFF	口宀二土	KPAf
鳃	QGLn	鱼一田心	QGLn
赛	PFJM	宀二刂贝	PAwm

san

三	DGgg	三一一一	DGgg
叁	CDDf	厶大三㈢	CDDf
毵	CDEN	厶大彡乙	CDEE
伞	WUHj	人丷丨⑩	WUFj
糁	OCDe	米厶大彡	OCDe
馓	QNAT	𠂊乙艹攵	QNAT
散	AETy	艹月攵㈢	AETY

sang

丧	FUEu	十丷以⑤	FUEu
桑	CCCS	又又又木	CCCS
嗓	KCCS	口又又木	KCCs
搡	RCCS	扌又又木	RCCS
磉	DCCs	石又又木	DCCs
颡	CCCM	又又又贝	CCCM

sao

搔	RCYJ	扌又丶虫	RCYJ
骚	CCYJ	马又丶虫	CGCJ
缫	XVJs	纟巛日木	XVJs
臊	EKKS	月口口木	EKKS
鳋	QGCJ	鱼一又虫	QGCJ
扫	RVg	扌ヨ㈢	RVg
嫂	VVHc	女白丨又	VEHc
埽	FVPh	土ヨ冖丨	FVPh
瘙	UCYj	疒又丶虫	UCYj

se

色	QCb	𠂊巴⑥	QCb
涩	IVYh	氵刀丶止	IVYh
啬	FULK	十丷口口	FULK
铯	QQCN	钅𠂊巴乙	QQCN
瑟	GGNt	王王心丿	GGNt
穑	TFUK	禾十丷口	TFUK

sen

森	SSSu	木木木⑤	SSSu

seng

僧	WULj	亻丷罒日	WULj

sha

杀	QSU	乂木⑤	RSU
沙	IITt	氵小丿②	IITt
杉	SET	木彡②	SEt
纱	XItt	纟小丿	XItt
刹	QSJh	乂木刂⑩	RSJh
砂	DItt	石小丿	DItt
莎	AIIT	艹氵小丿	AIIT
铩	QQSy	钅乂木⊙	QRSy
痧	UIIt	疒氵小丿	UIIt
裟	IITE	氵小丿衣	IITE

鲨	IITG	氵小丿一	IITG
傻	WTLT	亻丿口夂	WTLt
唆	KUVg	口立女㈢	KUVg
啥	KWFK	口人干口	KWFK
歃	TFVw	丿十白人	TFEw
煞	QVTo	勹ヨ攵灬	QVTo
霎	FUVf	雨立女㈢	FUVf

shai

筛	TJGH	⺮刂一丨	TJGH
醣	SGGY	西一一丶	SGGY
晒	JSG	日西㈢	JSG

shan

山	MMMm	山山山山	MMMm
删	MMGJ	冂门一刂	MMGJ
鳝	QGUK	鱼一丷口	QGUK
芟	AMCu	艹几又⑤	AWCU
姗	VMMg	女冂门一	VMMg
衫	PUEt	衤冫彡②	PUEt
钐	QET	钅彡②	QET
埏	FTHp	土丿止辶	FTHp
珊	GMMg	王冂门一	GMMg
舢	TEMH	丿舟山⑩	TUMH
跚	KHMG	口止冂一	KHMG
煽	OYNN	火丶尸羽	OYNN
潸	ISSE	氵木木月	ISSE
膻	EYLg	月亠囗一	EYLg
闪	UWi	门人⑥	UWi
陕	BGUw	阝一丷人	BGUd
讪	YMH	讠山⑩	YMH
汕	IMH	氵山⑩	IMH
疝	UMK	疒山Ⅲ	UMK
苫	AHKf	艹卜口㈢	AHKF
扇	YNND	丶尸羽㈢	YNND
善	UDUK	丷手丷口	UUKF
骟	CYNN	马丶尸羽	CGYN
鄯	UDUB	丷手丷阝	UUKB
缮	XUDK	纟丷手口	XUUK
嬗	VYLG	女亠囗一	VYLg

汉字	编码	拆分	编码	汉字	编码	拆分	编码	汉字	编码	拆分	编码
擅	RYLg	扌亠口旦	RYLg	猞	QTWK	犭丿人口	QTWK	渖	IPJh	氵宀日丨	IPJH
膳	EUDK	月丷羊口	EUUK	赊	MWFi	贝人二小	MWFi	肾	JCEf	⺉又月	JCEf
赡	MQDY	贝⺈厂言	MQDY	畬	WFIL	人二小田	WFIL	甚	ADWN	廿三八乙	DWNB
蟮	JUDK	虫丷羊口	JUUk	舌	TDD	丿古三	TDD	胂	EJHH	月日丨	EJHH
撣	RUJF	扌丷日十	RUJF	佘	WFIU	人小二丶	WFIU	渗	ICDe	氵厶大彡	ICDe

shang

汉字	编码	拆分	编码
伤	WTLn	亻丿力乙	WTEt
殇	GQTR	一夕丿⺀	GQTR
商	UMwk	立冂八口	YUMk
觞	QETR	⺈用丿⺀	QETR
墒	FUMK	土立冂口	FYUK
熵	OUMk	火立冂口	OYUk
裳	IPKE	⺌冖口衣	IPKE
垧	FTMk	土丿冂口	FTMk
晌	JTMk	日丿冂口	JTMk
赏	IPKM	⺌冖口贝	IPKM
上	Hhgg	上丨一一	Hhgg
尚	IMKF	⺌冂口	IMKf
绱	XIMk	纟⺌冂口	XIMk

shao

汉字	编码	拆分	编码
捎	RIEg	扌⺌月	RIEg
梢	SIEg	木⺌月	SIEg
稍	TIEg	禾⺌月	TIEg
烧	OATq	火七丿儿	OATq
筲	TIEF	⺮⺌月	TIEF
艄	TEIE	丿舟⺌月	TUIE
蛸	JIEg	虫⺌月	JIEg
勺	QYI	勹丶	QYI
芍	AQYu	⺾勹丶	AQYu
杓	SQYY	木勹丶	SQYY
苕	AVKF	⺾刀口	AVKF
韶	UJVk	立日刀口	UJVk
少	ITr	小丿	ITe
劭	VKLn	刀口力乙	VKET
邵	VKBh	刀口阝	VKBh
绍	XVKg	纟刀口	XVKg
哨	KIEg	口⺌月	KIEg
潲	ITIe	氵禾⺌月	ITIe

she

汉字	编码	拆分	编码
奢	DFTj	大土丿日	DFTj

汉字	编码	拆分	编码
蛇	JPXn	虫宀匕乙	JPxn
舍	WFKf	人干口	WFKf
厍	DLK	厂车	DLK
设	YMCy	讠几又	YWCy
社	PYfg	礻丶土	PYfg
射	TMDF	丿冂三寸	TMDf
涉	IHIt	氵止小	IHHt
赦	FOTy	土小攵	FOTY
慑	NBCc	忄耳又又	NBCc
摄	RBCC	扌耳又又	RBCC
滠	IBCc	氵耳又又	IBCc
麝	YNJF	广⺫寸	OXXF
歙	WGKW	人一口人	WGKW

shei

汉字	编码	拆分	编码
谁	YWYG	讠亻⺀	YWYG

shen

汉字	编码	拆分	编码
申	JHK	日丨	JHK
伸	WJHh	亻日丨	WJHh
身	TMDt	丿冂三丿	TMDt
呻	KJHh	口日丨	KJHh
绅	XJHh	纟日丨	XJHh
诜	YTFQ	讠丿土儿	YTFQ
莘	AUJ	⺾辛	AUJ
娠	VDFe	女厂二⺆	VDFe
砷	DJHh	石日丨丨	DJHh
深	IPWs	氵宀八木	IPWS
什	WFH	亻十	WFh
神	PYJh	礻丶日丨	PYJh
沈	IPQn	氵宀儿乙	IPQn
审	PJhj	宀日丨	PJhj
哂	KSG	口西	KSG
矧	TDXH	⺯大弓丨	TDXH
谂	YWYN	讠人丶心	YWYN
婶	VPJh	女宀日丨	VPJh

汉字	编码	拆分	编码
慎	NFHw	忄十且八	NFHw
椹	SADN	木廿三乙	SDWN
蜃	DFEJ	厂二⺆虫	DFEJ

sheng

汉字	编码	拆分	编码
升	TAK	丿廾	TAK
生	TGd	丿⺀	TGD
声	FNR	士尸	FNR
牲	TRTG	丿扌⺀	CTGg
胜	ETGg	月丿⺀	ETGg
笙	TTGF	⺮丿⺀	TTGF
甥	TGLL	丿⺀田力	TGLE
绳	XKJN	纟口日乙	XKJN
省	ITHf	小丿目	ITHf
眚	TGHF	丿⺀目	TGHF
圣	CFF	又土	CFF
晟	JDNt	日厂乙	JDNb
盛	DNNL	厂乙乙皿	DNLf
剩	TUXJ	禾⺀匕刂	TUXJ
嵊	MTUx	山禾⺀匕	MTUx

shi

汉字	编码	拆分	编码
匙	JGHX	日一止匕	JGHX
尸	NNGT	尸乙一丿	NNGT
失	RWi	仁人	TGI
师	JGMh	刂一冂丨	JGMh
虱	NTJi	乙丿虫	NTJi
诗	YFFy	讠土寸	YFFy
施	YTBn	方⺀也乙	YTBn
狮	QTJH	犭丿刂丨	QTJH
湿	IJOg	氵日业一	IJOg
著	AFTj	⺾土丿日	AFTJ
鲥	QGNj	鱼一乙虫	QGNj
十	FGH	十一丨	FGh
石	DGTG	石一丿一	DGTG
时	JFy	日寸	JFy

识	YKWy	讠口八⊙	YKWy	逝	RRPk	扌斤辶⑩	RRPk	舒	WFKB	人千口卩	WFKH
实	PUdu	宀丷大⊙	PUdu	铈	QYMH	钅亠冂丨	QYMH	摅	RHAN	扌广七心	RHNy
拾	RWGK	扌人一口	RWGK	弑	QSAa	乂木弋工	RSAy	毹	WGEN	人一月乙	WGEE
炻	ODG	火石㊀	ODG	谥	YUWl	讠丷八皿	YUWl	输	LWGj	车人一刂	LWGj
蚀	QNJy	勹乙虫⊙	QNJy	释	TOCh	丿米又丨	TOCg	蔬	ANHq	艹乙止儿	ANHk
食	WYVe	人丶ヨK	WYVu	嗜	KFTJ	口土丿日	KFTJ	秫	TSYy	禾木⊙	TSYy
埘	FJFY	土日寸⊙	FJFY	筮	TAWW	竹工人人	TAWW	孰	YBVo	古子九灬	YBVo
莳	AJFU	艹日寸⊙	AJFU	誓	RRYF	扌斤言㊁	RRYF	埶	YBVY	古子九丶	YBVY
鲥	QGJF	鱼一日寸	QGJF	噬	KTAW	口竹工人	KTAw	赎	MFNd	贝十乙大	MFNd
史	KQi	口乂③	KRI	螫	FOTJ	土小攵虫	FOTJ	塾	YBVF	古子九土	YBVF
矢	TDU	丿大⊙	TDU	峙	MFFy	山土寸⊙	MFFy	暑	JFTj	日土丿日	JFTj
豕	EGTy	豕一丿丶	GEI			shou		属	NTKy	尸丿口丶	NTKy
使	WGKQ	亻一口乂	WGKr	收	NHTy	乙丨攵⊙	NHty	黍	TWIu	禾人水⊙	TWIu
始	VCKg	女厶口㊀	VCKg	手	RTgh	手丿一丨	RTgh	署	LFTJ	皿土丿日	LFTJ
驶	CKQy	马口乂⊙	CGKR	守	PFu	宀寸⊙	PFu	鼠	VNUn	白乙丶乙	ENUn
屎	NOI	尸米③	NOI	首	UTHf	丷丿目㊁	UTHf	蜀	LQJU	皿勹虫⊙	LQJu
士	FGHG	士一丨一	FGHG	艏	TEUh	丿舟丷目	TUUH	薯	ALFJ	艹皿土日	ALFJ
氏	QAv	𠂆七⑩	QAv	寿	DTFu	三丿寸⊙	DTFu	曙	JLFJ	日皿土日	JLFj
世	ANv	廿乙⑩	ANV	受	EPCu	爫冖又⊙	EPCu	术	SYi	木丶③	SYi
仕	WFG	亻士㊀	WFG	狩	QTPF	犭丿宀寸	QTPF	戍	DYNT	厂丶乙丿	AWI
市	YMHJ	亠冂丨⑩	YMHJ	兽	ULGk	丷田一口	ULGk	成	GKIi	一口小③	SKD
示	FIu	二小⊙	FIu	售	WYKf	亻圭口㊁	WYKf	束	ISYY	氵木丶⊙	ISYY
式	AAd	弋工㊂	AAyi	授	REPc	扌爫冖又	REPc	沭	SYPi	木丶辶③	SYPi
事	GKvh	一口ヨ丨	GKvh	绶	XEPc	纟爫冖又	XEPc	述	SCFy	木又寸⊙	SCFy
侍	WFFy	亻土寸⊙	WFFY	瘦	UVHc	疒白丨又	UEHc	树	JCUf	刂又立㊁	JCUf
势	RVYL	扌九、力	RVYE			shu		竖	VKNu	女口心⊙	VKNu
视	PYMq	礻、冂儿	PYMq	殳	MCU	几又⊙	WCU	恕	YAOi	广廿灬③	OAOi
试	YAAg	讠弋工㊀	YAay	书	NNHy	乙乙丨⊙	NNHy	庶	OVTy	米女攵⊙	OVty
饰	QNTH	勹乙丿丨	QNTh	抒	RCBh	扌マ卩⑩	RCNH	数	EWGJ	月人一刂	EWGJ
室	PGCf	宀一厶土	PGCf	纾	XCBh	纟マ卩⑩	XCNh	腧	JFCF	日土マ土	JFCF
特	NFFy	忄土寸⊙	NFFy	叔	HICy	上小又⊙	HIcy	墅	IGKW	氵一口人	ISKW
拭	RAAg	扌弋工㊀	RAAy	梳	SAQy	木𠫓乂⊙	SARy	漱	IFKF	氵士口寸	IFKF
是	Jghu	日一止丨	Jghu	姝	VRIy	女𠂢小⊙	VTFY	澍			
柿	SYMH	木亠冂丨	SYMh	倏	WHTd	亻丨攵犬	WHTD			shua	
贳	ANMu	廿乙贝⊙	ANMu	殊	GQRi	一夕𠂢小	GQTf	刷	NMHj	尸冂丨刂	NMHj
适	TDPd	丿古辶㊂	TDPd	梳	SYCq	木亠厶儿	SYCk	耍	DMJV	而冂丨女	DMJV
舐	TDQA	丿古𠂆七	TDQa	淑	IHIC	氵上小又	IHIc			shuai	
轼	LAag	车弋工㊀	LAay	菽	AHIc	艹上小又	AHIc	衰	YKGE	亠口一伙	YKGE
				疏	NHYq	乙止丶儿	NHYk	摔	RYXf	扌亠幺十	RYXf
								甩	ENv	月乙⑩	ENV

帅	JMHh	刂门丨①	JMHh	思	LNu	田心②	LNu	竦	UGKI	立一口小	USKG
率	YXif	亠幺八十	YXif	鸶	XXGG	幺幺一一	XXGG	讼	YWCy	讠八厶⊙	YWCy
蟀	JYXf	虫亠幺十	JYXf	斯	ADWR	艹三八斤	DWRh	宋	PSU	宀木②	PSU
shuan				缌	XLNY	纟田心、	XLNy	诵	YCEH	讠マ用①	YCEH
闩	UGD	门一㊀	UGD	蛳	JJGh	虫刂一丨	JJGh	送	UDPi	丷大辶③	UDPi
拴	RWGg	扌人王㊀	RWGG	厮	DADR	厂艹三斤	DDWr	颂	WCDm	八厶厂贝	WCDm
栓	SWGG	木人王㊀	SWGG	锶	QLNy	钅田心、	QLNy	**sou**			
涮	INMj	氵尸门刂	INMj	嘶	KADr	口艹三斤	KDWr	搜	RVHc	扌白丨又	REHC
shuang				撕	RADr	扌艹三斤	RDWr	嗖	KVHc	口白丨又	KEHc
双	CCy	又又⊙	CCy	澌	IADR	氵艹三斤	IDWR	溲	IVHc	氵白丨又	IEHc
霜	FShf	雨木目㊀	FSHf	死	GQXb	一夕匕⑾	GQXv	馊	QNVC	㇀乙白又	QNEC
孀	VFSh	女雨木目	VFSH	巳	NNGN	己乙一乙	NNGN	飕	MQVC	几乂白又	WREc
爽	DQQq	大乂乂乂	DRRr	四	LHng	四丨乙一	LHng	锼	QVHC	钅白丨又	QEHc
shui				寺	FFu	土寸②	FFu	艘	TEVC	丿舟白又	TUEC
谁	YWYG	讠亻圭㊀	YWYG	汜	INN	氵巳②	INN	螋	JVHc	虫白丨又	JEHc
水	Iiii	水水水水	Iiii	伺	WNGk	亻乙一口	WNGk	叟	VHcu	白丨又②	EHCu
税	TUKq	禾丷口儿	TUKq	兕	MMGQ	几门一儿	HNHQ	喉	KYTd	口方⺈大	KYTd
睡	HTgf	目丿一士	HTgf	姒	VNYw	女乙、人	VNYw	瞍	HVHc	目白丨又	HEHc
shun				祀	PYNN	礻、巳②	PYNN	擞	ROVT	扌米女攵	ROVT
吮	KCQn	口厶儿②	KCQn	泗	ILG	氵四㊀	ILg	薮	AOVT	艹米女攵	AOVt
顺	KDmy	川厂贝、	KDmy	似	WNYw	亻乙、人	WNYw	嗽	KGKW	口一口人	KSKW
舜	EPQH	爫冖夕丨	EPQG	饲	QNNK	饣乙乙口	QNNK	**su**			
瞬	HEPh	目爫冖丨	HEPg	驷	CLG	马四㊀	CGLG	苏	ALWu	艹力八②	AEWu
shuo				俟	WCTd	亻厶㇀大	WCTd	酥	SGTY	西一禾⊙	SGTY
说	YUKq	讠丷口儿	YUKq	笥	TNGk	竹乙一口	TNGk	稣	QGTY	鱼一禾⊙	QGTy
妁	VQYy	女勹、⊙	VQYy	耜	DINn	三小コ コ	FSNg	俗	WWWK	亻八人口	WWWK
烁	OQIy	火㇀小⊙	OTNi	嗣	KMAk	口门册口	KMAk	凤	MGQi	几一夕③	WGQI
朔	UBTE	丷凵丿月	UBTE	肆	DVfh	县彐二丨	DVgh	诉	YRyy	讠斤、⊙	YRYy
铄	QQIy	钅㇀小⊙	QTNI	**song**				肃	VIJk	彐小刂⑩	VHjw
硕	DDMy	石厂贝⊙	DDMy	松	SWCy	木八厶⊙	SWCy	涑	IGKI	氵一口小	ISKG
搠	RUBe	扌丷凵月	RUBe	忪	NWCy	忄八厶⊙	NWCy	素	GXIu	主幺小②	GXIu
蒴	AUBe	艹丷凵月	AUBe	淞	USWc	氵木八厶	USWc	速	GKIP	一口小辶	SKPd
槊	UBTS	丷凵丿木	UBTS	崧	MSWc	山木八厶	MSWc	宿	PWDJ	宀亻厂日	PWDJ
si				凇	ISWC	氵木八厶	ISWC	粟	SOU	西米②	SOU
厶	CNY	厶乙、	CNY	菘	ASWc	艹木八厶	ASWc	愫	YLWt	讠田八攵	YLWt
丝	XXGf	幺幺一	XXGf	嵩	MYMk	山亠口口	MYMk	嗉	KGXI	口主幺小	KGXI
司	NGKd	乙一口㊀	NGKd	怂	WWNu	人人心②	WWNU	塑	UBTF	丷凵丿土	UBTf
私	TCY	禾厶⊙	TCY	悚	NGKI	忄一口小	NSKG	愫	NGXi	忄主幺小	NGXi
唑	KXXG	口幺幺一	KXXG	耸	WWBf	人人耳㊀	WWBf	溯	IUBe	氵丷凵月	IUBe

傻	WSOy	亻西米⊙	WSOy	嗍	KUBe	口丷凵月	KUBe	臬	CKOu	厶口火⊙	CKOu
薮	AGKw	艹一口人	ASKW	唆	KCWt	口厶八夂	KCWt	跆	KHCK	口止厶口	KHCK
橺	QEGI	夕用一小	QESk	娑	IITV	氵小丿女	IITV	鲐	QGCk	鱼一厶口	QGCk
簌	TGKW	竹一口人	TSKW	桫	SIIt	木小丿	SIIt	薹	AFKf	艹士口土	AFKf

suan

算	THAj	竹目廾⑪	THAj	梭	SCWt	木厶八夂	SCWt	太	DYi	大丶③	DYi
狻	QTCT	犭丿厶夂	QTCT	挲	IITR	氵小丿手	IITR	汰	IDYy	氵大丶⊙	IDYy
酸	SGCt	西一厶夂	SGCt	睃	HCWt	目厶八夂	HCWt	态	DYNu	大丶心⊙	DYNu
蒜	AFIi	艹二小小	AFIi	嗦	KFPI	口十冖小	KFPI	肽	EDYy	月大丶⊙	EDYy

sui

虽	KJu	口虫丶	KJu	羧	UDCT	丷𦍋厶夂	UCWT	钛	QDYy	钅大丶⊙	QDYy
荽	AEVf	艹四女⊖	AEVf	蓑	AYKe	艹亠口衣	AYKe	泰	DWIU	三人水⊙	DWIU
睢	HFFg	目土土⊖	HFFg	所	RNrh	厂㇆斤丨	RNrh	酞	SGDY	西一大、	SGDY
睢	HWYG	目亻主⊖	HWYG	唢	KIMy	口丷冂贝	KIMy				
濉	IHWy	氵目亻主	IHWy	索	FPXi	十冖幺小	FPXi		**tan**		
绥	XEVg	纟爫女⊖	XEVg	琐	GIMy	王丷冂贝	GIMy	贪	WYNM	人、乙贝	WYNM
隋	BDAe	阝𠂇工月	BDAe	锁	QIMy	钅丷冂贝	QIMy	坍	FMYG	土门一⊖	FMYG
随	BDEp	阝𠂇月辶	BDEp		**ta**			摊	RCWy	扌又亻主	RCWy
髓	MEDp	骨月𠂇辶	MEDp	它	PXb	宀匕《	PXb	滩	ICWy	氵又亻主	ICWy
岁	MQU	山夕⑨	MQU	他	WBn	亻也《	WBn	瘫	UCWY	疒又亻主	UCWY
崇	BMFi	山山二小	BMFi	她	VBN	女也《	VBN	坛	FFCy	土二厶⊙	FFCy
祟	YYWf	讠二人十	YYWf	趿	KHEY	口止乃乀	KHBY	昙	JFCU	日二厶⊙	JFCU
遂	UEPi	丷豕辶③	UEPi	铊	QPXn	钅宀匕	QPXn	谈	YOOy	讠火火⊙	YOOy
碎	DYWf	石亠人十	DYWf	塌	FJNg	土日羽⊖	FJNg	郯	OOBh	火火阝①	OOBh
隧	BUEp	阝丷豕辶	BUEp	溻	IJNg	氵日羽⊖	IJNg	痰	UOOi	疒火火③	UOOi
燧	OUEp	火丷豕辶	OUEp	塔	FAWK	土艹人口	FAWk	锬	QOOy	钅火火⊙	QOOy
穗	TGJN	禾一日心	TGJN	獭	QTGM	犭丿一贝	QTSm	谭	YSJh	讠西早①	YSJh
邃	PWUP	宀八丷辶	PWUP	鳎	QGJN	鱼一日羽	QGJN	澹	IQDY	氵⺈厂言	IQDY
	sun			挞	RDPy	扌大辶⊙	RDPy	潭	ISJh	氵西早①	ISJh
孙	BIy	子小⊙	BIy	闼	UDPI	门大辶③	UDPI	檀	SYLg	木亠口一	SYLg
狲	QTBI	犭丿子小	QTBI	遢	JNPd	日羽辶	JNPd	忐	HNU	上心⊙	HNU
荪	ABIU	艹子小⑨	ABIU	榻	SJNg	木日羽⊖	SJNg	坦	FJGg	土日一⊖	FJGg
飧	QWYE	夕人、㇇	QWYV	沓	IJF	水日⊖	IJF	袒	PUJG	衤日一	PUJG
损	RKMy	扌口贝⊙	RKMy	踏	KHIJ	口止水日	KHIj	钽	QJGg	钅日一⊖	QJGg
笋	TVTr	竹彐丿⑤	TVTr	蹋	KHJN	口止日羽	KHJN	毯	TFNO	丿二乙火	EOOi
隼	WYFJ	亻主十⑪	WYFJ		**tai**			叹	KCY	口又⊙	KCY
榫	SWYF	木亻主十	SWYF	台	CKf	厶口	CKf	炭	MDOu	山厂火⊙	MDOu
	suo			胎	ECKg	月厶口⊖	ECKg	探	RPWS	扌一八木	RPWS
缩	XPWj	纟宀亻日	XPWj	邰	CKBh	厶口阝①	CKBh	碳	DMDo	石山厂火	DMDo
				抬	RCKg	扌厶口⊖	RCKg		**tang**		
				苔	ACKf	艹厶口⊖	ACKf	糖	OYVK	米广彐口	OOVk
								汤	INRt	氵乙㇆	INRt
								钖	QINr	钅氵乙㇆	QINr

字	编码	拆分	编码
羰	UDMo	⺍尹山火	UMDO
镗	QIPF	钅⺌冖土	QIPF
唐	YVHk	广ヨ丨口	OVHk
堂	IPKF	⺌冖口土	IPKF
棠	IPKS	⺌冖口木	IPKS
塘	FYVk	土广ヨ口	FOVk
搪	RYVk	扌广ヨ口	ROVK
溏	IYVK	氵广ヨ口	IOVk
瑭	GYVK	王广ヨ口	GOVk
樘	SIPf	木⺌冖土	SIPf
膛	EIPf	月⺌冖土	EIPf
螗	JYVK	虫广ヨ口	JOVK
螳	JIPf	虫⺌冖土	JIPf
醣	SGYK	西一广口	SGOK
帑	VCMh	女又冂丨	VCMh
倘	WIMk	亻⺌冂口	WIMk
淌	IIMk	氵⺌冂口	IIMk
傥	WIPQ	亻⺌冖儿	WIPQ
稿	DIIK	三小⺌口	FSIK
躺	TMDK	丿冂三口	TMDK
烫	INRO	氵乙丿火	INRO
趟	FHIk	土止⺌口	FHIk

tao

字	编码	拆分	编码
涛	IDTf	氵三丿寸	IDTf
绦	XTSy	纟夂木⊙	XTSy
焘	DTFo	三丿寸灬	DTFO
掏	RQRm	扌勹⺈山	RQTb
滔	IEVg	氵爫臼⊖	IEEg
韬	FNHV	二乙丨臼	FNHE
饕	KGNE	口一乙以	KGNV
洮	IIQn	氵⺀儿乙	IQIy
逃	IQPv	⺀儿辶⑨	QIPi
桃	SIQn	木⺀儿乙	SQIy
陶	BQRm	阝勹⺈山	BQTb
啕	KQRM	口勹⺈山	KQTb
淘	IQRm	氵勹⺈山	IQTb
萄	AQRm	艹勹⺈山	AQTb
鼗	IQFc	⺀儿士又	QIFc
讨	YFY	讠寸⊙	YFY

字	编码	拆分	编码
套	DDU	大镸⑨	DDU

te

字	编码	拆分	编码
忑	GHNU	一卜心⑨	GHNU
忒	ANI	弋心⑨	ANYI
特	TRFf	丿扌土寸	CFFY
铽	QANY	钅弋心⊙	QANY
慝	AADN	匸艹ナ心	AADN

teng

字	编码	拆分	编码
疼	UTUi	疒夂冫⑨	UTUi
腾	EUDc	月⺍大马	EUGG
誊	UDYF	⺍大言⊖	UGYf
縢	EUDI	月⺍大水	EUGI
藤	AEUi	艹月⺍水	AEUi

ti

字	编码	拆分	编码
剔	JQRJ	日勹⺈刂	JQRJ
梯	SUXt	木⺍弓丿	SUXt
锑	QUXt	钅⺍弓丿	QUXt
踢	KHJr	口止日丿	KHJr
绨	XUXT	纟⺍弓丿	XUXT
提	RJgh	扌日一止	RJgh
啼	KUph	口立冖丨	KYUh
缇	XJGh	纟日一止	XJGh
鹈	UXHG	⺍弓丨一	UXHG
题	JGHM	日一止贝	JGHm
蹄	KHUH	口止立丨	KHYH
醍	SGJH	西一日止	SGJH
体	WSGg	亻木一⊖	WSGg
屉	NANv	尸廿乙⑨	NANv
剃	UXHJ	⺍弓丨刂	UXHJ
倜	WMFk	亻冂土口	WMFk
悌	NUXt	忄⺍弓丿	NUXt
涕	IUXT	氵⺍弓丿	IUXT
逖	QTOP	犭丿火辶	QTOP
惕	NJQr	忄日勹丿	NJQr
替	FWFj	二人二日	GGJf
嚏	KFPH	口十宀止	KFPH

tian

字	编码	拆分	编码
天	GDi	一大⑨	GDi
添	IGDn	氵一大小	IGDn

字	编码	拆分	编码
田	LLLl	田田田田	LLLL
恬	NTDg	忄丿古⊖	NTDg
畋	LTY	田攵⊙	LTY
甜	TDAF	丿古廿二	TDFg
填	FFHw	土十且八	FFHw
阗	UFHw	门十且八	UFHW
忝	GDNu	一大小⑨	GDNu
殄	GQWe	一夕人彡	GQWE
腆	EMAw	月冂艹八	EMAw
舔	TDGN	丿古一小	TDGN
掭	RGDN	扌一大小	RGDn

tiao

字	编码	拆分	编码
佻	WIQn	亻⺀儿乙	WQIY
挑	RIQn	扌⺀儿乙	RQIy
祧	PYIQ	礻丶儿	PYQI
条	TSu	夂木⑨	TSu
迢	VKPd	刀口辶⑨	VKPd
笤	TVKf	⺮刀口⊖	TVKf
龆	HWBK	止人凵口	HWBK
蜩	JMFK	虫冂土口	JMFk
髫	DEVk	镸彡刀口	DEVK
鲦	QGTS	鱼一夂木	QGTS
窕	PWIq	宀八⺀儿	PWQi
眺	HIQn	目⺀儿乙	HQIy
粜	BMOu	凵山米⑨	BMOu
跳	KHIq	口止⺀儿	KHQI

tie

字	编码	拆分	编码
帖	MHHk	冂丨卜口	MHHK
贴	MHKG	贝卜口⊖	MHKG
萜	AMHK	艹冂丨口	AMHK
铁	QRwy	钅⺈人⊙	QTGy
餮	GQWE	一夕人以	GQWV

ting

字	编码	拆分	编码
厅	DSk	厂丁⑩	DSk
汀	ISH	氵丁①	ISH
听	KRh	口斤①	KRh
烃	OCag	火又工⊖	OCAg
廷	TFPD	丿士廴⑨	TFPD
亭	YPSj	亠冖丁⑩	YPSj

庭	YTFP	广丿士夂	OTfp
莛	ATFP	艹丿士夂	ATFP
停	WYPs	亻亠冖丁	WYPs
婷	VYPs	女亠冖丁	VYPs
葶	AYPs	艹亠冖丁	AYPs
蜓	JTFP	虫丿士夂	JTFP
霆	FTFp	雨丿士夂	FTFp
挺	RTFP	扌丿士夂	RTFP
梃	STFP	木丿士夂	STFP
铤	QTFP	钅丿士夂	QTFP
艇	TETp	丿舟丿夭	TUTp

tong

通	CEPk	マ用辶⑩	CEPk
嗵	KCEp	口マ用辶	KCEp
仝	WAF	人工㈠	WAF
同	Mgkd	冂一口㈢	MGKd
佟	WTUY	亻夂冫⊙	WTUy
彤	MYEt	冂亠彡②	MYEt
峂	AMGk	艹冂一口	AMGk
桐	SMGK	木冂一口	SMGK
砼	DWAg	石人工㈠	DWAg
铜	QMGK	钅冂一口	QMGK
童	UJFF	立日土㈠	UJFF
酮	SGMK	西一冂口	SGMK
僮	WUJf	亻立日土	WUJf
潼	IUJF	氵立日土	IUJF
瞳	HUjf	目立日土	HUjf
统	XYCq	纟亠厶儿	XYCq
捅	RCEh	扌マ用①	RCEh
桶	SCEh	木マ用①	SCEh
筒	TMGK	竹冂一口	TMGK
恸	NFCL	忄二厶力	NFCE
痛	UCEk	疒マ用⑩	UCek

tou

偷	WWGJ	亻人一刂	WWGJ
头	UDI	丷大㈢	UDi
投	RMCy	扌几又⊙	RWCy
骰	MEMc	凹月几又	MEWc
钭	QUFh	钅丷十①	QUFh

透	TEPv	禾乃辶⑩	TBPe

tu

凸	HGMg	丨一冂一	HGHg
秃	TMB	禾几⑩	TWB
突	PWDU	宀八犬㈢	PWDu
图	LTUi	口冬冫㈢	LTUi
徒	TFHY	彳土疋⊙	TFHY
涂	IWTy	氵人禾⊙	IWGS
荼	AWTu	艹人禾㈢	AWGS
途	WTPi	人禾辶㈢	WGSP
屠	NFTj	尸土丿日	NFTj
酴	SGWT	西一人禾	SGWS
土	FFFF	土土土土	FFFF
吐	KFG	口土㈠	KFG
钍	QFG	钅土㈠	QFG
兔	QKQY	勹口儿、	QKQY
堍	FQKy	土勹口、	FQKY
菟	AQKY	艹勹口、	AQKY

tuan

湍	IMDj	氵山厂刂	IMDj
团	LFTe	口十丿②	LFte
抟	RFNy	扌二乙、	RFNy
疃	LUJf	田立日土	LUJf
彖	XEU	彑豕㈢	XEU

tui

推	RWYG	扌亻圭㈠	RWYG
颓	TMDM	禾几厂贝	TWDm
腿	EVEp	月ヨ㇆辶	EVPy
退	VEPi	ヨ㇆辶㈢	VPi
煺	OVEp	火ヨ㇆辶	OVPy
蜕	JUKq	虫丷口儿	JUKq
褪	PUVP	衤丷ヨ辶	PUVP

tun

吞	GDKf	一大口㈠	GDKf
暾	JYBt	日亠子攵	JYBt
屯	GBnv	一凵乙⑩	GBNv
囤	LGBn	口一凵乙	LGBn
饨	QNGN	饣乙一乙	QNGN
豚	EEY	月豕⊙	EGEY
臀	NAWE	尸艹八月	NAWE

余	WIU	人水㈢	WIU

tuo

毛	TAV	丿七⑩	TAV
托	RTAn	扌丿七②	RTAn
拖	RTBn	扌丿也②	RTBn
脱	EUKq	月丷口儿	EUKq
驮	CDY	马大⊙	CGDY
佗	WPXn	亻宀匕②	WPXn
陀	BPXn	阝宀匕②	BPXn
坨	FPXN	土宀匕②	FPXN
沱	IPXn	氵宀匕②	IPXn
驼	CPxn	马宀匕②	CGPx
柁	SPXn	木宀匕②	SPXn
砣	DPXn	石宀匕②	DPXn
鸵	QYNX	勹、乙匕	QGPx
跎	KHPX	口止宀匕	KHPX
酡	SGPx	西一宀匕	SGPx
橐	GKHS	一口丨木	GKHS
鼍	KKLn	口口田乙	KKLn
妥	EVf	爫女㈠	EVf
度	YANY	广廿尸丶	OANY
椭	SBDe	木阝ナ月	SBDe
拓	RDg	扌石㈠	RDg
柝	SRYY	木斤丶⊙	SRYY
唾	KTGf	口丿一士	KTGf
箨	TRCH	竹扌又丨	TRCg

wa

挖	RPWN	扌宀八乙	RPWN
哇	KFFg	口土土㈠	KFFg
娃	VFFg	女土土㈠	VFFG
洼	IFFg	氵土土㈠	IFFG
娲	VKMw	女口冂人	VKMw
蛙	JFFg	虫土土㈠	JFFg
瓦	GNYn	一乙、乙	GNNy
佤	WGNn	亻一乙乙	WGNY
袜	PUGs	衤丷一木	PUGs
腽	EJLg	月日皿㈠	EJLg

wai

歪	GIGh	一小一止	DHGh
崴	MDGT	山厂一丿	MDGV

汉字	编码	字根	编码
外	QHy	夕卜⊙	QHy

wan

汉字	编码	字根	编码
弯	YOXb	二小弓⑩	YOXb
剜	PQBJ	宀夕巳刂	PQBJ
湾	IYOx	氵二小弓	IYOx
蜿	JPQb	虫宀夕巳	JPQb
豌	GKUB	一口丷巳	GKUB
丸	VYI	九、③	VYI
纨	XVYY	纟九、⊙	XVYY
芄	AVYu	艹九、⊙	AVYu
完	PFQb	宀二儿⑩	PFQb
玩	GFQn	王二儿⑩	GFQn
顽	FQDm	二儿厂贝	FQDm
烷	OPFq	火宀二儿	OPFq
宛	PQbb	宀夕巳	PQbb
挽	RQKQ	扌⺈口儿	RQKQ
晚	JQkq	日⺈口儿	JQkq
莞	APFQ	艹宀二儿	APFQ
婉	VPQb	女宀夕巳	VPQb
惋	NPQB	忄宀夕巳	NPQB
绾	XPNn	纟宀㇆㇆	XPNg
脘	EPFq	月宀二儿	EPFq
菀	APQB	艹宀夕巳	APQB
琬	GPQb	王宀夕巳	GPQb
皖	RPFq	白宀二儿	RPFq
畹	LPQb	田宀夕巳	LPQb
碗	DPQb	石宀夕巳	DPQb
万	DNV	厂乙⑩	GQe
腕	EPQb	月宀夕巳	EPQb

wang

汉字	编码	字根	编码
汪	IGg	氵王⊖	IGG
亡	YNV	亠乙⑩	YNV
王	GGGg	王王王王	GGGg
网	MQQi	冂乂乂③	MRRi
往	TYGg	彳丶王⊖	TYGg
枉	SGG	木王⊖	SGG
罔	MUYn	冂丷亠乙	MUYn
惘	NMUn	忄冂丷乙	NMUn
辋	LMUn	车冂丷乙	LMUn

汉字	编码	字根	编码
魍	RQCN	白儿厶乙	RQCN
妄	YNVF	亠乙女	YNVF
忘	YNNU	亠心乙⊙	YNNU
旺	JGG	日王⊖	JGG
望	YNEG	亠乙月王	YNEG
尢	DNV	尢乙⑩	DNV

wei

汉字	编码	字根	编码
危	QDBb	⺈厂㔾⑩	QDBb
威	DGVt	厂一女丿	DGVd
偎	WLGE	亻田一畏	WLGE
逶	TVPd	禾女辶⊖	TVPd
隈	BLGE	阝田一畏	BLGe
葳	ADGt	艹厂一丿	ADGv
微	TMGt	彳山一攵	TMGt
煨	OLGe	火田一畏	OLGe
薇	ATMt	艹彳山攵	ATMt
巍	MTVc	山禾女厶	MTVc
为	YLYi	、力、③	YEYi
韦	FNHk	二乙丨⑩	FNHk
围	LFNH	口二乙丨	LFNH
帏	MHFh	冂丨二丨	MHFh
沩	IYLy	氵、力、	IYEY
违	FNHP	二乙丨辶	FNHP
闱	UFNh	门二乙丨	UFNH
桅	SQDb	木⺈厂巳	SQDb
涠	ILFh	氵口二丨	ILFh
唯	KWYG	口亻圭⊖	KWYG
帷	MHWy	冂丨亻圭	MHWY
惟	NWYg	忄亻圭	NWYg
维	XWYg	纟亻圭	XWYg
嵬	MRQc	山白儿厶	MRQc
潍	IXWy	氵纟亻圭	IXWy
伟	WFNh	亻二乙丨	WFNH
伪	WYLy	亻、力	WYEY
尾	NTFn	尸丿二乙	NEv
纬	XFNH	纟二乙丨	XFNH
苇	AFNh	艹二乙丨	AFNh
委	TVf	禾女⊖	TVf

汉字	编码	字根	编码
炜	OFNh	火二乙丨	OFNh
玮	GFNh	王二乙丨	GFNh
洧	IDEG	氵ナ月⊖	IDEG
娓	VNTN	女尸丿乙	VNEn
诿	YTVg	讠禾女一	YTVg
萎	ATVf	艹禾女一	ATVf
隗	BRQc	阝白儿厶	BRQc
猥	QTLE	犭丿田㇇	QTLe
痿	UTVd	疒禾女⊖	UTVd
艉	TENn	丿舟尸乙	TUNe
趱	JGHH	日一止丨	JGHH
鲔	QGDE	鱼一ナ月	QGDE
卫	BGd	卩一⊖	BGd
未	FII	二小③	FGGY
位	WUG	亻立⊖	WUG
味	KFIy	口二小⊙	KFY
畏	LGEu	田一㇇⊙	LGEu
胃	LEf	田月⊖	LEF
畏	GJFK	一日十口	LKF
尉	NFIf	尸二小寸	NFIF
谓	YLEg	讠田月⊖	YLEg
喂	KLGE	口田一畏	KLge
渭	ILEg	氵田月⊖	ILEg
猬	QTLE	犭丿田月	QTLE
蔚	ANFf	艹尸二寸	ANFf
慰	NFIn	尸二小心	NFIn
魏	TVRc	禾女白厶	TVRc

wen

汉字	编码	字根	编码
温	IJLg	氵日皿⊖	IJLg
瘟	UJLd	疒日皿⊖	UJLd
文	YYGY	文、一丶	YYGY
纹	XYY	纟文⊙	XYY
闻	UBd	门耳⊖	UBD
蚊	JYY	虫文⊙	JYY
阌	UEPC	门爫冖又	UEPC
雯	FYU	雨文⊙	FYU
刎	QRJh	勹丿刂①	QRJh
吻	KQRt	口勹丿②	KQRt
紊	YXIU	文幺小⊙	YXIu

汉字	86码	拆分	98码
稳	TQVn	禾ㄅⱻ心	TQVn
问	UKD	门口㈢	UKd
汶	IYY	氵文⊙	IYY
璺	WFMy	亻二门丶	EMGY

weng

汉字	86码	拆分	98码
翁	WCNf	八厶羽㊀	WCNf
嗡	KWCn	口八厶羽	KWCn
蓊	AWCn	艹八厶羽	AWCn
瓮	WCGn	八厶一乙	WCGy
蕹	AYXY	艹亠幺圭	AYXY

wo

汉字	86码	拆分	98码
挝	RFPy	扌寸辶⊙	RFPy
倭	WTVg	亻禾女㊀	WTVg
涡	IKMw	氵口冂人	IKMw
莴	AKMw	艹口冂人	AKMw
窝	PWKW	宀八口人	PWKw
蜗	JKMw	虫口冂人	JKMw
我	TRNt	丿扌乙丿	TRNy
沃	ITDY	氵丿大⊙	ITDY
肟	EFNn	月二乙㉟	EFNn
卧	AHNH	匚丨コ卜	AHNH
幄	MHNF	冂丨尸土	MHNF
握	RNGf	扌尸一土	RNGf
渥	INGf	氵尸一土	INGf
硪	DTRt	石丿扌丿	DTRy
斡	FJWF	十早人十	FJWF
龌	HWBf	止人凵土	HWBF

wu

汉字	86码	拆分	98码
乌	QNGd	ㄅ乙一㈢	TNNg
圬	FFNn	土二乙㉟	FFNN
污	IFNn	氵二乙㉟	IFNn
邬	QNGB	ㄅ乙一卩	TNNB
呜	KQNG	口ㄅ乙一	KTNG
巫	AWWi	工人人③	AWWi
屋	NGCf	尸一厶土	NGCf
诬	YAWw	讠工人人	YAWw
钨	QQNg	钅ㄅ乙一	QTNG
无	FQv	二儿⑧	FQv
毋	XDE	母ナ②	NNDe
吴	KGDu	口一大⊙	KGDu

汉字	86码	拆分	98码
吾	GKF	五口㊀	GKF
芜	AFQB	艹二儿⑧	AFQb
梧	SGKg	木五口㊀	SGKg
浯	IGKG	氵五口㊀	IGKG
蜈	JKGd	虫口一大	JKGd
鼯	VNUK	白乙丷口	ENUK
五	GGhg	五一丨一	GGhg
午	TFJ	丿十⑪	TFJ
仵	WTFH	亻丿十①	WTFH
伍	WGG	亻五㊀	WGG
坞	FQNG	土ㄅ乙一	FTNG
妩	VFQn	女二儿⑧	VFQn
庑	YFQv	广二儿⑧	OFQv
忤	NTFH	忄丿十①	NTFH
怃	NFQN	忄二儿⑧	NFQN
迕	TFPK	丿十辶⑩	TFPK
武	GAHd	一弋止㈢	GAHy
侮	WTXu	亻丿母⊙	WTXy
捂	RGKG	扌五口㊀	RGKG
牾	TRGK	丿扌五口	CGKG
鹉	GAHG	一弋止一	GAHG
舞	RLGh	𠂉川一丨	TGLg
兀	GQV	一儿⑧	GQV
勿	QRE	ㄅ丿②	QRe
务	TLb	夂力⑧	TEr
戊	DNYt	厂乙丶丿	DGTY
阢	BGQn	阝一儿⑧	BGQn
机	SGQN	木一儿⑧	SGQN
芴	AQRR	艹ㄅ丿⑨	AQRR
物	TRqr	丿扌ㄅ丿	CQrt
误	YKGd	讠口一大	YKGd
悟	NGKG	忄五口㊀	NGKG
晤	JGKg	日五口㊀	JGKg
焐	OGKg	火五口㊀	OGKg
婺	CBTV	マ卩丿女	CNHV
痦	UGKD	疒五口㈢	UGKD
骛	CBTC	マ卩丿马	CNHG
雾	FTLb	雨夂力⑧	FTER
寤	PNHK	宀乙丨口	PUGK

汉字	86码	拆分	98码
鹜	CBTG	マ卩丿一	CNHG
鋈	ITDQ	氵丿大金	ITDQ

xi

汉字	86码	拆分	98码
夕	QTNY	夕丿乙丶	QTNY
兮	WGNB	八一乙⑧	WGNB
西	SGHG	西一丨一	SGHG
汐	IQY	氵夕⊙	IQY
吸	KEyy	口乃\⊙	KBYy
希	QDMh	乂ナ冂丨	RDMh
昔	AJF	龷日㊀	AJF
析	SRh	木斤①	SRh
矽	DQY	石夕⊙	DQY
穸	PWQu	宀八夕⊙	PWQU
郗	QDMB	乂ナ冂阝	RDMB
唏	KQDh	口乂ナ丨	KRDh
奚	EXDu	爫幺大⊙	EXDu
息	THNu	丿目心⊙	THNu
浠	IQDH	氵乂ナ丨	IRDH
牺	TRSg	丿扌西㊀	CSg
悉	TONu	丿米心⊙	TONu
惜	NAJG	忄龷日一	NAJG
欷	QDMW	乂ナ冂人	RDMW
淅	ISRh	氵木斤①	ISRh
烯	OQDh	火乂ナ丨	ORDh
硒	DSG	石西㊀	DSG
菥	ASRj	艹木斤⑪	ASRj
晰	JSRh	日木斤①	JSRh
犀	NIRh	尸水二丨	NITg
稀	TQDh	禾乂ナ丨	TRDh
粞	OSG	米西㊀	OSG
翕	WGKN	人一口羽	WGKN
舾	TESG	丿舟西㊀	TUSG
溪	IEXd	氵爫幺大	IEXd
裼	PUJR	衤丬日丿	PUJR
皙	SRRf	木斤白㊀	SRRF
锡	QJQr	钅日ㄅ丿	QJQr
僖	WFKK	亻士口口	WFKK
熄	OTHN	火丿目心	OTHN
熙	AHKO	匚丨口灬	AHKO

蜥	JSRH	虫木斤①	JSRH
嘻	KFKk	口士口口	KFKk
嬉	VFKk	女士口口	VFKk
榬	ESWi	月木人水	ESWi
樨	SNIH	木尸水|	SNIg
熹	FKUO	士口⺌灬	FKUO
羲	UGTt	⺍王禾丿	UGTy
螅	JTHN	虫丿目心	JTHN
蟋	JTOn	虫丿米心	JTON
蹊	KHED	口止四大	KHED
醯	SGYL	西一亠皿	SGYL
曦	JUGt	日⺍王丿	JUGy
臔	VNUD	白乙⺍大	ENUD
习	NUd	乙⺍㇉	NUd
席	YAMh	广廿门|	OAmh
袭	DXYe	ナヒ亠㇏	DXYE
觋	AWWQ	工人人儿	AWWQ
媳	VTHN	女丿目心	VTHn
隰	BJXo	阝日幺灬	BJXo
檄	SRYt	木白方攵	SRYt
洗	ITFq	氵丿土儿	ITFq
玺	QIGy	⺈小王丶	QIGy
徙	THHy	彳止止⊙	THHY
铣	QTFQ	钅丿土儿	QTFQ
喜	FKUk	士口⺌口	FKUk
葸	ALNU	艹田心㊀	ALNu
屣	NTHH	尸彳止⼏	NTHh
徙	ATHh	艹彳止㇀	ATHh
禧	PYFK	礻丶士口	PYFK
戏	CAt	又戈②	CAy
系	TXIu	丿幺小⊙	TXIu
饩	QNRN	⺈乙⺁乙	QNRN
细	XLg	纟田㊀	XLg
阋	UVQv	门白儿㊍	UEQv
舄	VQOu	白勹灬⊙	EQOu
隙	BIJi	阝小日小	BIJi
禊	PYDD	礻丶三大	PYDD
栔	SKGn	木口一乙	SKGn

xia			
呷	KLH	口甲①	KLH

虾	JGHY	虫一卜⊙	JGHY
瞎	HPdk	目宀三口	HPdk
匣	ALK	匚甲⑩	ALK
侠	WGUw	亻一⺌人	WGUd
狎	QTLh	犭丿甲①	QTLH
峡	MGUw	山一⺌人	MGUd
柙	SLH	木甲①	SLH
狭	QTGW	犭丿一人	QTGD
硖	DGUW	石一⺌人	DGUD
遐	NHFp	コ|二辶	NHFp
暇	JNHc	日コ|又	JNHc
瑕	GNHc	王コ|又	GNHc
辖	LPDK	车宀三口	LPDk
霞	FNHC	雨コ|又	FNHC
黠	LFOK	黑土灬口	LFOK
下	GHi	一卜⑤	GHi
吓	KGHy	口一卜⊙	KGHy
夏	DHTu	厂目夂⊙	DHTu
厦	DDHt	厂厂目夂	DDHt
罅	RMHH	午山⼍|	TFBF

xian			
先	TFQb	丿土儿㊍	TFQb
仙	WMh	亻山①	WMh
纤	XTFh	纟丿十①	XTFh
氙	RNMj	⺁乙山⑩	RMK
祆	PYGD	礻丶一大	PYGD
籼	OMH	米山①	OMH
苫	AWGI	艹人一⺌	AWGG
掀	RRQw	扌厂⺉人	RRQw
跹	KHTP	口止丿辶	KHTP
酰	SGTQ	西一丿儿	SGTQ
锨	QRQw	钅厂⺉人	QRQw
鲜	QGUd	鱼一⺌手	QGUh
暹	JWYp	日亻主辶	JWYp
闲	USI	门木⑤	USI
弦	XYXy	弓亠幺⊙	XYXy
贤	JCMu	丨又贝	JCMu
咸	DGKt	厂一口丿	DGKd
涎	ITHP	氵丿止廴	ITHP

娴	VUSy	女门木⊙	VUSY
舷	TEYX	丿舟亠幺	TUYX
衔	TQFh	彳钅二|	TQGs
痫	UUSi	疒门木⑤	UUSi
鹇	USQg	门木勹一	USQg
嫌	VUvo	女⺌彐⺝	VUvw
冼	UTFq	冫丿土儿	UTFq
显	JOgf	日业一㊀	JOf
险	BWGi	阝人一⺌	BWGG
猃	QTWI	犭丿人⺌	QTWG
蚬	JMQn	虫门儿㊋	JMQn
筅	TTFQ	⺮丿土儿	TTFq
跣	KHTQ	口止丿儿	KHTQ
薛	AQGD	艹角一手	AQGU
燹	EEOu	豕豕火⊙	GEGo
县	EGCu	日一厶⊙	EGCu
岘	MMQN	山门儿㊋	MMQn
苋	AMQb	艹门儿㊍	AMQb
现	GMqn	王门儿㊋	GMqn
线	XGt	纟戋②	XGay
限	BVey	阝彐㇟⊙	BVy
宪	PTFq	宀丿土儿	PTFq
陷	BQvg	阝⺈彐㊀	BQEg
馅	QNVv	⺈乙⺈彐	QNQE
美	UGUw	⺌王⺌人	UGUw
献	FMUD	十门⺌犬	FMUd
腺	ERIy	月白水⊙	ERIy
霰	FAEt	雨⺽月攵	FAEt

xiang			
乡	XTE	幺丿②	XTe
芗	AXTr	艹幺丿②	AXTr
相	SHg	木目㊀	SHg
香	TJF	禾日⑩	TJF
厢	DSHd	厂木目㊂	DSHd
湘	ISHG	氵木目㊀	ISHG
缃	XShg	纟木目㊀	XSHg
葙	ASHf	艹木目㊀	ASHf
箱	TSHf	⺮木目㊀	TSHf
襄	YKKe	亠口口⺌	YKKe

骧	CYKe	马亠口⺋	CGYE
镶	QYKe	钅亠口⺋	QYKe
详	YUDh	讠⺶手①	YUh
庠	YUDK	广⺶手⑪	OUK
祥	PYUd	礻⺶⺀手	PYUh
翔	UDNG	⺀手羽⊖	UNG
享	YBF	亠子⊖	YBf
响	KTMk	口丿冂口	KTMk
饷	QNTK	勹乙口丨	QNTK
飨	XTWe	纟丿人⺊	XTWv
想	SHNu	木目心⺀	SHNu
鲞	UDQG	⺀大角一	UGQG
向	TMkd	丿冂口㇇	TMKd
巷	AWNb	艹八巳⑧	AWNb
项	ADMy	工厂贝⊙	ADMy
象	QJEu	勹四豕⊙	QKEu
像	WQJe	亻勹四豕	WQKe
橡	SQJe	木勹四豕	SQKe
蟓	JQJe	虫勹四豕	JQKE

	xiao		
消	IIEg	氵⺌月⊖	IIEg
枭	QYNS	勹丶乙木	QSU
哓	KATq	口七丿儿	KATq
骁	CATQ	马七丿儿	CGAQ
宵	PIef	宀⺌月⊖	PIef
绡	XIEg	纟⺌月⊖	XIEg
逍	IEPd	氵月辶㇉	IEPd
萧	AVIj	艹彐小⺗	AVHw
硝	DIEg	石⺌月⊖	DIEg
销	QIEg	钅⺌月⊖	QIEg
潇	IAVJ	氵艹彐小	IAVW
箫	TVIJ	⺮彐小⺗	TVHw
霄	FIEf	雨⺌月⊖	FIEf
魈	RQCE	白儿厶月	RQCE
嚣	KKDK	口口厂口	KKDK
崤	MQDE	山乂⺅月	MRDe
淆	IQDe	氵乂⺅月	IRDe
小	IHty	小丨丿丶	IHty
晓	JATq	日七丿儿	JATq

筱	TWHt	⺮亻夂	TWHt
孝	FTBf	土丿子⊖	FTBf
肖	IEf	⺌月⊖	IEf
哮	KFTb	口土丿子	KFTb
效	UQTy	六乂夂⊙	URTy
校	SUQy	木六乂⊙	SURy
笑	TTDu	⺮丿大⺀	TTDu
啸	KVIj	口彐小⺗	KVHw

	xie		
些	HXFf	止匕二⊖	HXFf
歇	JQWw	日勹人人	JQWW
楔	SDHd	木三丨大	SDHD
蝎	JJQn	虫日勹乙	JJQn
协	FLwy	十力八⊙	FEwy
邪	AHTB	匚丨丿阝	AHTB
胁	ELWy	月力八⊙	EEWy
挟	RGUw	扌一⺀人	RGUd
偕	WXXR	亻匕匕白	WXXr
斜	WTUF	人禾⺀十	WGSF
谐	YXXR	讠匕匕白	YXXr
携	RWYE	扌亻圭乃	RWYB
勰	LLLN	力力力心	EEEN
撷	RFKM	扌土口贝	RFKM
缬	XFKM	纟士口贝	XFKM
鞋	AFFF	廿革土土	AFFF
写	PGNg	冖一乙一	PGNg
泄	IANN	氵廿乙乙	IANN
泻	IPGG	氵宀一一	IPGg
绁	XANN	纟廿乙乙	XANN
卸	RHBh	⺧止卩①	TGHB
屑	NIED	尸⺌月⊖	NIED
械	SAah	木戈廾①	SAAh
亵	YRVe	亠扌九⾐	YRVe
澥	IANS	氵廿乙木	IANS
谢	YTMf	讠丿冂寸	YTMf
榍	SNIe	木尸⺌月	SNIE
榭	STMf	木丿冂寸	STMf
廨	YQEh	广⺈用丨	OQEG
懈	NQeh	忄⺈用丨	NQeg

獬	QTQH	⺨丿⺈丨	QTQG
薤	AGQG	艹一夕一	AGQG
邂	QEVP	⺈用刀辶	QEVP
燮	OYOc	火言火又	YOOC
瀣	IHQg	氵丨夕一	IHQg
蟹	QEVJ	⺈用刀虫	QEVJ
躞	KHOC	口止火又	KHYC

	xin		
心	NYny	心丶乙丶	NYny
忻	NRH	忄斤①	NRH
芯	ANU	艹心⺀	ANU
辛	UYGH	辛丶一丨	UYGH
昕	JRH	日斤①	JRH
欣	RQWy	斤⺈人⊙	RQWy
锌	QUH	钅辛①	QUH
新	USRh	立木斤①	USRh
歆	UJQW	立日⺈人	UJQW
薪	AUSr	艹立木斤	AUSr
馨	FNMj	士尸几日	FNWJ
鑫	QQQF	金金金⊖	QQQF
囟	TLQI	丿囗乂⊙	TLRi
信	WYg	亻言⊖	WYg
衅	TLUf	丿皿⺀十	TLUg

	xing		
兴	IWu	⺍八⊙	IGWu
饧	QNNR	勹乙乙⺇	QNNR
星	JTGf	日丿㇐	JTGf
惺	NJTg	忄日丿㇐	NJTg
猩	QTJG	⺨丿日㇐	QTJG
腥	EJTg	月日丿㇐	EJTg
刑	GAJH	一廾刂①	GAJH
行	TFhh	彳二丨①	TGSh
邢	GABh	一廾阝①	GABh
形	GAEt	一廾彡⦶	GAEt
陉	BCAg	阝㇇工⊖	BCAg
型	GAJF	一廾刂土	GAJF
硎	DGAJ	石一廾刂	DGAJ
醒	SGJg	酉一日㇐	SGJg
擤	RTHj	扌丿目廾	RTHJ

字	编码	拆分	编码
杏	SKF	木口⊖	SKF
姓	VTGg	女丿芏⊖	VTGG
幸	FUFj	土丷十⑪	FUFj
性	NTGg	忄丿芏⊖	NTGg
荇	ATFH	艹彳二丨	ATGS
悻	NFUF	忄土丷十	NFUF

xiong

字	编码	拆分	编码
凶	QBk	乂凵⑩	RBK
兄	KQB	口儿⑩	KQb
匈	QQBk	勹乂凵⑩	QRBk
芎	AXB	艹弓⑪	AXB
汹	IQBH	氵乂凵⑪	IRBh
胸	EQqb	月勹乂凵	EQrb
雄	DCWy	ナ厶亻圭	DCWy
熊	CEXO	厶月匕灬	CEXO

xiu

字	编码	拆分	编码
休	WSy	亻木⊙	WSy
修	WHTe	亻丨夂彡	WHTe
咻	KWSy	口亻木⊙	KWSy
庥	YWSi	广亻木③	OWSi
羞	UDNf	丷𦍌乙土	UNHg
倗	WSQg	亻木勹一	WSQg
貅	EEWS	四彐亻木	EWSy
馐	QNUF	⺈乙丷土	QNUG
髹	DEWs	镸彡亻木	DEWs
朽	SGNN	木一乙⑩	SGNN
秀	TEb	禾乃⑩	TBr
岫	MMG	山由⊖	MMG
绣	XTEN	纟禾乃⑩	XTBt
袖	PUMg	衤⺀由⊖	PUMg
锈	QTEN	钅禾乃⑩	QTBT
溴	ITHD	氵丿目犬	ITHD
嗅	KTHD	口丿目犬	KTHD

xu

字	编码	拆分	编码
圩	FGFh	土一十⑪	FGFh
戌	DGNt	厂一乙丿	DGD
须	EDMy	彡厂贝⊙	EDMy
盱	HGFh	目一十⑪	HGFh
胥	NHEf	乙止月⊖	NHEf
顼	GDMy	王丆贝⊙	GDMy

字	编码	拆分	编码
虚	HAOg	广七业一	HOd
嘘	KHAG	口广七一	KHOg
需	FDMj	雨丆门‖	FDMj
墟	FHAG	土广七一	FHOg
徐	TWTy	彳人禾⊙	TWGs
许	YTFh	讠⺀十⑪	YTFh
诩	YNG	讠羽⊖	YNG
栩	SNG	木羽⊖	SNG
糈	ONHe	米乙止月	ONHe
醑	SGNE	西一乙月	SGNE
旭	VJd	九日⊜	VJd
序	YCBk	广マ卩⑩	OCnh
叙	WTCy	人禾又⊙	WGSC
恤	NTLg	忄丿皿⊖	NTLg
洫	ITLG	氵丿皿⊖	ITLg
畜	YXLf	亠幺田⊖	YXLf
勖	JHLn	日目力⑩	JHEt
绪	XFTj	纟土丿日	XFTj
续	XFNd	纟十乙大	XFNd
酗	SGQB	西一乂凵	SGRB
婿	VNHE	女乙止月	VNHE
溆	IWTC	氵人禾又	IWGC
絮	VKXi	女口幺小	VKXi
煦	JQKO	日勹口灬	JQKO
蓄	AYXl	艹亠幺田	AYXl
蓿	APWJ	艹宀亻日	APWJ
吁	KGFH	口一十⑪	KGFH

xuan

字	编码	拆分	编码
宣	PGJg	宀一日一	PGJg
轩	LFh	车干⑪	LFH
谖	YEFc	讠爫二又	YEGC
喧	KPgg	口宀一一	KPgg
揎	RPGg	扌宀一一	RPGg
萱	APGG	艹宀一一	APGG
暄	JPGg	日宀一一	JPGg
煊	OPGg	火宀一一	OPGg
儇	WLGE	亻罒一衣	WLGE
玄	YXU	亠幺③	YXU
痃	UYXi	疒亠幺③	UYXi

字	编码	拆分	编码
悬	EGCN	目一厶心	EGCN
旋	YTNh	方⸜乙止	YTNH
漩	IYTH	氵方⸜止	IYTH
璇	GYTH	王方⸜止	GYTH
选	TFQP	丿土儿辶	TFQP
癣	UQGd	疒鱼一羊	UQGu
泫	IYXy	氵亠幺⊙	IYXy
炫	OYXy	火亠幺⊙	OYXy
绚	XQJg	纟勹日⊖	XQJg
眩	HYxy	目亠幺⊙	HYxy
铉	QYXy	钅亠幺⊙	QYXy
渲	IPGG	氵宀一一	IPGG
楦	SPGg	木宀一一	SPGg
碹	DPGg	石宀一一	DPGg
镟	QYTH	钅方⸜止	QYTH

xue

字	编码	拆分	编码
削	IEJh	丷月刂⑪	IEJh
靴	AFWX	廿罒亻七	AFWX
薛	AWNU	艹亻㠯辛	ATNu
穴	PWU	宀八③	PWU
学	IPbf	⺍宀子⑪	IPbf
泶	IPIu	⺍宀水③	IPIu
楚	RRKH	扌斤口止	RRKH
雪	FVf	雨彐⊖	FVf
鳕	QGFV	鱼一雨彐	QGFV
血	TLD	丿皿⊜	TLD
谑	YHAg	讠广七一	YHAg

xun

字	编码	拆分	编码
勋	KMLn	口贝力⑩	KMEt
郇	QJBh	勹日阝⑪	QJBh
浚	ICWT	氵厶八夂	ICWT
埙	FKMY	土口贝⊙	FKMy
熏	TGLo	丿一罒灬	TGLO
獯	QTTO	犭丿丿灬	QTTO
薰	ATGO	艹丿一灬	ATGO
曛	JTGO	日丿一灬	JTGO
醺	SGTO	西一丿灬	SGTO
寻	VFu	彐寸③	VFu
荨	AVFu	艹彐寸③	AVFu
巡	VPv	巛辶⑩	VPV

旬	QJd	勹日㊂	QJd	迓	AHTP	匚丨丿辶	AHTP	奋	DJNb	大日乙⑧	DJNb
驯	CKH	马川①	CGKh	垭	FGOg	土一业一	FGOg	俨	WGOd	亻一业厂	WGOt
询	YQJg	讠勹日㊀	YQJg	娅	VGOg	女一业一	VGOg	衍	TIFh	彳氵二丨	TIGs
峋	MQJG	山勹日㊀	MQJg	研	DAHt	石匚丨丿	DAHt	偃	WAJV	亻匚日女	WAJV
徇	TQJg	彳勹日㊀	TQJg	氩	RNGG	𠂉乙一一	RGOd	屝	DDLk	厂犬甲㊣	DDLk
洵	IQJg	氵勹日㊀	IQJg	揠	RAJV	扌匚日女	RAJV	掩	RDJN	扌大日乙	RDJn
浔	IVFY	氵彐寸㊀	IVFY		**yan**			眼	HVey	目彐㘴㊀	HVy
荀	AQJf	艹勹日㊁	AQJf	烟	OLdy	火口大㊀	OLDy	郾	AJVb	匚日女阝	AJVb
循	TRFH	彳厂十目	TRFh	剡	OOJh	火火刂①	OOJh	琰	GOOy	王火火㊀	GOOy
鲟	QGVf	鱼一彐寸	QGVF	阏	UYWU	门方人丷	UYWU	罨	LDJN	罒大日乙	LDJn
逊	BIPi	子小辶③	BIPi	咽	KLDy	口口大㊀	KLDy	奄	IPGW	氵宀一八	IPGW
训	YKh	讠川①	YKh	恹	NDDY	忄厂犬㊀	NDDY	魇	DDRc	厂犬白厶	DDRc
讯	YNFh	讠乙十①	YNFh	胭	ELDy	月口大㊀	ELDy	曮	VNUV	白乙丷女	ENUV
汛	INFh	氵乙十①	INFH	崦	MDJn	山大日乙	MDJn	厌	DDI	厂犬③	DDI
殉	GQQj	一夕勹日	GQQj	淹	IDJn	氵大日乙	IDJn	彦	UTER	立丿彡②	UTEE
迅	NFPk	乙十辶㊣	NFPk	焉	GHGo	一止一灬	GHGo	砚	DMQn	石冂儿乙	DMQn
	ya			菸	AYWU	艹方人丷	AYWU	唁	KYG	口言㊀	KYg
丫	UHK	丷丨㊣	UHK	阉	UDJN	门大日乙	UDJn	宴	PJVf	宀日女㊁	PJVf
压	DFYi	厂土、③	DFYi	湮	ISFG	氵西土㊀	ISFG	晏	JPVf	日宀女㊁	JPVf
呀	KAht	口匚丨丿	KAht	腌	EDJN	月大日乙	EDJn	艳	DHQc	三丨⺃巴	DHQc
押	RLh	扌甲①	RLh	鄢	GHGB	一止一阝	GHGB	验	CWGi	马人一业	CGWg
鸦	AHTG	匚丨丿一	AHTG	嫣	VGHo	女一止灬	VGHo	谚	YUTe	讠立丿彡	YUTe
桠	SGOG	木一业一	SGOG	延	THPd	丿止廴㊣	THNP	堰	FAJV	土匚日女	FAJV
鸭	LQYg	甲勹、一	LQGg	闫	UDD	门三㊂	UDD	焰	OQVg	火⺈白㊀	OQEg
牙	AHte	匚丨丿②	AHte	严	GODr	一业厂②	GOTe	焱	OOOU	火火火⑧	OOOU
伢	WAHt	亻匚丨丿	WAHt	妍	VGAh	女一卄①	VGAh	雁	DWWy	厂亻亻圭	DWWy
岈	MAHt	山匚丨丿	MAHt	芫	AFQB	艹二儿⑧	AFQB	滟	IDHC	氵三丨巴	IDHC
玡	AAHt	艹匚丨丿	AAHt	言	YYYy	言言言言	YYYy	酽	SGGD	西一一厂	SGGT
琊	GAHB	王匚丨阝	GAHB	岩	MDF	山石㊁	MDF	谳	YFMd	讠十门犬	YFMd
蚜	JAHt	虫匚丨丿	JAHt	沿	IMKg	氵几口㊀	IWKg	餍	DDWe	厂犬人⺅	DDWV
崖	MDFF	山厂土土	MDFF	炎	OOu	火火⑧	OOu	燕	AUko	廿北口灬	AKUo
涯	IDFf	氵厂土土	IDFf	研	DGAh	石一卄①	DGAh	赝	DWWM	厂亻亻贝	DWWM
睚	HDff	目厂土土	HDff	盐	FHLf	土卜皿㊁	FHLf		**yang**		
衙	TGKh	彳五口丨	TGKS	阎	UQVD	门⺈白㊂	UQEd	央	MDi	冂大③	MDi
哑	KGOg	口一业一	KGOg	筵	TTHP	竹丿止廴	TTHp	泱	IMDY	氵冂大㊀	IMDY
痖	UGOG	疒一业一	UGOd	蜒	JTHP	虫丿止廴	JTHP	殃	GQMd	一夕冂大	GQMd
雅	AHTY	匚丨丿圭	AHTY	颜	UTEM	立丿彡贝	UTEM	秧	TMDY	禾冂大㊀	TMDY
亚	GOGd	一业一㊂	GOd	檐	SQDY	木⺈厂言	SQDY	鸯	MDQg	冂大勹一	MDQg
讶	YAHt	讠匚丨丿	YAHt	究	UCQb	六厶儿⑧	UCQb	鞅	AFMD	廿革冂大	AFMD
								扬	RNRt	扌乙⺍②	RNRt

羊	UDJ	丷手⑪	UYTh
阳	BJg	阝日㊀	BJg
杨	SNrt	木乙丿	SNrt
炀	ONRT	火乙丿	ONRT
佯	WUDH	亻丷手⑪	WUH
疡	UNRe	疒乙丿	UNRe
徉	TUDh	彳丷手⑪	TUH
洋	IUdh	氵丷手⑪	IUh
烊	OUDh	火丷手⑪	OUH
蛘	JUDh	虫丷手⑪	JUH
仰	WQBH	亻匚卩⑪	WQBh
养	UDYJ	丷尹丶刂	UGJj
氧	RNUd	𠂉乙丷手	RUK
痒	UUDk	疒丷手⑩	UUK
怏	NMDY	忄冂大丶	NMDY
恙	UGNu	丷王心丶	UGNu
样	SUdh	木丷手⑪	SUh
漾	IUGI	氵丷王水	IUGI

yao

幺	XNNY	幺乙乙丶	XXXX
夭	TDI	丿大③	TDI
吆	KXY	口幺⊙	KXY
妖	VTDy	女丿大⊙	VTDy
腰	ESVg	月西女㊀	ESVg
邀	RYTP	白方攵辶	RYTp
爻	QQU	乂乂③	RRU
尧	ATGQ	七丿一儿	ATGQ
肴	QDEf	乂𠂇月②	RDEf
姚	VIQn	女㸚儿②	VQIy
轺	LVKg	车刀口㊀	LVKg
珧	GIQn	王㸚儿②	GQIY
窑	PWRm	宀八𠂉山	PWTB
谣	YERm	讠𠂇山	YETb
徭	TERM	彳𠂇山	TETb
摇	RERm	扌𠂇山	RETb
遥	ERmp	𠂉山辶	ETFp
瑶	GERm	王𠂇山	GETb
繇	ERMI	𠂇山小	ETFI
鳐	QGEM	鱼一𠂇山	QGEB

杳	SJF	木日㊁	SJF
咬	KUQy	口六乂⊙	KUry
窈	PWXL	宀八幺力	PWXE
舀	EVF	爫臼㊁	EEF
崾	MSVg	山西女㊀	MSVg
药	AXqy	艹纟勹丶	AXqy
要	Svf	西女㊁	SVF
鹞	ERMG	𠂇山一	ETFG
曜	JNWy	日羽亻丨	JNWy
耀	IQNY	业儿羽丨	IGQY
钥	QEG	钅月㊀	QEG

ye

耶	BBH	耳阝⑪	BBH
椰	SBBh	木耳阝⑪	SBBh
噎	KFPu	口士冖丷	KFPu
爷	WQBj	八乂阝⑪	WRBj
揶	RBBh	扌耳阝⑪	RBBh
铘	QAHB	钅匚丨阝	QAHb
也	BNhn	也乙丨乙	BNhn
冶	UCKg	冫厶口㊀	UCKg
野	JFCb	日土マ阝	JFCh
业	OGd	业一㊂	OHhg
叶	KFh	口十⑪	KFh
曳	JXE	日匕③	JNTe
页	DMU	丆贝丷	DMU
邺	OGBh	业一阝⑪	OBH
夜	YWTy	亠亻夂丶	YWTy
晔	JWXf	日亻七十	JWXf
烨	OWXf	火亻七十	OWXf
掖	RYWy	扌亠亻丶	RYWY
液	IYWy	氵亠亻丶	IYWy
谒	YJQn	讠日勹乙	YJQn
腋	EYWY	月亠亻丶	EYWY
靥	DDDL	厂犬丆口	DDDF

yi

一	Ggll	一一	Ggll
伊	WVTt	亻彐丿②	WVTt
衣	YEu	亠𠄌丷	YEu
医	ATDi	匚𠂉大③	ATDi
依	WYEy	亻亠𠄌丶	WYEy

咿	KWVT	口亻彐丿	KWVT
猗	QTDK	犭丿大口	QTDK
铱	QYEy	钅亠𠄌丶	QYEy
壹	FPGu	士冖一丷	FPGu
揖	RKBg	扌口耳㊀	RKBg
漪	IQTK	氵犭丿口	IQTK
噫	KUJN	口立日心	KUJN
黟	LFOQ	罒土灬夕	LFOQ
仪	WYQy	亻丶乂⊙	WYRy
圯	FNN	土巳②	FNN
夷	GXWi	一弓人③	GXWi
沂	IRH	氵斤⑪	IRH
诒	YCKg	讠厶口㊀	YCKg
宜	PEGf	宀且一㊁	PEGf
怡	NCKg	忄厶口㊀	NCKg
迤	TBPv	𠂉也辶	TBPV
饴	QNCk	𠂉乙厶口	QNCk
咦	KGXw	口一弓人	KGXw
姨	VGxw	女一弓人	VGxw
荑	AGXw	艹一弓人	AGXw
贻	MCKg	贝厶口㊀	MCKg
眙	HCKg	目厶口㊀	HCKg
胰	EGXw	月一弓人	EGXw
酏	SGBn	西一也乙	SGBn
痍	UGXW	疒一弓人	UGXW
移	TQQy	禾夕夕⊙	TQQy
遗	KHGP	口丨一辶	KHGP
颐	AHKM	匚丨口贝	AHKm
疑	XTDH	匕𠂉大止	XTDh
嶷	MXTh	山匕𠂉止	MXTh
彝	XGOa	彑一米廾	XOXA
乙	NNLl	乙乙口口	NNLl
已	NNNN	已已已已	NNnn
以	NYWy	乙丶人⊙	NYWY
钇	QNN	钅乙②	QNN
矣	CTdu	厶𠂉大丷	CTdu
苡	ANYw	艹乙丶人	ANYW
舣	TEYQ	丿舟丶乂	TUYR
蚁	JYQy	虫丶乂⊙	JYRy
倚	WDSk	亻大丁口	WDSk

字	码	拆分	码
椅	SDSk	木大丁口	SDSk
旖	YTDK	方人大口	YTDK
义	YQi	、乂③	YRi
亿	WNn	亻乙②	WNn
弋	AGNY	弋一乙、	AYI
刈	QJH	乂刂①	RJH
忆	NNn	忄乙②	NNN
艺	ANB	艹乙	ANb
议	YYQy	讠、乂③	YYRy
亦	YOU	二小	YOu
屹	MTNN	山ノ乙②	MTNn
异	NAJ	巳廾①	NAj
佚	WRWy	亻仁人⊙	WTGY
吃	KANn	口艹乙②	KANN
役	TMCy	彳几又⊙	TWCy
抑	RQBh	扌卩①	RQBh
译	YCFh	讠又二|	YCGh
邑	KCB	口巴⑧	KCB
俗	WWEg	亻八月⊖	WWEG
峄	MCFh	山又二|	MCGh
怿	NCFH	忄又二|	NCGh
易	JQRr	日勹ノ②	JQRr
绎	XCFh	纟又二|	XCGh
诣	YXJg	讠匕日⊖	YXJg
驿	CCFh	马又二|	CGCG
奕	YODu	二小大	YODu
弈	YOAj	二小廾①	YOAj
疫	UMCi	疒几又③	UWCi
羿	NAJ	羽廾①	NAJ
轶	LRWy	车仁人⊙	LTGY
恞	NKCn	忄口巴②	NKCn
挹	RKCn	扌口巴②	RKCn
益	UWLf	丷八皿⊖	UWLf
谊	YPEg	讠宀且一	YPEG
埸	FJQr	土日勹ノ	FJQr
翊	UNG	立羽⊖	UNG
翌	NUF	羽立⊖	NUF
逸	QKQP	勹口儿辶	QKQP
意	UJNu	立日心③	UJNu

字	码	拆分	码
溢	IUWl	氵丷八皿	IUWl
缢	XUWl	纟丷八皿	XUWl
肆	XTDH	匕ノ大|	XTDG
裔	YEMk	二亻门口	YEMK
瘗	UGUF	疒一丷土	UGUF
蜴	JJQR	虫日勹ノ	JJQR
毅	UEMc	立豕几又	UEWc
熠	ONRG	火羽白⊖	ONRG
镒	QUWl	钅丷八皿	QUWl
剺	THLJ	ノ目田刂	THLJ
殪	GQFU	一歹士丷	GQFU
薏	AUJN	艹立日心	AUJN
嫛	ATDN	匚ノ大羽	ATDN
翼	NLAw	羽田丷八	NLAw
臆	EUJn	月立日心	EUJn
癔	UUJN	疒立日心	UUJN
镱	QUJN	钅立日心	QUJN
懿	FPGN	士宀一心	FPGN

yin

字	码	拆分	码
因	LDi	口大③	LDi
窨	PWUJ	宀八立日	PWUJ
阴	BEg	阝月⊖	BEg
姻	VLDy	女口大⊙	VLdy
洇	ILDY	氵口大⊙	ILDY
茵	ALDu	艹口大	ALDu
荫	ABEf	艹阝月	ABEf
音	UJF	立日⊖	UJF
殷	RVNc	厂彐乙又	RVNc
氤	RNLd	气乙口大	RLDi
铟	QLDY	钅口大⊙	QLDY
喑	KUJg	口立日⊖	KUJg
堙	FSFg	土西土⊖	FSFG
吟	KWYN	口人、乙	KWYN
垠	FVEy	土彐农⊙	FVY
狺	QTYG	犭ノ言⊖	QTYG
寅	PGMw	宀一由八	PGMw
淫	IETf	氵爫丬士	IETf
银	QVEy	钅彐农⊙	QVY
鄞	AKGB	廿口圭阝	AKGB

字	码	拆分	码
夤	QPGW	夕宀一八	QPGW
龈	HWBE	止人凵ß	HWBV
霪	FIEF	雨氵爫士	FIEF
尹	VTE	彐ノ②	VTE
引	XHh	弓|①	XHh
吲	KXHh	口弓|①	KXHh
饮	QNQw	勹乙勹人	QNQw
蚓	JXHh	虫弓|①	JXHh
隐	BQVN	阝勺彐心	BQVn
瘾	UBQn	疒阝勺心	UBQn
印	QGBh	匚一卩①	QGBh
茚	AQGB	艹匚一卩	AQGB
胤	TXEN	ノ幺月乙	TXEN

ying

字	码	拆分	码
应	YID	广丷⊖	OIgd
英	AMDu	艹门大⊖	AMDu
莺	APQg	艹冖勹一	APQg
婴	MMVf	贝贝女⊖	MMVf
瑛	GAMd	王艹门大	GAMd
嘤	KMMv	口贝贝女	KMMv
撄	RMMv	扌贝贝女	RMMv
缨	XMMv	纟贝贝女	XMMv
罂	MMRm	贝贝乍山	MMTb
樱	SMMV	木贝贝女	SMMv
璎	GMMV	王贝贝女	GMMV
鹦	MMVG	贝贝女一	MMVG
膺	YWWE	广亻亻月	OWWE
鹰	YWWG	广亻亻一	OWWG
迎	QBPk	匚卩辶⑩	QBPk
莹	APFF	艹冖土⊖	APFF
盈	ECLf	乃又皿⊖	BCLf
荥	APIu	艹冖水③	APIu
荧	APOu	艹冖火③	APOu
莹	APGY	艹冖王⊙	APGy
萤	APJu	艹冖虫③	APJu
营	APKk	艹冖口口	APKk
萦	APXi	艹冖幺小	APXi
楹	SECl	木乃又皿	SBCl
滢	IAPY	氵艹冖、	IAPY
蓥	APQF	艹冖金⊖	APQF

漤	IAPI	氵艹一小	IAPI
蝇	JKjn	虫口日乙	JKjn
嬴	YNKY	亠乙口丶	YEVy
赢	YNKY	亠乙口丶	YEMy
瀛	IYNY	氵亠乙丶	IYEy
郢	KGBH	口王阝①	KGBH
颍	XIDm	匕水厂贝	XIDm
颖	XTDm	匕禾厂贝	XTDM
影	JYIE	日亠小彡	JYie
瘿	UMMv	疒贝贝女	UMMv
映	JMDy	日门大丶	JMDy
硬	DGJq	石一日乂	DGJr
塍	EUDV	月䒑大女	EUGV

哟	KXqy	口纟勹丶	KXqy
唷	KYCe	口亠厶月	KYCe

yong

佣	WEH	亻用①	WEh
拥	REH	扌用①	REh
痈	UEK	疒用⑩	UEK
邕	VKCb	巜口巴⑩	VKCb
庸	YVEH	广彐月丨	OVEh
雍	YXTy	亠纟丿圭	YXTy
墉	FYVH	土广彐丨	FOVH
慵	NYVH	忄广彐丨	NOVH
雝	YXTF	亠纟丿土	YXTF
鏞	QYVH	钅广彐丨	QOVh
臃	EYXy	月亠纟丨	EYXy
鳙	QGYH	鱼一广丨	QGOH
襄	YXTE	亠纟丿㐄	YXTV
喁	KJMy	口日门丶	KJMy
永	YNIi	丶乙八⑤	YNIi
甬	CEJ	乛用⑪	CEJ
咏	KYNi	口丶乙八	KYNi
泳	IYNI	氵丶乙八	IYNI
俑	WCEh	亻乛用①	WCEh
勇	CELb	乛用力	CEEr
涌	ICEh	氵乛用①	ICEh
恿	CENu	乛用心⑤	CENU
蛹	JCEH	虫乛用①	JCEH

踊	KHCe	口止乛用	KHCe
用	ETnh	用丿乙丨	ETnh

you

优	WDNn	亻尤乙②	WDNy
忧	NDNn	忄尤乙②	NDNy
攸	WHTY	亻丨攵丶	WHTY
呦	KXLn	口幺力②	KXET
幽	XXMk	幺幺山⑩	MXXi
悠	WHTN	亻丨攵心	WHTN
尤	DNV	尢乙⑫	DNYi
由	MHng	由丨乙一	MHng
犹	QTDN	犭丿尤乙	QTDY
邮	MBh	由阝①	MBh
油	IMG	氵由一	IMg
柚	SMG	木由一	SMG
疣	UDNV	疒尤乙②	UDNy
莜	AWHt	艹亻丨攵	AWHt
莸	AQTN	艹犭丿乙	AQTY
铀	QMG	钅由一	QMG
蚰	JMG	虫由一	JMG
游	IYTB	氵方⸢子	IYTB
鱿	QGDn	鱼一尤乙	QGDY
猷	USGD	䒑西一犬	USGD
蝣	JYTB	虫方⸢子	JYTb
友	DCu	𠂇又⑫	DCu
有	DEF	𠂇月⑤	DEF
卣	HLNf	⺊口⊐一	HLNf
酉	SGD	西一⑤	SGD
莠	ATEB	艹禾乃①	ATBr
铕	QDEG	钅𠂇月一	QDEg
牖	THGY	丿丨一丶	THGS
黝	LFOL	罒土灬力	LFOE
又	CCCc	又又又又	CCCc
右	DKf	𠂇口⑤	DKf
幼	XLN	幺力②	XET
佑	WDKg	亻𠂇口一	WDKg
侑	WDEg	亻𠂇月一	WDEg
囿	LDEd	口𠂇月⑤	LDEd
宥	PDEF	宀𠂇月⑤	PDEF
诱	YTEn	讠禾乃②	YTBT

蚴	JXLn	虫幺力	JXEt
䌷	TOMg	丿米由一	TOMg
鮋	VNUM	白乙氵由	ENUM

yu

迂	GFPk	一十辶⑩	GFPk
纡	XGFh	纟一十①	XGFh
淤	IYWU	氵方人冫	IYWU
渝	IWGJ	氵人一刂	IWGJ
瘀	UYWU	疒方人冫	UYWU
于	GFk	一十⑩	GFk
予	CBJ	乛卩⑪	CNhj
余	WTU	人禾冫	WGSu
妤	VCBH	女乛卩①	VCNH
欤	GNGW	一乙一人	GNGW
於	YWUy	方人冫丶	YWUy
盂	GFLf	一十皿⑤	GFLf
臾	VWI	白人⑨	EWI
鱼	QGF	鱼一⑤	QGF
俞	WGEJ	人一月刂	WGEJ
禺	JMHY	日门丨丶	JMHY
竽	TGFj	竹一十⑪	TGFj
舁	VAJ	白廾⑪	EAJ
娱	VKGD	女口一大	VKGD
徐	QTWT	彳丿人禾	QTWS
谀	YVWY	讠白人丶	YEWy
馀	QNWt	夕乙人禾	QNWS
渔	IQGG	氵鱼一一	IQGG
萸	AVWu	艹白人⑤	AEWU
隅	BJMy	阝日门丶	BJMy
雩	FFNB	雨二乙⑩	FFNb
嵛	MWGj	山人一刂	MWGJ
愉	NWgj	忄人一刂	NWGj
揄	RWGJ	扌人一刂	RWGJ
腴	EVWy	月白人丶	EEWY
逾	WGEP	人一月辶	WGEP
愚	JMHN	日门丨心	JMHN
榆	SWGJ	木人一刂	SWGJ
瑜	GWGj	王人一刂	GWGj
虞	HAKd	虍七口大	HKGd

第一列

字	编码	字根	编码
舰	WGEQ	人一月儿	WGEQ
龛	PWWJ	宀八人刂	PWWJ
奥	WFLw	亻二车八	ELgw
腧	JWGJ	虫人一刂	JWGJ
与	GNgd	一乙一	GNgd
伛	WAQY	亻匚乂⊙	WARy
宇	PGFj	宀一十⑩	PGFj
屿	MGNg	山一乙一	MGNg
羽	NNYg	羽乙、一	NNYg
雨	FGHY	雨一丨、	FGHY
俣	WKGd	亻口一大	WKGd
禹	TKMy	丿口门、	TKMy
语	YGKg	讠五口一	YGKg
圄	LGKD	口五口一	LGKD
圉	LFUf	口土丷十	LFUf
庾	YVWi	广臼人③	OEWi
瘐	UVWi	疒臼人③	UEWI
窳	PWRY	宀八厂、	PWRy
龉	HWBK	止人凵口	HWBK
玉	GYi	王、③	GYi
驭	CCY	马又③	CGCy
吁	KGFH	口一十⑩	KGFH
聿	VFHK	ヨ二丨⑩	VGK
芋	AGFj	艹一十⑩	AGFj
妪	VAQy	女匚乂⊙	VARy
饫	QNTD	⺈乙丿大	QNTD
育	YCEf	亠厶月②	YCEf
郁	DEBh	丆月阝⑩	DEBh
昱	JUF	日立○	JUF
狱	QTYD	犭丿言犬	QTYd
峪	MWWK	山八人口	MWWK
浴	IWWk	氵八人口	IWWk
钰	QGYY	钅王、⊙	QGYY
预	CBDm	マ卩丆贝	CNHM
域	FAKG	土戈口一	FAKg
欲	WWKW	八人口人	WWKW
谕	YWGJ	讠人一刂	YWGJ
阈	UAKg	门戈口一	UAKg
喻	KWGJ	口人一刂	KWGJ
寓	PJMy	宀日门、	PJMy

第二列

字	编码	字根	编码
御	TRHb	彳⺅止卩	TTGb
裕	PUWk	衤⺀八口	PUWk
遇	JMhp	日门丨辶	JMhp
愈	WGEN	人一月心	WGEn
煜	OJUg	火日立一	OJUg
蓣	ACBM	艹マ卩贝	ACNM
誉	IWYF	ⱽ八言一	IGWY
毓	TXGQ	⺧毋一儿	TXYk
蜮	JAKg	虫戈口一	JAKg
豫	CBQe	マ卩⺈豕	CNHE
燠	OTMd	火丿门大	OTMd
鹬	CBTG	マ卩丿一	CNHG
鬻	XOXH	弓米弓丨	XOXH
鬻	WWKG	八人口一	WWKG

yuan

字	编码	字根	编码
冤	PQKy	冖⺈口、	PQKy
鸢	AQYG	弋⺈、一	AYQg
鸳	QBQg	夕巳勹一	QBQg
渊	ITOh	氵丿米丨	ITOH
箢	TPQb	竹宀夕巳	TPQb
元	FQB	二儿⑩	FQB
员	KMu	口贝②	KMu
园	LFQv	口二儿⑯	LFQv
沅	IFQn	氵二儿⑫	IFQn
垣	FGJG	土一日一	FGJg
爰	EFTc	爫二丿又	EGDC
原	DRii	厂白小③	DRii
圆	LKMI	口口贝③	LKMi
袁	FKEu	土口⾐②	FKEu
援	REFc	扌爫二又	REGc
缘	XXEy	纟彑⺈系	XXEy
鼋	FQKN	二儿口乙	FQKn
塬	FDRi	土厂白小	FDRi
源	IDRi	氵厂白小	IDRi
猿	QTFE	犭丿土⾐	QTFe
辕	LFKe	车土口⾐	LFKe
橼	SXXE	木纟彑⾐	SXXE
螈	JDRi	虫厂白小	JDRi
远	FQPv	二儿辶⑯	FQPv

第三列

字	编码	字根	编码
苑	AQBb	艹夕巳⑩	AQBb
怨	QBNu	夕巳心②	QBNu
院	BPFq	阝宀二儿	BPFq
垸	FPFq	土宀二儿	FPFq
媛	VEFC	女爫二又	VEGC
掾	RXEy	扌彑⺈系	RXEY
瑗	GEFC	王爫二又	GEGC
愿	DRIN	厂白小心	DRIN

yue

字	编码	字根	编码
曰	JHNG	日丨乙一	JHNG
约	XQyy	纟⺈、⊙	XQyy
月	EEEe	月月月月	EEEe
刖	EJH	月刂⑩	EJH
岳	RGMj	斤一山⑩	RMJ
悦	NUKq	忄丷口儿	NUKq
阅	UUKq	门丷口儿	UUKQ
跃	KHTD	口止丿大	KHTD
粤	TLOn	丿口米乙	TLOn
越	FHAt	土止厂丿	FHAn
樾	SFHT	木土止丿	SFHN
龠	WGKA	人一口艹	WGKA
瀹	IWGA	氵人一艹	IWGA

yun

字	编码	字根	编码
氲	RNJL	⺁乙日皿	RJLd
云	FCU	土厶②	FCU
匀	QUd	勹⺀③	QUd
纭	XFCy	纟土厶⊙	XFCy
芸	AFCU	艹土厶②	AFCU
昀	JQUg	日勹⺀一	JQUg
郧	KMBh	口贝阝⑩	KMBh
耘	DIFC	三小二厶	FSFC
允	CQb	厶儿⑩	CQB
狁	QTCq	犭丿厶儿	QTCQ
陨	BKMy	阝口贝⊙	BKMy
殒	GQKm	一夕口贝	GQKM
孕	EBF	乃子○	BBF
运	FCPi	二厶辶③	FCPi
郓	PLBh	宀车阝⑩	PLBh
恽	NPLh	忄宀车⑩	NPLh

汉字	编码	拆分	编码
晕	JPLj	日一车⑪	JPLj
酝	SGFc	西一二厶	SGFC
愠	NJLG	忄日皿⊖	NJLG
韫	FNHL	二乙丨皿	FNHL
韵	UJQU	立日勹冫	UJQU
熨	NFIO	尸二小火	NFIO
蕴	AXJl	艹纟日皿	AXJl

za

匝	AMHk	匚门丨⑩	AMHk
杂	VSu	九木⑤	VSu
咂	KAMh	口匚门丨	KAMh
拶	RVQy	扌巛夕⊙	RVQy
砸	DAMH	石匚门丨	DAMH
咋	KTHF	口丿丨二	KTHF

zai

灾	POu	宀火⑥	POu
甾	VLF	巛田⊖	VLF
哉	FAKd	十戈口⊜	FAKd
栽	FASi	十戈木①	FASi
宰	PUJ	宀辛⑪	PUJ
载	FALk	十戈车⑩	FALd
崽	MLNu	山田心⑥	MLNu
再	GMFd	一门土⊜	GMFd
在	Dhfd	广丨土⊖	Dhfd

zan

糌	OTHJ	米夂卜日	OTHJ
簪	TAQj	竹匚儿日	TAQj
咱	KTHg	口丿目⊖	KTHg
昝	THJf	夂卜日	THJf
攒	RTFM	扌丿土贝	RTFM
趱	FHTm	土龰丿贝	FHTm
暂	LRJf	车斤日⊖	LRJf
赞	TFQM	丿土儿贝	TFQM
瓒	LRQf	车斤金⊖	LRQf
鏩	GTFM	王丿土贝	GTFM

zang

赃	MYFg	贝广土⊖	MOfg
藏	DNDt	厂乙丿丨	AUAh
臜	CEGg	马月一⊖	CGEg
奘	NHDD	乙丨广大	UFDU

脏	EYFg	月广土⊖	EOfg
葬	AGQa	艹一夕廾	AGQa

zao

遭	GMAP	一门苉辶	GMAp
糟	OGMJ	米一门日	OGMJ
凿	OGUb	业一丷凵	OUFB
早	JHnh	早丨乙丨	JHNh
枣	GMIU	一门小冫	SMUU
蚤	CYJu	又丶虫⑥	CYJu
澡	IKks	氵口口木	IKKs
藻	AIKs	艹氵口木	AIKs
灶	OFg	火土⊖	OFG
皂	RAB	白七⑩	RAB
唣	KRAn	口白七	KRAn
造	TFKP	丿土口辶	TFKP
噪	KKKS	口口口木	KKKS
燥	OKKs	火口口木	OKKS
躁	KHKS	口止口木	KHKS

ze

则	MJh	贝刂①	MJh
择	RCFh	扌又二丨	RCGh
泽	ICFh	氵又二丨	ICGh
责	GMU	龶贝⑥	GMU
啧	KGMy	口龶贝⊙	KGMy
帻	MHGM	门丨龶贝	MHGM
笮	TTHf	竹丿丨二	TTHF
舴	TETF	丿舟丿二	TUTF
箦	TGMU	竹龶贝	TGMU
赜	AHKM	匚丨口贝	AHKM
仄	DWI	厂人⑥	DWI
昃	JDWu	日厂人⑥	JDWU

zei

贼	MADT	贝戈十②	MADT

zen

怎	THFN	丿丨二心	THFN
谮	YAQJ	讠匚儿日	YAQj

zeng

增	FUlj	土丷四日	FUlj
憎	NUlj	忄丷四日	NULj
缯	XUlj	纟丷四日	XUlj
罾	LUlj	皿丷四日	LULj
锃	QKGg	钅口王⊖	QKGg
甑	ULJN	丷四日乙	ULJY
赠	MUlj	贝丷四日	MUlj

zha

扎	RNN	扌乙②	RNN
吒	KTAN	口丿七⑩	KTAN
猹	QTSG	犭丿木一	QTSG
哳	KRRH	口扌斤①	KRRH
喳	KSJg	口木日一	KSJg
揸	RSJg	扌木日一	RSJG
渣	ISJg	氵木日一	ISJG
楂	SSJg	木木日一	SSJg
齄	THLG	丿目田一	THLG
札	SNN	木乙②	SNN
轧	LNN	车乙②	LNN
闸	ULK	门甲⑩	ULk
铡	QMJh	钅贝刂①	QMJh
眨	HTPy	目丿之⊙	HTPy
砟	DTHF	石丿丨二	DTHF
乍	THFd	丿丨二⊜	THFf
诈	YTHf	讠丿丨二	YTHF
咤	KPTA	口宀丿七	KPTA
栅	SMMg	木门门一	SMMG
炸	OTHf	火丿丨二	OTHf
痄	UTHF	疒丿丨二	UTHF
蚱	JTHf	虫丿丨二	JTHf
榨	SPWf	木宀八二	SPWF

zhai

斋	YDMj	文ナ门刂	YDMj
摘	RUMd	扌立门古	RYUD
宅	PTAb	宀丿七⑩	PTAb
翟	NWYF	羽亻圭⊖	NWYF
窄	PWTF	宀八丿二	PWTF
债	WGMY	亻龶贝⊙	WGMy
砦	HXDf	止匕石⊖	HXDf
寨	PFJS	宀二刂木	PAWS
瘵	UWFi	疒癶二小	UWFi

zhan

沾	IHKg	氵丨口⊖	IHKg

毡	TFNK	ノ二乙口	EHKd
旗	YTMY	方宀门二	YTMY
詹	QDWy	勹厂八言	QDWy
谵	YQDY	讠勹厂言	YQDY
瞻	HQDy	目勹厂言	HQDy
斩	LRh	车斤①	LRh
展	NAEi	尸共比③	NAEi
盏	GLF	戋皿〇	GALF
崭	MLrj	山车斤⑪	MLrj
振	RNAE	扌尸共比	RNAE
辗	LNAe	车尸共比	LNAe
占	HKf	卜口〇	HKf
战	HKAt	卜口戈	HKAy
栈	SGT	木戋	SGAY
站	UHkg	立卜口〇	UHKG
绽	XPGh	纟宀一疋	XPGh
湛	IADn	氵卅三乙	IDWn
蘸	ASGO	卅西一灬	ASGO

zhang

张	XTay	弓ノ七丶	XTAy
章	UJJ	立早⑪	UJJ
鄣	UJBh	立早阝①	UJBh
嫜	VUJH	女立早①	VUJH
彰	UJEt	立早彡〇	UJEt
漳	IUJh	氵立早①	IUJh
獐	QTUJ	犭ノ立早	QTUJ
樟	SUJh	木立早①	SUJh
璋	GUJh	王立早①	GUJh
蟑	JUJH	虫立早①	JUJH
仉	WMN	亻几②	WWN
涨	IXty	氵弓ノ丶	IXty
掌	IPKR	业宀口手	IPKR
丈	DYI	广丶③	DYI
仗	WDYY	亻广丶丶	WDYY
帐	MHTy	门丨ノ丶	MHTy
杖	SDYy	木广丶〇	SDYy
胀	ETAy	月ノ七丶	ETAy
账	MTAy	贝ノ七丶	MTAy
障	BUJh	阝立早①	BUJh

嶂	MUJh	山立早①	MUJh
幛	MHUJ	门丨立早	MHUJ
瘴	UUJK	广立早⑪	UUJK

zhao

钊	QJH	钅刂①	QJH
招	RVKg	扌刀口〇	RVKg
昭	JVKg	日刀口〇	JVKg
啁	KMFk	口门土口	KMFk
找	RAt	扌戈	RAy
沼	IVKg	氵刀口〇	IVKg
召	VKF	刀口〇	VKF
兆	IQV	⅓儿⑧	QII
诏	YVKg	讠刀口〇	YVKg
赵	FHQi	土止乂③	FHRi
笊	TRHY	竹厂丨丶	TRHY
棹	SHJh	木卜早①	SHJh
照	JVKO	日刀口灬	JVKO
罩	LHJj	罒卜早⑪	LHJj
肇	YNTH	丶尸攵丨	YNTG

zhe

折	RRh	扌斤①	RRh
遮	YAOP	广卅灬辶	OAOP
蜇	RRJu	扌斤虫③	RRJu
哲	RRKf	扌斤口〇	RRKf
辄	LBNn	车耳乙②	LBNn
蛰	RVYJ	扌九丶虫	RVYJ
谪	YUMd	讠立门古	YYUD
摺	RNRG	扌羽白〇	RNRG
磔	DQAS	石夕匚木	DQGS
辙	LYCt	车亠厶攵	LYCt
者	FTJf	土ノ日〇	FTJf
锗	QFTj	钅土ノ日	QFTj
赭	FOFJ	土业土日	FOFJ
褶	PUNR	衤冫羽白	PUNR
柘	SDG	木石〇	SDG
浙	IRRh	氵扌斤①	IRRh
蔗	AYAo	卅广卅灬	AOAo
鹧	YAOG	广卅灬一	OAOG
这	YPi	文辶③	YPI

zhen

贞	HMu	卜贝③	HMu
针	QFH	钅十①	QFH
侦	WHMy	亻卜贝丶	WHMy
浈	IHMy	氵卜贝丶	IHMy
珍	GWet	王人彡〇	GWet
桢	SHMy	木卜贝丶	SHMy
真	FHWu	十且八③	FHWu
砧	DHKG	石卜口〇	DHKG
祯	PYHM	礻丶卜贝	PYHm
斟	ADWF	卅三八十	DWNF
甄	SFGN	西土一乙	SFGY
蓁	ADWT	卅三人禾	ADWt
榛	SDWT	木三人禾	SDWT
箴	TDGT	竹厂一ノ	TDGK
臻	GCFT	一厶土禾	GCFT
诊	YWEt	讠人彡〇	YWEt
枕	SPQn	木宀儿②	SPqn
胗	EWEt	月人彡〇	EWEt
轸	LWEt	车人彡〇	LWEt
畛	LWET	田人彡〇	LWET
疹	UWEe	广人彡〇	UWEe
缜	XFHw	纟十且八	XFHw
稹	TFHW	禾十且八	TFHW
圳	FKH	土川①	FKH
阵	BLh	阝车①	BLh
鸩	PQQg	宀儿勹一	PQQg
振	RDFe	扌厂二Ⅳ	RDFE
朕	EUDy	月丷大丶	EUDy
赈	MDFE	贝厂二Ⅳ	MDFE
镇	QFHW	钅十且八	QFHW
震	FDFe	雨厂二Ⅳ	FDFe

zheng

征	TGHg	彳一止〇	TGHg
怔	NGHg	忄一止〇	NGHg
争	QVhj	勹彐丨⑪	QVhj
峥	MQVh	山勹彐丨	MQVh
挣	RQVH	扌勹彐丨	RQVh
狰	QTQH	犭ノ勹丨	QTQH

征	QGHG	钅一止⊖	QGHG	絷	RVYI	扌九、小	RVYI	掷	RUDB	扌⅏大阝	RUDB

字	编码	拆分	编码	字	编码	拆分	编码	字	编码	拆分	编码
征	QGHG	钅一止⊖	QGHG	絷	RVYI	扌九、小	RVYI	掷	RUDB	扌⅏大阝	RUDB
睁	HQVh	目⺈彐丨	HQVh	跖	KHDG	口止石⊖	KHDG	痔	UFFI	疒土寸③	UFFI
铮	QQVh	钅⺈彐丨	QQVh	摭	RYAo	扌广廿灬	ROAo	室	PWGf	宀八一土	PWGF
筝	TQVH	⺮⺈彐丨	TQVH	踯	KHUB	口止⅏阝	KHUB	鸷	RVYG	扌九、一	RVYG
蒸	ABIo	艹了八灬	ABIo	止	HHhg	止丨丨一	HHGg	鸱	XGXx	匕一匕匕	XTDX
拯	RBIg	扌了八一	RBIg	只	KWu	口八⊘	KWu	智	TDKJ	丿大口日	TDKJ
整	GKIH	一口小止	SKTh	旨	XJf	匕日⊜	XJf	滞	IGKh	氵一川丨	IGKh
正	GHD	一止⊖	GHD	址	FHG	土止⊖	FHG	痣	UFNI	疒士心③	UFNi
证	YGHg	讠一止⊖	YGhg	纸	XQAn	纟七⚏	XQAn	蛭	JGCf	虫一厶土	JGCf
诤	YQVH	讠⺈彐丨	YQVH	芷	AHF	艹止⊜	AHF	骘	BHIC	阝止小马	BHHG
郑	UDBh	⅏大阝①	UDBh	祉	PYHg	礻、止⊖	PYHG	稚	TWYg	禾亻圭	TWYg
帧	MHHM	冂丨⺊贝	MHHM	咫	NYKw	尸丶口八	NYKw	置	LFHF	罒十且⊜	LFHF
政	GHTy	一止攵⊙	GHTy	指	RXJg	扌匕日⊖	RXjg	雉	TDWY	丿大亻圭	TDWY
症	UGHd	疒一止⊖	UGHd	积	SKWy	木口八⊙	SKWy	膣	EPWF	月宀八土	EPWF
zhi				轵	LKWy	车口八⊙	LKWy	觯	QEUF	⺈用丷十	QEUF
之	PPpp	之之之之	PPpp	趾	KHHg	口止止⊖	KHHg	踬	KHRM	口止厂贝	KHRm
支	FCu	十又⊘	FCu	黹	OGUI	业一丷小	OIU	**zhong**			
卮	RGBV	厂一巴㊃	RGBv	酯	SGXj	西一匕日	SGXj	中	Khk	口丨㊀	Khk
汁	IFH	氵十①	IFH	至	GCFf	一厶土⊜	GCFf	忠	KHNu	口丨心⊘	KHNu
芝	APu	艹之⊘	APu	志	FNu	士心⊘	FNu	终	XTUy	纟夂冫⊙	XTUy
吱	KFCy	口十又⊙	KFCy	忮	NFCY	忄十又⊙	NFCY	盅	KHLf	口丨皿⊜	KHLf
枝	SFCy	木十又⊙	SFCy	豸	EER	四㐅②	ETYt	钟	QKHH	钅口丨①	QKHH
知	TDkg	丿大口⊖	TDkg	制	RMHJ	二冂丨丨	TGMj	舯	TEKh	丿舟口丨	TUKH
织	XKWy	纟口八⊙	XKWy	帙	MHRW	冂丨二人	MHTG	衷	YKHE	一口丨衣	YKHE
肢	EFCy	月十又⊙	EFCy	帜	MHKW	冂丨口八	MHKW	锺	QTGF	钅丿一土	QTGF
栀	SRGB	木厂一巴	SRGB	治	ICKg	氵厶口⊖	ICKg	蚤	TUJJ	夂冫虫虫	TUJJ
祇	PYQY	礻、匚⊙	PYQy	炙	QOu	夕火⊘	QOu	肿	EKhh	月口丨①	EKHh
胝	EQAy	月匚七⊙	EQAy	质	RFMi	厂十贝③	RFmi	种	TKHh	禾口丨①	TKHh
微	TMGT	彳山一攵	TMGT	郅	GCFB	一厶土阝	GCFB	豖	PEYu	一豕丶⊘	PGEY
脂	EXjg	月匕日⊖	EXjg	峙	MFFy	山土寸⊙	MFFy	踵	KHTF	口止丿土	KHTF
蜘	JTDK	虫丿大口	JTDK	栉	SABh	木艹卩①	SABh	仲	WKHH	亻口丨①	WKHH
执	RVYy	扌九、⊙	RVYy	陟	BHIt	阝止小丿	BHHt	众	WWWu	人人人⊘	WWWu
侄	WGCF	亻一厶土	WGCF	挚	RVYR	扌九、手	RVYR	**zhou**			
直	FHf	十且⊜	FHf	桎	SGCF	木一厶土	SGCF	舟	TEI	丿舟③	TUI
值	WFHG	亻十且⊖	WFHG	秩	TRWy	禾⺧人⊙	TTgy	州	YTYH	、丿、丨	YTYH
填	FFHG	土十且⊖	FFHG	致	GCFT	一厶土攵	GCFT	诌	YQVG	讠⺈彐⊖	YQVg
职	BKwy	耳口八⊙	BKwy	赘	RVYM	扌九、贝	RVYM	周	MFKd	冂土口⊖	MFKd
植	SFHG	木十且⊖	SFHG	轾	LGCf	车一厶土	LGCf	洲	IYTh	氵、丿丨	IYTh
殖	GQFh	一夕十且	GQFh								

粥	XOXn	弓米弓⊙	XOXn
妯	VMg	女由一	VMg
轴	LMg	车由一	LMg
碡	DGXu	石𡗗口冫	DGXy
肘	EFY	月寸⊙	EFY
帚	VPMh	ヨ冖冂丨	VPMh
纣	XFY	纟寸⊙	XFY
咒	KKMb	口口几⑥	KKWb
宙	PMf	宀由㇕	PMf
绉	XQVg	纟勹ヨ一	XQVg
昼	NYJg	尺丶日一	NYJg
胄	MEF	由月㇕	MEF
荮	AXFu	艹纟寸冫	AXFu
皱	QVHC	勹ヨ广又	QVBY
酎	SGFY	西一寸⊙	SGFY
骤	CBCi	马耳又水	CGBi
籀	TRQL	艹扌匚田	TRQl

zhu

朱	RIi	二小⑤	TFI
侏	WRIy	亻二小丶	WTFY
诛	YRIy	讠二小⊙	YTFY
邾	RIBh	二小阝①	TFBH
洙	IRIy	氵二小⊙	ITFY
茱	ARIu	艹二小冫	ATFU
株	SRIy	木二小⊙	STFy
珠	GRiy	王二小⊙	GTFy
诸	YFTj	讠土丿日	YFTj
猪	QTFJ	犭丿土日	QTFJ
铢	QRIy	钅二小⊙	QTFY
蛛	JRIy	虫二小⊙	JTFy
楮	SYFJ	木讠土日	SYFj
潴	IQTJ	氵犭丿日	IQTJ
橥	QTFS	犭丿土木	QTFS
竹	TTGh	竹丿一丨	THTh
竺	TFF	艹二㇕	TFF
烛	OJy	火虫⊙	OJy
逐	EPI	豕辶⑤	GEPi
舳	TEMG	丿舟由一	TUMG
瘃	UEYi	疒豕丶⑤	UGEY

躅	KHLJ	口止皿虫	KHLJ
主	Ygd	丶王㇒	Ygd
拄	RYGg	扌丶王一	RYGg
渚	IFTj	氵土丿日	IFTj
煮	FTJO	土丿日灬	FTJO
嘱	KNTy	口尸丿丶	KNTy
麈	YNJG	广コ川王	OXXG
瞩	HNTy	目尸丿丶	HNTy
仁	WPGg	亻宀一一	WPgg
住	WYGG	亻丶王一	WYGG
助	EGLn	月一力⑥	EGEt
杼	SCBh	木マ卩①	SCNH
注	IYgg	氵丶王一	IYGg
贮	MPGg	贝宀一一	MPGg
驻	CYgg	马丶王一	CGYG
柱	SYGg	木丶王一	SYGg
炷	OYGg	火丶王一	OYGG
祝	PYKq	礻丶口儿	PYKq
疰	UYGD	疒丶王㇒	UYGD
著	AFTj	艹土丿日	AFTj
蛀	JYGg	虫丶王一	JYGg
筑	TAMy	艹工几丶	TAWy
铸	QDTf	钅三丿寸	QDTf
箸	TFTj	艹土丿日	TFTj
蓍	FTJN	土丿日羽	FTJN

zhua

抓	RRHY	扌厂丨丶	RRHY
挝	RFPy	扌寸辶⊙	RFPy
爪	RHYI	厂丨丶⑤	RHYI

zhuai

拽	RJXt	扌日匕丿	RJNt

zhuan

专	FNYi	二乙丶⑤	FNYi
砖	DFNY	石二乙丶	DFNy
颛	MDMM	山厂门贝	MDMm
转	LFNy	车二乙丶	LFNy
啭	KLFY	口车二丶	KLFY
赚	MUVo	贝丷ヨ八	MUVw

撰	RNNW	扌巴巴八	RNNW
篆	TXEu	艹彑豕冫	TXEu
馔	QNNW	夕乙巴八	QNNW

zhuang

庄	YFD	广土㇒	OFd
妆	UVg	丬女一	UVg
桩	SYFg	木广土一	SOFg
装	UFYe	丬士二衣	UFYe
壮	UFG	丬士一	UFG
状	UDY	丬犬⊙	UDY
幢	MHUf	冂丨立土	MHUf
撞	RUJf	扌立日土	RUJf

zhui

隹	WYG	亻⺀一	WYG
追	WNNP	亻コ コ辶	TNPd
骓	CWYG	马亻⺀一	CGWY
椎	SWYg	木亻⺀一	SWYg
锥	QWYg	钅亻⺀一	QWYg
坠	BWFF	阝人土土	BWFF
缀	XCCc	纟又又又	XCCc
惴	NMDJ	忄山厂刂	NMDJ
缒	XWNP	纟亻コ辶	XTNP
赘	GQTM	𡗗勹夊贝	GQTM

zhun

肫	EGBn	月一凵乙	EGBn
窀	PWGN	宀八一乙	PWGN
谆	YYBG	讠亠子一	YYBg
准	UWYg	冫亻⺀一	UWYG

zhuo

拙	RBMh	扌凵山丨	RBMh
焯	OHJh	火卜早丨	OHJh
倬	WHJH	亻卜早丨	WHJH
卓	HJJ	卜早⑪	HJJ
着	UDHf	丷尹目丨	UHf
捉	RKHy	扌口龰	RKHy
桌	HJSu	卜日木冫	HJSu
涿	IEYY	氵豕丶⊙	IGEY
灼	OQYy	火勹丶⊙	OQYy

茁	ABMj	艹凵山⑪	ABMj	籽	DIBg	三小子一	FSBg	诅	YEGg	讠目一一	YEGg
斫	DRH	石斤①	DRH	笫	TTNT	𥫱丿乙丿	TTNT	阻	BEGG	阝目一一	BEGG
浊	IJy	氵虫⊙	IJy	梓	SUH	木辛①	SUH	组	XEGg	纟目一一	XEgg
浞	IKHY	氵口止⊙	IKHY	紫	HXXi	止匕幺小	HXXi	俎	WWEG	人人目一	WWEg
诼	YEYy	讠豕丶⊙	YGEY	滓	IPUh	氵宀辛①	IPUh	祖	PYEg	礻丶目一	PYEg
酌	SGQy	西一勹丶	SGQy	訾	HXYf	止匕言二	HXYf	**zuan**			
啄	KEYY	口豕丶⊙	KGEy	字	PBf	宀子二	PBf	钻	QHKg	钅卜口一	QHKg
琢	GEYy	王豕丶⊙	GGEy	自	THD	丿目三	THD	躜	KHTM	口止丿贝	KHTM
禚	PYUO	礻丶丷灬	PYUO	恣	UQWN	冫人心	UQWN	缵	XTFM	纟丿土贝	XTFM
擢	RNWY	扌羽亻圭	RNWY	渍	IGMy	氵主贝⊙	IGMy	纂	THDI	𥫱目大小	THDI
濯	INWy	氵羽亻圭	INWy	眦	HHXn	目止匕⑫	HHXn	撺	RTHI	扌𥫱目小	RTHI
镯	QLQJ	钅皿勹虫	QLQJ	**zong**				**zui**			
zi				宗	PFIu	宀二小⑪	PFIu	嘴	KHXe	口止匕用	KHXe
孜	BTY	子攵⊙	BTY	综	XPfi	纟宀二小	XPfi	最	JBcu	日耳又⑪	JBcu
呲	KHXN	口止匕⑫	KHXN	棕	SPfi	木宀二小	SPFi	罪	LDJd	罒三刂三	LHDd
兹	UXXu	丷幺幺⑪	UXXu	腙	EPFI	月宀二小	EPFI	蕞	AJBc	艹日耳又	AJBc
咨	UQWK	冫人口	UQWK	踪	KHPi	口止宀小	KHPi	醉	SGYf	西一亠十	SGYF
姿	UQWV	冫人女	UQWV	鬃	DEPi	镸彡宀小	DEPi	**zun**			
赀	HXMu	止匕贝⑪	HXMu	总	UKNu	丷口心⑪	UKNu	尊	USGf	丷西一寸	USGf
资	UQWM	冫人贝	UQWM	偬	WQRN	亻勹夕心	WQRn	遵	USGP	丷西一辶	USGP
淄	IVLg	氵巛田一	IVLg	纵	XWWy	纟人人⊙	XWWy	樽	SUSF	木丷西寸	SUSf
缁	XVLg	纟巛田一	XVLg	粽	OPFI	米宀二小	OPFI	鳟	QGUF	鱼一丷寸	QGUF
谘	YUQk	讠冫人口	YUQk	**zou**				撙	RUSf	扌丷西寸	RUSf
孳	UXXB	丷幺幺子	UXXB	邹	QVBh	刍⺕阝①	QVBh	**zuo**			
嵫	MUXx	山丷幺幺	MUXx	驺	CQVg	马刍⺕一	CGQV	嘬	KJBc	口日耳又	KJBc
滋	IUXx	氵丷幺幺	IUXx	诹	YBCy	讠耳又⊙	YBCy	昨	JThf	日一丨二	JTHf
粢	UQWO	冫人米	UQWO	陬	BBCy	阝耳又⊙	BBCy	左	DAf	ナ工二	DAf
辎	LVLg	车巛田一	LVLg	鄹	BCTB	耳又丿阝	BCIB	佐	WDAg	亻ナ工一	WDAg
觜	HXQe	止匕⺈用	HXQe	鲰	QGBC	鱼一耳又	QGBC	作	WThf	亻一丨二	WTHF
趑	FHUW	土止冫人	FHUW	走	FHU	土龰⑪	FHU	坐	WWFf	人人土一	WWFd
镃	QVLg	钅巛田一	QVLg	奏	DWGd	三人一大	DWGD	怍	NThf	忄一丨二	NTHF
龇	HWBX	止人凵匕	HWBX	揍	RDWD	扌三人大	RDWD	柞	STHf	木一丨二	STHf
髭	DEHx	镸彡止匕	DEHx	**zu**				阼	BTHf	阝一丨二	BTHf
鲻	QGVL	鱼一巛田	QGVL	租	TEGg	禾目一一	TEGg	祚	PYTf	礻丶一二	PYTf
子	BBbb	子子子子	BBbb	菹	AIEg	艹氵目一	AIEg	胙	ETHf	月一丨二	ETHF
仔	WBG	亻子一	WBG	足	KHU	口龰⑪	KHu	唑	KWWf	口人人土	KWWf
籽	OBg	米子一	OBg	卒	YWWF	亠人人十	YWWf	座	YWWf	广人人土	OWWf
姊	VTNT	女丿乙丿	VTNT	族	YTTd	方⸜丿大	YTTd	做	WDTy	亻古攵⊙	WDTy
秭	TTNT	禾丿乙丿	TTNt	镞	QYTD	钅方⸜大	QYTD				